U0165662

林嘉琪 著

# 全球思路

臺灣資訊科技人才延攬政策發展史(1955 - 2014)

五南圖書出版公司 印行

# 作者序

　　2006年1月碩士論文〈臺灣資訊科技人才延攬政策之研究（1955-2004）〉完成，同年10月我第一次踏上歐洲，開始我的博士求學之路，2011年10月博士論文《歐亞社會中的女人當家——以（前）工業化時期台北和鹿特丹為例》出版，2015年碩士論文重新整理書寫，並獲得科技部「補助人文學及社會科學學術性專書寫作計畫」，又過5年，歷經讓全球混亂的Covid-19，赫然理解人生的脈動與責任，最終能在今年（2021）出版《全球思路：臺灣資訊科技人才延攬政策發展史（1955-2014）》。這本書隨著臺灣資訊科技人才一起開拓全球思路（Global thinking path），人才思路沒有句點，所以書寫也難下句點，最終只能停於2015，或許未來有先進能持續關注，共同為臺灣的科技人才政策發展史努力。

　　回首這15年跨域書寫的歷程，從科技人才政策，擴大到家戶研究，時間軸來來回回，都離不開人的流動，人才流動與家戶生命歷程，看似不著邊際的平行研究，卻有著不變的核心關懷：人與家；人才流動連繫著家戶的移動，家是人才流動的拉力，也可能是推力，更可能是思路上的一盞盞暖暖燈火。在我的求學路上，數度離家：士林往返景美、臺北往返南投，最後臺灣往返荷蘭。最後一段求學路，實在太遠，無法時時返家。當我恣意地在漫遊歐洲時，常常美景當前，卻更思念家，猶記得我曾寄了一張明信片回家，寫道：我現在看著地中海，雖然看不見家在哪，但我知道媽媽在哪，家就在哪。未來書寫的思路，還是會如此時而看不清，但仍心有所本地來回往返於古今，在家與人之間流動開拓著。

　　謝謝我的家人，一路陪伴，一同前行。

林嘉琪

2021年1月11日

# 中文摘要

　　科技人才是知識的載體，對國家發展有其重要性，然人才流動是一項多重機制交叉考量的結果，公部門為國家發展提供的人才延攬政策，必須走在產業發展的前端，同時需因時因地制宜，所考量的流動場域，應觀察全球產業的發展，並且關注全球人才的培育源。資訊科技人才流動是知識技術擴散的重要管道，資訊科技人力流動有助於科技提升，受益的不僅是流入國，今日的流出國可能成為他日的受益國，換言之，腦力流出可能反轉為腦力取得。學習型區域中的資訊科技人才流動所著眼的不再是薪資利益的最大化，學習成為另一項重要因素，當資訊科技人才流動以此為遷移新動力，臺灣地理空間的負載便成為具體的實證參考。因此，政府應行銷臺灣，讓承載的無形知識得以被評估，並配合未來資訊科技產業的發展，延攬所需特定資訊科技人才。本專書寫作之成果為「全球思路：臺灣資訊科技人才延攬政策發展史（1955-2014）」，所代表之意義為臺灣政府自50年代發展資訊科技產業與人才培育的發展歷程，具有國家發展的歷史見證價值，更能成為未來科技人才延攬政策發展之回顧及前進的動力。

**關鍵字**

資訊科技人才、人才延攬政策發展史、臺灣資訊科技產業

# Abstract

Scientists and technologists are the carrier of knowledge. Their mobility has important influence on a country's development. However, the flow of talents is the results of multiple mechanisms. In order to promote national development, a government makes talent recruitment policies based on the needs of industrial development. The policies have to be ahead of industrial development, suit local circumstances, consider the global field as well as identify where the talents are trained up. The flow of information technology (IT) talents is an important conduit for the diffusion of knowledge and technology. It contributes to the technological advancement, not only in the countries with brain gain. The countries with brain drain might also benefit from it in the future. In other words, the countries with brain drain might become the countries with brain gain. In a learning region, the maxium of pay interest is no longer the only driving force which prompts the flow of IT talents. Whether to have access to learning is another important factor affecting the flow decision. (With this new driving force, the load of Taiwan's geographic space becomes a specific empirical evidence.) Therefore, the Taiwan government should market Taiwan to allow the intangible knowledge it carries to be evaluated, and contemplate the future development of IT industry to recruit suitable IT talents. This book entitled "Global thinking: A History of the Development of Information Technology Talent Recruiting Policy in Taiwan (1955-2014)" represents the historical development of the IT industry and talent cultivation under the guidance of the Taiwan government since the 1950s. By carefully reviewing and analyzing the development of Taiwan's IT talent recruitment policy, this book aims to provide some points for the government to rethink and contemplate while forming the IT recruitment policy in the future.

**Keywords:** scientists and technologists, history of recruitment policy, information technology industry in Taiwan

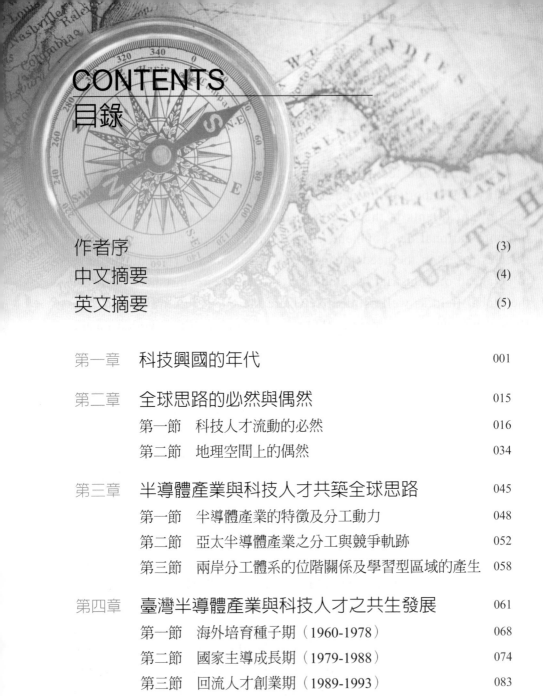

# CONTENTS
# 目錄

# 第一章
# 科技興國的年代

　　臺灣科技人才政策自1959年發展至今[1]，不容否認地成功支撐出臺灣科技產業，特別是科技人才延攬政策對半導體產業的建立功不可沒；科技人才流動對臺灣最重要的貢獻之一即是奠定半導體產業的根基，70年代自美國回流的科技人才成爲臺灣第一批半導體產業生力軍，1979年臺灣政府積極重視海外本國籍及非本國籍科技人才的延攬[2]，期望藉此引入新技術及文化素養，將臺灣從東亞小國推向全球市場舞臺並鞏固國家競爭力，臺灣科技人才自50年代展開「全球思路」走出以學習與就業爲導向的移動路徑。

　　隨時代的變遷，臺灣科技人才延攬政策與時俱進的歷經多次增刪修訂，1963年國家長期發展科學委員會（以下簡稱「長科會」）首先訂定「遴聘國家客座教授處理要點」，此後30年歷經合併與廢止，1993年起陸續新訂「補助延攬研究人才處理要點」、「補助延攬科技人才處理要點」、「補助延攬大陸科技人才處理要點」、「補助延攬博士後研究人才處理要點」、「科技人才培訓及運用方案」、「補助客座科技人才作業要點」及「補助國際合作研究計畫人員出國及來臺作業要點」。1999年後，爲順應國際環境變遷與國內產業所需相繼修訂前述要點，修訂次數之多參見附件1。根據行政院國家科學委員會（於2014改制爲科技部）統計，1963至2014年依上述要點共延攬了38,488位人才。

---

1　1959年成立「國家長期發展科學委員會」（長科會），並無固定預算，僅由公營事業盈餘酌撥及美援會資助若干。1967年春，政府在國家安全會議下成立「科學發展指導委員會」，前者以基礎科學研究及其人力培育爲主，後者以應用技術之研究爲主。

2　1979年5月公布實施「科學技術發展方案」，自此乃建立整體科技發展之推動架構，以達成加強國防工業、支援經濟建設、增進國民福祉的「國防」、「經濟」與「民生」爲3大目標，採取改善研發環境、整合上中下游資源與分工合作、加強引進技術與延攬海外人才等7項策略爲方針。馬難先，〈「科技之父」對臺灣科技政策發展之影響〉，《李國鼎先生紀念文集》（臺北：李國鼎科技發展基金會，2001），頁606-617。

　　除科技部外，致力延攬科技人才的政府部門與各式規定尚包括經濟部投資業務處「協助國內民營企業延攬海外產業專家返國服務暫行作業要點」、行政院青年輔導委員會（以下簡稱青輔會[3]）「設置博士後短期研究人員實施要點」、行政院國防部「研究所畢業役男志願服務國防工業訓儲爲預備軍官實施規定」等，竭盡各方資源延攬科技人才在臺就業。但今日在經濟全球化及中國自1980年代後期爲發展「科技興國」所設立的多項優惠條款及宏觀調控衝擊下[4]，不僅使全球半導體產業分工體系重組，也誘使臺灣半導體廠商紛紛移向彼岸，對科技人才形成強烈拉力，連帶撼動臺灣半導體產業的地位，科技人才流失及延攬議題也自此聲名大噪。

　　2004年行政院更以「人才外交取代金錢外交」聯合41家廠商赴海外延攬科技人才，一方面促使國內人才至海外服務，開拓視野，一方面延聘海外人才來臺工作，厚實創新基礎。科技人才爭奪戰考驗各國政府執政能力，也挑戰國家經濟前瞻性，這場自科技發展引發的戰役，在全球化時代達到白熱化階段，因爲全球化描述的是全球因科技不斷研發、擴散及商品化促成時空壓縮，「即時」（real time）消除了空間限制[5]，引發「全球化」快速流動力，可歸納成金融貨幣流動、商品

---

3　2013年因應行政院組織改造，青輔會改編為教育部青年發展署，簡稱青年署或青發署。

4　陳麗瑛，〈中國大陸科技發展政策及績效初評〉，《經濟前瞻》，91，頁84-88。

5　自90年代起，「全球化」現象席捲人類生活各層面，其無所不及的涵蓋力及緊密相接的連動力，迫使產官學界對之高度矚目，其中不乏持懷疑論點者，所爭論點除「全球化」存在與否、起始時間的差異和莫終一是的定義外，國家角色及「全球化」利弊亦是論辯焦點，然從各派學者的論述中仍可抽離出推動「全球化」現象的共同要素為科技的進展。
Peter Evans, "The Eclipse of the State? Reflections on Stateness in an Era of Globalization." *World Politics* 50 (1997), pp. 62-87. Immanuel Wallerstein, "Globalization or The Age of Transition?:A Long-Term View of the Trajectory of the World-System." *Asian Perspective* 24:2 (2000), 5-26. 曼威‧克司特著，夏鑄九、王志弘等譯，《網絡社會之崛起》（臺北：唐山出版社，2000）。Ankie Hoogvelt, Globalization. *In Globalization and the Postcolonial World* (2nd ed.) (Baltimore: The John Hopkins University Press), pp. 120-143. 貝克（Beck, Ulrich）著，孫治本等譯，《全球化危機》（臺北：臺灣商務，2001）。Kate Nash，林庭瑤譯，《全球化、政治與權力：政治社會學的分析》（Comtemporary Political Spciology:Globalization, Politics, and Power）（臺北：韋伯文化，2004）。

流動和人才流動等三大類[6]，而眞正達到人才全球化流動的，只限於一些特殊專業人才、跨國公司的經理技術人員，或是後進國的腦力外流（brain drain）到先進國等[7]，均屬於高階人才流動，如加拿大在90年代的腦力流失較80年代提升5%[8]，其中最顯著者即科技人才流動，他們的流動除了可降低生產成本，更可提高產業競爭力；簡言之，資本是全球性的，生產網絡也日益全球化，但大多數勞工流動是區域性的，只有具備策略性重要地位的菁英專業勞動力，才眞正是全球化流動的[9]。

## 科技人才走出全球思路

　　科技人才的重要性與現今科技發展的「新經濟」息息相關，此新經濟形態講求的生產要素有別於傳統三大生產要素：土地、勞動力、資本，而是以知識爲主，傳統生產要素爲輔，因此又稱「知識經濟」。在「知識經濟」發展脈絡下，知識的載體成爲企業與國家競相網羅者，知識工作者對經濟發展的重要性，已由Peter F. Drucker在1960年代提出，但知識經濟的意涵則遲至「科技興國」風行草偃全球後；也就是以科技取代武力成爲競奪全球市場的利器時，才由經濟合作暨發展組織（Organization for Economic Co-operation and Development, OECD）於1996年予以界定[10]。科技人才又被稱爲科技候鳥，他們擁有專業的技術經驗與能力，也有極高的創業精神[11]，他們會依本身的最佳利益選

---

6　十多年來在美國的壓力下，世界各國確實大幅降低了對資本移動的限制，因此全球金融資本的流量大增，匯率以及金融商品的跨國交易量年平均成長率近三成，美國債券與股票跨國交易量對GDP的比例，在1980年只有9%，到了1995年達到了135.5%。金融貨幣及商品呈現全球化流動已是無庸置疑，然人才流動則沒有一致性的全球化流動。

7　瞿宛文，〈全球化與後進國之經濟發展〉，《臺灣社會研究季刊》，37，頁98-101。

8　Robert Lewis, " Measuring the brain drain." *Maclean's* 111:43, pp. 2.

9　曼威・克司特著，夏鑄九、王志弘等譯，《網絡社會之崛起》（臺北：唐山出版社，2000）。

10　根據OECD1996年的報告指出，「知識經濟」是一種直接依賴於知識與資訊的生產、分配與使用之經濟型態。OECD定義知識密集型製造業包括航太、電腦與辦公室自動化設備、製藥、通訊與半導體、科學儀器、汽、電機、化學製品、其他運輸工具、機械等10個工業。

11　陳家聲、徐基生，〈科技人才的流動對產業發展的影響〉，宣讀於「工研院第一屆科技聚落的發展－矽谷、新竹、上海研討會」，臺北：工業技術研究院等主辦，2003。

擇棲息地。科技人才的缺乏，其實是全球科技產業共同面對的問題[12]，各主要國家在全球規模下進行科技人才爭奪戰，強勢崛起的中國亦不例外[13]。資訊科技產業成為臺灣經濟發展的重要支柱之一後，其一舉一動倍受關切，政府角色亦是眾所爭議之處；基本上，企業希望政府能開放管制讓市場調控，但缺乏資訊科技人力時，又要求政府應提出對策，以解決創新研發所需之知識能量。

　　當全球主要國家紛紛以發展「知識經濟」為國家目標，不僅造成經濟結構轉變，連帶促使經濟社會的典範移轉[14]；「知識經濟」既然是21世紀主要國家致力追求的經濟發展型態，其核心關鍵又是科技知識的取得，科技人才自然成為國家發展經濟的命脈。正如Michael Porter在《國家競爭優勢》（*The Competitive Advantage of Nations*）一書中提到：「在國家層面上競爭力的唯一意義就是國家生產力，而國家生產力升級的基石正是高競爭力的產業人才與技術發展，高科技以及高水準的人力，是提供國家生產力持續成長、或激發高生產力潛能的兩大因素」[15]。是故，產業人才與技術發展為國家競爭力兩大支柱，是發展知識經濟的決勝關鍵，提供不虞匱乏之科技人才亦是產業永續發展及維持國家競爭力的必備要件[16]。

　　許多主要國家皆面臨供需不平衡的問題，即培育之科技人才不足以供應產業發展所需的人力，如捷克、德國、荷蘭、波蘭與瑞典皆面臨科技人力老化與退休等問題，美國則面臨本國籍學生選擇科學與工程研

---

12 李誠，〈導論〉，載於李誠（主編），《高科技產業人力資源管理》（臺北：天下，2001）。

13 〈努力建設一支高素質的科技人才隊伍〉，《人民日報》，北京，1996年11月29日，D2中國共產黨。

14 陳信宏，〈從知識的特質論知識經濟之特質與內涵〉，《科技發展政策報導月刊》，10，（2000），頁1245-1256。2003年11月，取自：http://www.stic.gov.tw/policy/sr/sr8910/SR8910T1. HTM#SR8910T01。

15 波特（Michael E. Porter），李明軒、邱美如譯，《國家競爭優勢》（臺北：天下，1996）。

16 Samuel Aryee, "A path-analytic investigation of the determinants of career withdrawal intentions of engineers: some HRM issues arising in a professional labour market in Singapore." *The International Journal of Human Resource Management*, 4:1, pp. 213. 經濟部，《2002產業技術白皮書》（臺北：經濟部）。

究所逐年減少的情況下，引發本國籍科技人力不足的危機。面對科技人才不足的議題各國紛紛採行各項延攬海外人才的措施，最常見爲開放技術移民及放寬企業引進科技人力的簽證管制[17]。英國早自50年代便對科技人才流失現象有所關注，英國皇家科學院（The Royal Society）進行的小型科技移民研究指出，在1957至1961年間外移的博士人才在1963年回流；其至80年代開始轉向大型研究，指出美國爲科技人才外流之主要國家，1973年英籍科技人才數佔美國外籍科技人才之5.2%，1985年提升至8.1%，該研究並警告年輕、具備資格和受過訓練的科技人才持續流失，是國家資源的嚴重浪費[18]。這樣的情形不僅發生在工業先進國家，發展中國家的流失現象更爲慘烈，國際間科技人才嚴重偏聚的現況，即便在發展社會主義的中國亦難避免[19]，至2002年中國腦力流失率已達14.1%，接近美國的流失率[20]。當知識經濟全球化，科技人才流動更加頻繁，不僅先進國對此展開專案研究，後進國面對大量科技人才流向先進國亦開始著墨探討，畢竟科技人才攸關國家經濟及競爭力提升。科技人才短缺是促使科技人才跨國流動的主因[21]，而此一流動帶領科技知識的創新與技術擴散，進而影響區域產業的發展[22]。

隨著科技人才流動帶動知識技術的移轉與擴散，科技人才回流帶動母國建立或升級其科技產業。臺灣新竹科學工業園區（以下簡稱竹科）即在美國外放半導體產業、臺灣政府積極介入政策、技術許可協定、外國直接投資及自海外歸國的科技人才等多重因素下設立，這些回流科技

---

17 行政院國家科學委員會，《中華民國科學技術白皮書──科技發展願景與策略2003-2006》（臺北：行政院國家科學委員會，2004）。

18 New Scientist, "Royal Society plumbs the brain drain." *New Scientist* (1987, July 2), pp. 23-24.

19 王章豹、徐桂紅、吳挺，〈跨世紀全球優秀科技人才之爭與對策〉，《毛澤東鄧小平理論研究》，第3卷，頁50-55。〈努力建設一支高素質的科技人才隊伍〉，《人民日報》，北京，1996年11月29日，D2中國共產黨。

20 David Zweig and Chen Changgui, *Chinese Brain Drain Rate Close to that of U.S.A..* (Institute of East Asian Studies, California: University of California, Berkeley) (2002, May 10)

21 陳立功，〈國際間科技人力流動指標之研究〉，《科技發展月刊》，28：7（2000），頁523-528。

22 王惟貞，〈全球科技人才配置與流動概況〉，《科技發展標竿》，1：2（2001），頁17-23。

人才有助於縮減臺灣與美國的技術差距，並使技術來源多元化[23]，且加入竹科之人數與日俱增（見表1.1），1980年成立的竹科不僅帶動臺灣

表1.1　臺灣回流科技人才就業於竹科和產業部門人數（1983-2000）

| 年代 | 竹科之回流人才數 | 產業之回流人才數 | 竹科總就業人口 | 竹科回流人才佔總回流人數 | 竹科回流人才數佔竹科總就業人口數百分比 |
|---|---|---|---|---|---|
| 1983 | 27 | 605 | 3,583 | 4.5 | 0.8 |
| 1985 | 39 | 720 | 6,670 | 5.4 | 0.6 |
| 1987 | 92 | 605 | 12,201 | 15.2 | 0.8 |
| 1989 | 223 | 605 | 19,071 | 36.9 | 1.2 |
| 1991 | 622 | 1,695 | 23,297 | 36.7 | 2.7 |
| 1993 | 1,040 | 5,272 | 28,416 | 19.7 | 3.7 |
| 1995 | 2,080 | 5,490 | 42,257 | 37.9 | 4.9 |
| 1996 | 2,563 | 2,620 (5,240)* | 54,806 | — (48.9)* | 4.7 |
| 1997 | 2,859 | 2,581 (5,162)* | 68,410 | — (55.4)* | 4.2 |
| 1998 | 3,057 | 2,260 (4,520)* | 72,623 | — (67.6)* | 4.2 |
| 1999 | 3,265 | 2,045 (4,090)* | 82,822 | — (79.8)* | 3.9 |
| 2000 | 5,025 | — | 96,110 | — | 5.2 |
| 1983-2000 | 23,748 | 36,423 (45,929)* | 622,518 | 51.4# (40.8)*# | 3.8 |

註：1. *：未登記數。

　　2. #：僅1983-1999。

資料來源：Chiu Chen, Lee-in & Jen-yi Hou , "Determinants of Highly-Skilled Migration-Taiwan's Experiences." *Workig Paper Series* No. 2007-1. Chung-Hua Institution for Economic Research.(2004)

---

[23] 徐進鈺，〈臺灣半導體產業技術發展歷程：國家干預、跨國社會網絡與高科技發展〉，收入《臺灣產業技術發展史研究論文集》（高雄：國立科學工藝博物館，2000），頁101-132頁。

科技產業發展，更將臺灣推向全球半導體產業舞臺，成爲全球晶圓代工的主角[24]。科技政策與科技人才延攬政策間存在著不可分割的關係，應以明確的科技發展方向做爲評估未來所需之科技人才類別人數，達到劍及履及的效果。

　　臺灣70年代的經濟起飛奠定國家發展基礎，對人才需求由以往的人文及社會科學學門轉向科技學門，當時國內教育資源無法配合培育，美國又鼓勵科技人才流入，高階科技人才多前往美國深造並就業，因而有「來來來來台大，去去去去美國」的俗語。80年代末至90年代初，臺灣快速的經濟發展和蓬勃的科技產業蘊藏大量創業及就業機會，並在政府積極召募下，在1991-1995年出現一波腦力回流（見表1.2）[25]。這些回流科技人才或從事教育服務或加入企業研發或進入公部門機構[26]，爲臺灣的知識經濟紮根，自此臺灣本土培育的博士科技人才日漸增加（見表1.3），至美國取得科技學門博士人數則在1993年首度減少（見表1.4）。

---

24 薩克瑟尼安（AnnaLee Saxenian）著，楊友仁譯，〈跨國企業家與區域工業化：矽谷－新竹的關係〉，《城市與設計學報》，2,3（1997），頁25-39。克雷格‧艾迪生著，金碧譯，《矽屏障》（臺北：商智文化，2001）。Lee-in Chiu Chen & Jen-yi Hou, "Determinants of Highly-Skilled Migration – Taiwan's Experiences." *Workig Paper Series* No. 2007-1. Chung-Hua Institution for Economic Research.

25 薩克瑟尼安（AnnaLee Saxenian）著，楊友仁譯，〈跨國企業家與區域工業化：矽谷－新竹的關係〉，《城市與設計學報》，2,3（1997），頁25-39。Yugui Guo, "Graduate Education Reforms and International Mobility of Scientists and Engineers in Taiwan." In National Science Foundation (Ed), *Graduate Education Reform in Europe, Asia and the Americas*, National Science Foundation Press (2000), pp. 87-99.

26 行政院國科會科學技術資料中心，《91年全國博士人力現況調查報告》（臺北：行政院國科會科學技術資料中心，2003）。Lee-in Chiu Chen & Jen-yi Hou, "Determinants of Highly-Skilled Migration-Taiwan's Experiences." *Workig Paper Series* No. 2007-1. Chung-Hua Institution for Economic Research.

表1.2　臺灣海外學生人數、回流人數及二者比例（1950-2002年）

單位：人/%

| 年代 | 海外學生數 | 回流人數 | 回流比% |
|---|---|---|---|
| 1950-1960 | 5,158 | 447 | 8.7 |
| 1961-1970 | 22,661 | 1,532 | 6.8 |
| 1971-1980 | 35,242 | 5,261 | 14.9 |
| 1981-1990 | 85,444 | 17,102 | 20.0 |
| 1991-1995 | 111,157 | 26,841 | 24.1 |
| 1996 | 26,939 | 5,237 | 19.4 |

註：青輔會自1996年後中止回流人才補助，缺少登記動機，故此後有關回流人數之記錄不
　　完整。

資料來源：Lee-in Chiu Chen & Jen-yi Hou, 2004a, power point of "Determinants of Highly-
　　　　　Skilled Migration-Taiwan's Experiences."

表1.3　臺灣科技學門博士畢業人數及其佔博士畢業總人數比例（1990-
　　　　2003年）

單位：人/%

| 年代 | 人數 | 比例 |
|---|---|---|
| 1990-1991 | 479 | 78.8 |
| 1991-1992 | 521 | 76.8 |
| 1992-1993 | 596 | 73.8 |
| 1993-1994 | 678 | 80 |
| 1994-1995 | 803 | 76.3 |
| 1995-1996 | 878 | 74 |
| 1996-1997 | 937 | 73.1 |
| 1997-1998 | 988 | 75.6 |
| 1999-2000 | 1,033 | 71 |
| 2000-2001 | 1,017 | 69.5 |
| 2002-2003 | 1,093 | 72.8 |

資料來源：*Manpower Indicators Taiwan, Republic of China*, 2003, Manpower Planning
　　　　　Department. pp.33-34.

表1.4　1990-1999年在美取得科學領域博士學位及計畫畢業後續留
　　　美國人數　　　　　　　　　　　　　　　　　　　單位：人/%

| 年代 | 畢業人數 | 續留人數 | 比例 |
|---|---|---|---|
| 1990 | 1,012 | 451 | 44.6 |
| 1991 | 1,123 | 581 | 51.7 |
| 1992 | 1,240 | 640 | 51.6 |
| 1993 | 1,213 | 530 | 43.7 |
| 1994 | 1,297 | 593 | 45.7 |
| 1995 | 1,240 | 615 | 49.6 |
| 1996 | 1,153 | 596 | 51.7 |
| 1997 | 1,025 | 595 | 58 |
| 1998 | 891 | 566 | 63.5 |
| 1999 | 732 | 457 | 62.4 |

資料來源：*Science and Engineering Indicators 2002 volume 2*, 2002, National Science Board. pp.62-76.

　　臺灣科技產業在前人耕耘下發展出完整的群聚效應，看似亮麗的成績單卻隱含危機，由於產業提供優渥的就業機會，導致大學以上出國留學人數減少，使未來科技人才回流人數可能減少，連帶埋下知識流通受限的危機。時任經建會副主委謝發達指出近10年臺灣留美人數逐年下降，2004年在美國留學的人數已降至2萬8千多人，不及中國及印度的一半，也比韓國少了2萬人，長期的留學人數減少，意味著吸收新知減少，對臺灣經濟發展甚為不利[27]。如此動態的變化顯示掌握科技人才流失、取得及回流的重要性。在維持臺灣科技產業競爭力的核心關鍵即提供充沛高素質科技人才的前提下，促使臺灣必須重新思考在經濟全球化、知識經濟的科技創新及國際政經情勢轉變下，應如何調整既有的科技人才延攬政策才能繼續發揮較大的功效。

27 于國欽，〈彌補科技人才缺口經建會菁英留學計畫年底選才〉，《工商時報》，臺北，2004年10月30日，第3版焦點新聞（2004年10月點閱）。

在1970年代之前，一般多將科技人才流動視同一把雙面刃，能載舟亦能覆舟，人才流入（brain gain）替流入國帶來科技產業發展的生機，人才流失（brain drain）卻讓流出國產生危機，這樣的看法反應在各種人才國際流動理論中，隨著經濟全球化，國際人才流動愈加頻繁，產生「人才外流帶回人才收穫」（brain drain with a brain gain）的新觀點[28]。本研究即在此經濟全球化的背景下，以學習型區域理論（learning region theory）做為本研究分析之研究觀點，希望透過下列研究目的的達成，繪製臺灣資訊科技人才延攬政策所開拓的全球思路（global brain road）。本書希望能藉由描繪臺灣資訊科技人才延攬政策的發展史與全球思路（global brain network），探討臺灣資訊科技人才延攬政策對半導體產業發展的貢獻，並以學習型區域理論觀點，描繪面臨經濟全球化及中國興起，思考並提出最有利於臺灣資訊科技產業發展的科技人才延攬策略。

在現行政策方案中，並未明確區分科技人才類別，而是由各相關單位自行引用，或在特定發展計畫中另名之。因此本研究為針對全球及臺灣資訊科技產業發展，而特冠以「資訊」科技人才以配合產業發展所需。科技產業涵蓋的內容是與時俱增的，目前大致來說是指半導體、資訊、通訊、光電、消費性電子、運輸、機械、電機、自動化、航太、材料、石化、特用化學品、紡織、食品、生技製藥、環保、醫療器材和工業安全等項目[29]。

臺灣經濟部發行之《2003年產業技術白皮書》將生技、製藥、通訊、光電、資訊、電子、紡織、運輸工具、航太、機械與自動化、材料、化工、紡織、食品、醫療器材及環安等15項列為臺灣重要技術之產業，而本書所稱之資訊科技產業則以其中半導體、通訊、光電、資訊、電子等產業為主：電子與資訊包含系統單晶片、雷射／發光二極體、軟

---

28 蔡青龍、陳志杰，〈人才外流與兩岸國際分工期中進度報告書〉，行政院國家科學委員會獎助專案計畫。取自：http://www.grb.gov.tw（2004年1月點閱）。

29 萬其超，〈我國應用科技研究發展的現況與展望〉（2001），《科技發展政策報導》，第8期，取自：http://www.stic.gov.tw/policy/sr/sr9008/SR9008T5.HTM（2004/2點閱）。

體工程等；光電包含平面顯示器、光資訊、光通訊等；通訊包含第三代
無線通訊、寬頻網路等及跨領域的半導體包含製程設備等[30]。亦有將資
訊科技產業分為十大領域者，這些領域有各自的發展時程，臺灣的資訊
科技產業可說取自晶圓代工成立即聞名全球，半導體產業不僅成功紮根
臺灣也帶領其他領域的發展，因此本書在此以半導體產業做為論述臺灣
資訊科技產業的軸心，乃根據半導體產業對臺灣的重要性而決定。

　　本書將以半導體產業的發展，做為論述臺灣資訊科技人才延攬政策
史的個案產業，這不表示本書忽視其他資訊科技產業，而是抽取資訊科
技產業的核心進行研究。從支配整個產業命脈的領域著手，且在論述半
導體產業發展歷程時，以積體電路（integrated circuit, IC）為主，這是
因為美、日半導體協會與臺灣工研院經資中心將半導體依成品分成分離
式元件、積體電路與光電元件等三大類（見附件2）。因此，本研究以
IC為主的相關產業涵蓋半導體產業，不至於失真失焦，而這樣的論述亦
是許多文章論述半導體產業時的做法[31]。

　　從廣義上來說，「科技人才」涵蓋與科技活動有關的一切人員，
包括不直接從事科技研究活動但對科技研究提供支持和保障作用的相關
人員等。一般意義的「科技人才」是指直接從事科技研究活動的所有人
員，包括主要研究人員和輔助研究人員。而狹義上的「科技人才」指在
科技研究活動中有著核心作用，具有相對較高知識水平和研究經驗的專
門人才。臺灣《科技人才支援軍事勤務辦法》第3條則明列科技人才之
範圍包括：電子、電機科技人才；航空科技人才；機械科技人才；資訊
科技人才；化學、化工科技人才；光電科技人才；材料科技人才；工業

---

30 經濟部，《2003產業技術白皮書》（臺北：經濟部，2003）。

31 Langlois, Richard N. (2002). "Computers and Semiconductors". In Technological Innovation and Economic Performance. Princeton University Press. pp. 265-284. 張順教，《高科技產業經濟分析》（臺北：雙葉書廊，2003）。姚柏舟，〈兩岸半導體產業發展分析〉，收入《第二屆兩岸經貿研習營論文集》。游啓聰，〈半導體產業國際競爭力分析〉，《經濟情勢暨評論》，4：2（1998），頁38-64。徐進鈺，〈臺灣半導體產業技術發展歷程：國家干預、跨國社會網絡與高科技發展〉，收入《臺灣產業技術發展史研究論文集》（高雄：國立科學工藝博物館，2000），頁101-132。工研院經資中心，《2004半導體工業年鑑》（臺北：經濟部技術處，2004）。

工程（含系統工程）科技人才；生物科技人才及其他國防科技研究發展科技人才[32]。

　　在回顧的相關文獻中，多數文獻對科技人才未加以重新界定，僅以科技人才名之，經比對內文後可分爲二類，一爲以產業別分類者，將科技人才定義爲在半導體、光電、通訊、資訊軟體、生技產業的人才[33]；另一類則是以教育學科做爲分類，描述國際科技人才者以科學工程人才（scientists & engineers）爲範圍，包含自然科學（數學、電算機及農業科學等）、社會科學及工程三大類[34]。論述國內科技人才者以理、工科爲範圍，包含電機電子、機械工程、土木建築、環境工程、化學工程、材料工程、工業工程、工業設計、運輸管理、資訊工程、生物、化學、地質、物理、氣象、數學等[35]。科技部於2001年開始辦理的國家科技人力資源庫，於2003年開放線上查詢，而類別則包含農業科學、生物科學、健康科學、工程、數學、自然科學、心理、社會科學、人文學及教育。（http://hrst.stic.org.tw）

　　基於上述分類及產業用人之實際狀況，本研究的「科技人才」將採用狹義概念；具體地說，本研究對「科技人才」的定位是「科學家與工程師」，並且「具有大學本科系以上學歷和不具備上述學歷但有高、中級職稱的人員」。如此定義。主要基於以下考慮[36]：

1. OECD－〈坎培拉手冊〉（*Canberra Manual*）所定義的科技人才，需符合下列條件之一：(1)具備大學以上科技領域（自然科學或工程）的學歷；(2)從事科技領域的工作，並要求具備前項能力；

2. 科學家與工程師在科技研究活動具領導及核心力量；

---

32 取自：http://law.moj.gov.tw/。（2004年1月點閱）

33 李漢銘，〈科技產業人才引進策略〉，發表於「臺灣經濟戰略研討會」。

34 王惟貞，〈從各國科學與工程博士培養看高階科技人才流向〉，取自：http://nr.stic.gov.tw/ejournal/SciPolicy/SR9009/SR9009T4.HTM（2003年4月點閱）。

35 劉玉蘭，〈高科技的引進與人才培育〉，發表於「1999年北美華人學術研討會」，華盛頓：華府國建聯誼會。

36 經濟合作暨發展組織（OECD）1995年所提出。

3.科學家與工程師的數量是國際上評價一國科技實力的重要指標，是反映科技領域人才資源的主要指標；

4.確定了科學家與工程師的數量後，按照合理的比例就可以確定與科學家和工程師數量相適應的其他科技活動人員人數。

　　綜上所述，本書所指之資訊科技人才係指任職於半導體、電子、電機、資訊、光電等產業之科學家與工程師，且符合下列條件之一：(1)具備大學以上科技領域（自然科學或工程）的學歷；(2)從事科技領域的工作，並要求具備前項能力。

　　關於資訊科技人才延攬政策的部分，本書所研究者不包含技術移民，故在此不予討論移民法規，而是就非移民來臺工作之辦法做一探討，但因臺灣目前尚未有一統轄部門，故以公部門中致力發展的單位為主要研究對象。

　　基於本書研究觀點－學習型理論的6項核心觀念：地理空間、社會網絡、學習制度、能動者、演化觀、信任關係，對於描繪臺灣資訊科技人才全球思路，將從亞太區域的半導體產業發展史著手，確立科技人才流動之道路，深入了解整個區域的半導體產業發展脈絡後，並在交錯複雜的路線中找出臺灣在此區域中的節點角色，此角色不僅左右臺灣自身半導體產業的發展，亦連動到全球半導體產業的發展，臺灣必需身為其中一個節點，如此一來臺灣才能藉由在地的力量在全球市場具有競爭力。此外必需要注意的是這些產業的移動往往伴隨資訊科技人才的流動，因此深入了解全球半導體產業發展的重要性除了架築地理空間及社會網絡的意義外，更可以協助勾勒不同時期產業移動所引領的資訊科技人才特徵。臺灣資訊科技人才流動及延攬外籍人才的流動區域，以往主要以美臺之間為主，但隨著中國的強勢興起，拉出了另一點分線，使得原本線型的流動，轉變成為黃金三角的流動，即美國（矽谷）－臺灣（竹科）－中國（上海），而這金三角不僅內含資金、貨物、人力的流動，更重要的是知識大量流動與擴散，促使此區成為一個亞太學習型區域，並在全球各區域中成為強競爭區域，唯有此區域共生共榮，才能在全球市場中保持競爭力。

　　接續亞太半導體產業發展脈絡後所分析的是臺灣半導體產業發展史，描繪亞太與臺灣的半導體產業連結，也就是指出臺灣在各時期的承結點為何，而在這些承結點上臺灣半導體產業的演變為何，基於這些產業政策的演變，臺灣內部的資訊科技人才需求也會隨之改變，科技人才延攬政策進而轉變。因此臺灣所具體展現的科技人才延攬政策乃根據亞太區域半導體產業發展（外部），及臺灣固有文化、制度所產生（內部），而形塑這內部隱性因素的推手為的產、官、學三者合力蘊釀，所以最後必須對臺灣在地的產、官、學有一定程度的了解，才能全盤理解臺灣資訊科技人才延攬政策的生命史。從而思考現存及未來臺灣資訊科技產業發展政策方向，提出因應人工智慧（Artificial intelligence, AI）年代下，全球思路上的資訊科技人才爭奪戰策略。質言之，本書所進行臺灣資訊科技人才延攬政策研究是在一個全球資訊科技產業規模下，從扮演發源地及龍頭的亞太區域切入，再落至後起之秀的臺灣，形成一個全球化之下區域化與在地化的連結。本書採取歷史結構的研究方法，對上述三個層次進行時空分析，臺灣資訊科技人才延攬政策圖像的呈現便在這內外的互動轉化下，漸漸成型也緩緩轉型，在這一成一轉之間，便出現所謂的歷史與未來，而這便是本書的寫作目的——紀錄並分析臺灣資訊科技人才延攬政策生命史的歷程與挑戰。

第二章
# 全球思路的必然與偶然

　　人力流動所指涉者包含傳統的遷移行為及短期的來回流動,影響人力流動的因素範圍十分廣泛,舉凡政治、經濟、社會、文化、教育、醫療衛生、交通、氣候、心理及語言等皆可構成分析要素。因此目前並沒有一個可以涵蓋所有人力流動議題的理論,且人力流動理論與移民理論實合而為一,多依研究不同對象及範圍界定時分別擷取應用。這些理論主要是透過觀察遷移的型態,然後在數量和遷移方法上試圖解釋人類選擇遷移的因素[1]。在分析層次上可分為宏觀與微觀兩項:前者分析國際政治、經濟、社會等結構與人才流動間的互動關係,後者則分析影響個人流動的決策因素,若依據跨地域的差異則可分為國內及國際人力流動理論[2]。常用於國內人力流動的宏觀及微觀論述有流動轉型理論、人文區位學的遷移觀、流動選擇性理論等[3]。而分析國際人力流動的微觀理論有新古典經濟微觀理論、移民的新經濟論、網絡理論、系統論、人力資本微觀論、推拉理論、行為學派及移民組織論等[4]。探討國際人力流動的巨觀理論包括新古典經濟理論、人力資本論、雙元勞動市場論、世界體系論、制度論、國際分工、全球化等,本書從學習型區域的角度思

---

1　熊瑞梅,《人口流動——理論、資料測量與政策》(臺北:巨流,1988)。

2　蔡青龍、陳志杰,〈人才外流與兩岸國際分工期中進度報告書〉,行政院國家科學委員會獎助專案計畫,取自:http://www.grb.gov.tw。(2004年1月點閱)

3　流動選擇性理論又稱差別理論(differential migration)。熊瑞梅,〈從人文區位學觀點來看行業結構和人口遷移的關係:美國南部沿海及內陸地區的比較〉,《東海社會科學學報》,1(1983),頁1-15。熊瑞梅,〈人口流動的轉型理論及其適用性之探討——一個發展的觀點〉,《中國社會學刊》,11(1987),頁95-111。熊瑞梅,《人口流動——理論、資料測量與政策》(臺北:巨流,1988)。廖正宏,《人口遷移》(臺北:三民,1985)。

4　Massey, S. Douglas, Joaquin Arango & Graeme Hugo et al."Theories of International Migration: A Review and Appraisal."*Population and Development Review*, 19: 3(1993), pp. 431-466.蔡青龍、陳志杰,〈人才外流與兩岸國際分工期中進度報告書〉,行政院國家科學委員會獎助專案計畫,取自:http://www.grb.gov.tw。(2004年1月點閱)

考資訊科技人才延攬政策的過去、現在與未來，於本章先敘述已然產生的人才流動與相關理論之闡述。

## 第一節　科技人才流動的必然

凡走過必留下痕跡，人才接續的移動逐漸踏出不可見的思路，從區域擴張到全球，人才跨國流動是所有工業化國家的共同基礎結構特徵，這說明人才跨國流動的潛在力量，深深影響國家發展的程度，然而理解這股力量的理論基礎卻仍是不周全[5]，這主要肇因於流動所牽涉的層面極廣及流動類型具有高度個殊性。人力流動是與時俱變的，在不同時期人力流動對國家發展隱含不同的意義，所產生的功能面向亦不同[6]。國際人才流動理論可分為經濟面向的人力資本論、政治經濟面向的新古典經濟理論、雙元勞動市場論、世界體系論及制度論、產業分工面向的國際分工及1990年代興起的全球化，茲分述如下：

### 壹、經濟面向：人力資本論（human capital theory）

舒爾茨（Theodore William Schultz）認為傳統主流經濟學家們在大力研究人類社會發展的同時，忽視了對人類自身，尤其是對才能的研究。人力資本理論作為一個新興理論，對經濟學的意義和貢獻是巨大的，它強調人力資本在人類和社會經濟發展中的重要性，及人力資本對促進經濟和生產力發展的貢獻[7]。人力資本這個概念所指的是「與經濟生產活動有關的專業技能與學識」、「接受教育不僅是一種消費，也是

---

5　Massey, S. Douglas, Joaquin Arango & Graeme Hugo et al.. "Theories of International Migration: A Review and Appraisal." *Population and Development Review*, 19:3 (1993), pp. 431-466. 蔡青龍、陳志杰，〈人才外流與兩岸國際分工期中進度報告書〉，行政院國家科學委員會獎助專案計畫，取自：http://www.grb.gov.tw。（2004年1月點閱）

6　王惟貞，〈科技人才流動的時空背景概述〉，《科技發展標竿》2：1（2002），頁21-26。

7　人力資本論Han, Pi-Chung."The Mobility of Highly Skilled Human Capital in Taiwan." (Ph.D dissertation, the Pennsylvania State University, U.S.A , 2001) 盛樂、包迪鴻，〈人力資本的產權化效應〉，取自：http://www.zjss.com.cn/bykw/zjxk/200201_001shkxlc.doc。（2004年1月點閱）

一種投資」[8]。人力資本論可分別就微觀層面[9]與鉅視層面做進一步的分析說明，但本書在此僅討論鉅視層面的人力資本論，即一個國家在教育上投資愈多，教育越愈擴充，人力資本愈豐富，則全國在經濟生產活動上所擁有的專業人才也就愈爲充裕，生產效率愈高，生產量愈大，通常用國民所得來代表的經濟發展程度也就愈高[10]。

　　鉅視層面之人力資本論，固然在邏輯上看來顯得相當具有說服力，也有許多國家試圖藉教育投資來擴充教育促進經濟發展[11]，然而自1960年代以來，從上述理論主張出發所做的經驗研究，主要是以社會學上的跨國比較分析以及經濟學家所做的生產力研究爲核心，但除了量與質的測量問題外，這些研究並不能區辨與經濟之間的雙向關係。換句話說，以畢業人數多寡說明教育對於經濟成長的貢獻，有可能只是經濟成長之後所引發的虛擬效果（spurious effect），而非因果關係[12]。傳統認爲，人力資本量提高即可藉工作選擇的空間擴大而提高工資，藉生產力的改善而促進企業發展，並透過人力資源運用效率的強化而增加國家競爭力。然而，在全球化趨勢下，單純倚靠人力資本量的提高不足以保證企業發展和國家競爭力的提升，人力資本素質是否具有市場性的關鍵程度較以往提高；也就是，人力培育不能只重視投入的數量，還要重視它

---

8　犧牲當前的生產、所得與其他消費，而在教育上作投資，以接受更多教育，可提高與生產活動有關的專業技能、學識，以及與技能、學識有密切關連的工作效率、生產品的附加價值，未來的生產活動之經濟報酬（所得），與隨報酬而來的消費水準。

9　微視層面的人力資本論之預設是：個人是理性的，自利的，根據個人對各項事物，如升學或工作的偏好作理性選擇，以追求個人的最大利益，這些偏好可用個人的效益函數來代表。因而個人在教育上作投資，可說是爲了學習專業技能與學識，而犧牲當前的工作報酬與消費，以提高未來在工作時所具有的專業技能與學識，以及隨之而來的報酬與消費。

10　黃毅志，〈教育階層、教育擴充與經濟發展〉，取自：http://sociology.nccu.edu.tw/soc_dep/newpage5.htm。（2004年2月點閱）

11　黃毅志，〈教育階層、教育擴充與經濟發展〉，取自：http://sociology.nccu.edu.tw/soc_dep/newpage5.htm。（2004年2月點閱）

12　孫傳釗，〈二元經濟論到篩選理論－讀多爾的文憑病──教育、資格和發展〉，《二十一世紀》5（2002）。

的內容[13]。

　　人力資本論所欲證明的有關教育對經濟成長「總體層次」上的貢獻，是經由教育（年數）與薪資所得之間這種「個人層次」上的關係而建立起來的，這樣的推論過程正好犯了社會學家Boudon所謂的「加總的謬誤」（aggregation fallacy）；此外不同教育程度的勞動者在勞動市場上所獲得不同報酬的工作，並不必然是因爲教育所帶來的經濟生產力上的差異所致[14]；在進行人力需求估計時，忽略了發展中國家產業結構與開發國家之間的落差；低估受教育者因文化上的向上流動期望（aspiration for upper mobility）導致對高等教育的過度擴充，而這些過度擴充看似會讓國內科技人才供給數與需求數達到平衡，但實際上卻仍存在人力缺口而需延攬國外科技人才，致使國內失業率上升的惡性循環；簡言之，過度的高等教育擴張，雖使「量」增加，卻無法獲取「質」上的肯定，這也是產學無法銜接的一個要因。

## 貳、政治經濟面向（political economy）

　　相較於經濟面向的分析，政治經濟面向（political economy）則認爲遷移不僅有經濟因素的考量，亦受到政治因素的影響。而最明顯的例子即殖民現象，自18世紀資本主義擴張加上帝國權威護航，資本家開

---

**13** 藍科正，〈全球化趨勢下的人力培育觀〉，《亞太經濟管理評論》3：2（2000），頁15-29。

**14** 劉易斯批評舒爾茨（Theodore William Schultz）的人力資本論的侷限。他指出，舒爾茨（1961）的《人力資本論》「試圖對收入統計和教育成就進行相關分析，從而在一個整體經濟的基礎上計算美國教育的生產率」，「但這一努力的結果幾乎不能運用於不發達國家。這有三個主要原因：1. 它假定收入模式會對生產率產生不同的影響，這是很值得懷疑的；2. 即使在收入反映了生產率的地方，教育和導致高生產率的其他原因（特別是智力、忍耐力和其他說服人的能力）之間也存在著很高的相關性。所以，在確定收入差別有多少程度上是歸因於教育之前，必須先把上述因素和教育區分開來，這不是一件容易的事情；3. 這種相互關係在不發達國家是沒有用處的，因為它們的邊際收入和平均收入差別很大。在亞洲的大部分國家，受教育者也存在著大量失業現象，教育和邊際收入之間的關係可能會引出這樣的結論：較高教育的邊際生產率為負數。劉易斯指出，當畢業生和勞動力市場的關係，供給小於需求時，教育是投資；反之，則是單純的消費」。孫傳釗，〈二元經濟論到篩選理論－讀多爾的文憑病－教育、資格和發展〉，《二十一世紀》5（2002）。

始至海外尋求更便宜的生產要素，此時人力的流動不如財貨便利自由，至十九世紀才開始出現大規模的人力流動，今日人力流動已是緊密且頻繁，而流動素質也不同於以往，政治經濟分析結合自由主義及民族主義，從較廣的面向思考遷移所帶來的機會與挑戰。

## 一、新古典經濟理論（neoclassic economic theory）

　　新古典經濟理論認為市場經濟具備自我調節的功能，是和諧均衡的，並透過供給與需求決定市場價格，使各方獲得最大滿足。對國際人力流動的分析始於Rainstein的工資差異論，新古典經濟理論以跨國工資和地理差異分析不同時期跨國流動與工資差異的關係，並運用迴歸方法進行檢視[15]。此理論認為人力流動起因於薪資差異，人才基於自身利益最大化而往高工資地區移動，且薪資差異愈大誘因愈大則流動量愈多，在此人力市場不斷重分配下，當達到人力供需與薪資均衡的穩定狀態，則流動將趨緩。[16]新古典經濟理論的研究多著重分析人力外流對發展中國家經濟的影響，而勞動市場是國際勞工流動的主要機制，政府能做的控制僅是規範或影響勞動市場，在政策運用上則認為國家應透過政策的擬定及獎勵辦法來鼓勵菁英人才回流母國[17]。如聯合國總會自1967年起的人才外流研究，指出家庭是導致人才回流的要因，而薪資、就業機會、生活環境、工作環境等則是影響人才流動的因素，這些分析仍今日

15 Douglas S. Massey, Joaquin Arango & Graeme Hugo et al."Theories of International Migration: A Review and Appraisal."*Population and Development Review*, 19: 3 (1993), pp. 431-466. 蔡青龍、戴伯芬，〈人才回流與就業選擇──臺灣回流高教育人才的調查分析〉，發表於「第三屆全國實證經濟學論文研討會」，南投：國立暨南國際大學主辦。蔡青龍、陳志杰，〈人才外流與兩岸國際分工期中進度報告書〉，行政院國家科學委員會獎助專案計畫，取自：http://www.grb.gov.tw。（2004年1月點閱）

16 Douglas S. Massey, Joaquin Arango & Graeme Hugo et al. "Theories of International Migration: A Review and Appraisal."*Population and Development Review*, 19:3 (1993), pp. 431-466.

17 Massey, S. Douglas, Joaquin Arango & Graeme Hugo et al.. "Theories of International Migration: A Review and Appraisal." *Population and Development Review*, 19:3 (1993), pp. 431-466. 蔡青龍、陳志杰，〈人才外流與兩岸國際分工期中進度報告書〉，行政院國家科學委員會獎助專案計畫，取自：http://www.grb.gov.tw。（2004年1月點閱）

研究人才流動因素的主要論述[18]。

　　然而，新古典經濟理論將市場經濟視爲具自我調節功能，忽略社會結構脈絡的影響[19]，並視勞工爲同質性高，具高度代替性。這個概念僅適合解釋低技術勞工流動的型態，在知識經濟年代講求知識密集與專業分工的腦力競爭，對勞工已呈現質變的要求，因此高技術密集的科技人才流動因素並不會如新古典經濟理論所假設的這般簡單。現實世界的科技人才供需與薪資並不會達到眞正平衡，人才也不會停止流動。因爲促使科技人才移動的因素中，薪資並不是唯一且絕對重要的，造成科技人才流動的新指標除了薪資，還有自我成長、學習環境或創新環境及其他價值的考量，因此以新古典經濟理論分析今日科技人才的流動，則稍有不足及無法切中核心，且新古典經濟理論將人力外流視爲對移出及移入國兩者皆爲負面效果的論述，忽略科技人才流動引領知識的擴散，今日的移出國可能成爲他日受惠國的意義。

## 二、雙元勞動市場論（dual labor market theory）

　　雙元勞動市場論的範疇有別於新古典經濟理論的經濟決策，該理論認爲國際人才流動肇因於現代工業社會的內在勞工需求，勞工需求是已發展國家內在固有的經濟結構[20]，如此便意謂著國際勞工移動永無終止之日。雙元勞動市場論將勞動市場視爲由具有較高技術性質、較高薪資與工作保障的主要部門（primary labor market）及可替代性高、低技術、低薪資且缺乏工作保障的次要部門（secondary labor market）所組成。雙元勞動市場論從需求面進行勞力流動分析，Piore的研究指出移民的決策主要是受到移入國的拉力，而非移出國的推力，並且經由人

---

18 蔡青龍、陳志杰，〈人才外流與兩岸國際分工期中進度報告書〉，行政院國家科學委員會獎助專案計畫，取自：http://www.grb.gov.tw。（2004年1月點閱）

19 Michael Storper and Allen J Scott. "The Wealth of Regions". *Futures* 27:5 (1995), pp. 505-526.

20 先進工業社會引起國際勞工流動的經濟結構特徵有四：結構性的通貨膨脹、動機問題、經濟二元主義、勞工供應的人口統計學。Massey, S. Douglas, Joaquin Arango & Graeme Hugo et al. "Theories of International Migration: A Review and Appraisal." *Population and Development Review* 19:3 (1993), pp. 431-466.

力召募機構進行，薪資也會受到移民人數的影響；移民人數增加則供給
增加，會導致薪資降低，反之則薪資不必然增加。此外，勞動市場結構
也會受到產業結構變遷而轉變，由國內受高等教育的勞工擔任職業階級
上層，而將職業階級下層留予移民勞動者，使在地婦女、青少年及低
技術壯年的勞動機會被外來移民者所取代，國內產生所謂的結構性失
業，外籍勞工不僅填補勞動力缺口，亦補充國家的勞工階級（working
class）[21]。

　　該理論對國際勞工流動的宏觀推論為國際移民是基於一個大型的經
濟結構需求基礎，並且始於已發展社會中雇主或政府的召募行動，著眼
於新血召募，這時薪資的重要性不再，在接受國際勞工的移入社會中，
低薪階級受到社會及制度的抑制，無法抵制這些外籍勞工的移入，失去
在勞力供需市場中的調節功能，形成以國際移民勞工填補國內勞工需求
的一個結構性嵌入；換言之，該理論認為國際薪資差異不再是吸引勞工
跨國流動的必要或充份條件，縱使在薪資不變或相同時，企業仍有召募
海外人才的動機[22]。

　　雖然雙元勞動市場論從需求面解釋了經驗上的移民現象，但在知識
經濟的時代，低技術部門亦講求產業升級和終身學習，勞動市場雙重部
門的界定成為一個難以明確區分的考驗，因此在資料的取得上將受到限
制，且Piore在勞動市場次要部門的工資呈現彈性下滑而無法上升的論
述也受到質疑[23]。雙元勞動市場論主要將全球勞工市場視為分歧，並說

21 Douglas S. Massey, Joaquin Arango & Graeme Hugo et al."Theories of International Migration: A Review and Appraisal."*Population and Development Review*, 19:3 (1993), pp. 431-466. 蔡青龍、陳志杰，〈人才外流與兩岸國際分工期中進度報告書〉，行政院國家科學委員會獎助專案計畫，取自：http://www.grb.gov.tw。（2004年1月點閱）

22 Douglas S. Massey, Joaquin Arango & Graeme Hugo et al. "Theories of International Migration: A Review and Appraisal." *Population and Development Review*, 19:3 (1993), pp. 431-466.

23 Douglas S. Massey, Joaquin Arango & Graeme Hugo et al. "Theories of International Migration: A Review and Appraisal." *Population and Development Review*, 19:3 (1993), pp. 431-466. 蔡青龍、陳志杰，〈人才外流與兩岸國際分工期中進度報告書〉，行政院國家科學委員會獎助專案計畫，取自：http://www.grb.gov.tw。（2004年1月點閱）

明這兩個部門的發展差異，主要以低薪部門爲關懷對象，對研究資訊科技人才延攬政策顯然並不適用。

## 三、世界體系論（world system theory）

　　世界體系論用以解釋國際遷移的政治經濟關係十分明確；該理論將資本主義國家視爲反應資本家利益的政治組織，制定符合資本家利益的市場規則，因此該理論認爲資本積累過程中必然造成的不均，及國內與國家間存在階級差異是遷移行爲出現的主因。馬克思指出不同區域依其分工而出現薪資差異，但經濟剩餘仍不成比例的流向核心地區，因爲不論長期或短期利潤的極大化都取決於消費者的剩餘回收（消費者剩餘越少利潤越多），因此核心國透過各種方式向外擴張資本主義，以穩固本身在世界經濟中的地位[24]。世界體系論指出國際勞動移民是跟隨持續擴張的全球市場發展，是資本市場在全球發展的自然結果，且國際移民特別容易存在過去的殖民國與被殖民國之間，這與兩地擁有共同文化、語言、交通等有關，而政府能做的便是透過調節企業的海外投資，控制資本和貨物的國際流動來影響移民率，但這些都是不易執行的[25]。

　　世界體系論將全球分爲核心、邊陲及半邊陲三個結構區域，主張國際勞動移民是在一個全球勞動市場的規模下進行，並非如雙元勞動市場所論述的分歧勞動市場，勞動移民是由於資本主義在發展過程中向外擴張，而造成對邊陲或半邊陲地區勞動市場的強制剝削與重組，形成國際人力流動與國際資本流動的反向進行[26]。亦即外資進入邊陲國家將廉價

24 Immanuel Wallerstein, "The Rise and Future Demise of the World Capitalist System: Concept for Comparative Analysis." In Hamza Alavo and Teodor Shanin (Eds). *Introduction to the Sociology of Development Societies*. New York: Monthly Press. pp. 29-53. Gill, Stephen and David Law. "Marxism and the World System." In *The Global Political Economy: Perspectives, Problems, and Policies*. Baltimore: The John Hopkins University Press, pp. 54-70.

25 Douglas S. Massey, Joaquin Arango & Graeme Hugo et al.. "Theories of International Migration: A Review and Appraisal." *Population and Development Review*, 19:3 (1993), pp. 431-466.

26 Wallerstein進一步在"The Eclipse of the State? Reflections on Stateness in an Era of Globalization"中以孔德拉夫循環說明資本主義的擴張的歷史進程。Douglas S. Massey, Joaquin Arango & Graeme

的勞動力引進至核心國，以維持低生產成本的結果。但是世界體系論過於強調經濟決定，而忽略文化及意識型態的影響[27]，因此用於分析科技人才流動時，不免顯得過於單一，且科技人才流動屬於自主性的利己行為，是否為被剝削的勞工實有待商榷。此外，經濟剩餘不必然全流向核心國，在經驗上，科技人才如同經濟剩餘，不僅流向核心國更有回流半邊陲母國的趨勢。[28]

## 四、制度論（the institutional approach）[29]

　　制度論的遷移理論主要針對個人行為學派，從個人角度出發的研究進行修正，Woods認為遷移理論應兼具個人行為及結構系絡，而此結構系絡包含社會、政經環境及法律架構。換言之，人才流動除了個人因素考量外，亦受到社會結構系絡的影響。不同的社會活動、風俗習慣、教育制度、金融體制及政治體系等，都會促使遷移者做出不同的決策，因此不僅國家透過各種移民政策選擇移入者，遷移者也會依各國風俗民情進行篩選[30]。North認為除了個體的研究外，還有超越個體展現在時空的延續性上，那就是制度，而這個制度會隨時空轉變而轉變，也會與當下的個體行為者產生互動，這其中的互動來決定個體效益的滿足與成本的計算，也會決定這個制度的變遷，而其中最重要的是交易成本的概念，會影響個體如何適應、詮釋、改變這個制度[31]。因此，North的主

　　Hugo et al.. "Theories of International Migration: A Review and Appraisal." *Population and Development Review*, 19:3 (1993), pp. 431-466. 蔡青龍、陳志杰，〈人才外流與兩岸國際分工期中進度報告書〉，行政院國家科學委員會獎助專案計畫，取自：http://www.grb.gov.tw。（2004年1月點閱）

27 Stephen Gill and David Law. "Marxism and the World System." In The *Global Political Economy: Perspectives, Problems, and Policies*. Baltimore: The John Hopkins University Press, pp. 54-70.

28 Theda Skocpol, "Wallerstein's World Capitalist System: A Theoretical and Historical Critique." *American Journal of Sociology*, 82:3 (1977), pp. 1075-1090.

29 本書所回顧之制度論包含新舊制度論的觀點，而以制度論名之。新舊制度論的差異在於，新制度論認為制度是會因與人互動而變動的。

30 黃詩雯，〈亞太技術性移民政策之比較研究〉（臺北：東吳大學政治學系碩士班碩士論文，2002）。

31 道格拉斯‧諾斯（Douglass C.North），劉瑞華譯，《制度、制度變遷與經濟成就》（臺北：時

張又稱為制度經濟學。申言之，制度雖然具有一定的恆定性，也具有變遷性，在個體因素到總體制度之間則是由交易成本進行串聯。

　　國際移民的出現，為某些私人機構或組織帶來興起的利基，這是因為想進入資本富裕國家的移民者眾多，而資本富裕國家發出的簽證有限，這兩者間的不平衡形成一種需求，這些私人機構或組織便在這些需求下出現，以提供資訊及管道作為服務的號召，讓想要進入國外勞動市場的移民者有制度可循，也因為這些機構及組織的推動，使得國際移民日益制度化[32]。制度論在解釋遷移行為上具有實用性，對各種制度與政策對遷移者的影響有深入的分析。並且說明遷移者選擇何地的評估乃基於交易成本的計算，然而當遷移行為、條件過於制度化後，各國可儘量仿效他國優惠條款，如此制度因素影響遷移動機的力量便降低，這使該理論在解釋科技人才流動的意義與效用上大打折扣。但即使結合了政治與經濟兩向度的分析，對遷移的多變因組合仍顯不足，以下再以產業分工面向的理論探討。

## 參、產業分工面向

### 一、國際分工（international division of labor）

　　國際分工理論起源於歐洲18世紀早期，1776年Adam Smith在《國富論》（*The Wealth of Nations*）一書中，提出分工（division of labor）的概念。Adam Smith在《國富論》中探究國家富有的本質與緣由，指出為了鼓勵效率，工作應該依照任務來加以切割分配，分工可以增加生產、促進技術發明，降低生產成本。在國際市場，一個國家的出口要具競爭力就必須有相對最低的生產成本。Smith認為分工及專業化生產決定一國的財富積累，且市場的有無成為繼生產成本後的次要分工因素，

---

報，1994/1998）。（原著出版年：1994年）。Ruther ford, Malcolm. "Individualism and Holism." In *Institutions in Economics: the Old and the New Institutionalism*. Cambridge University Press. pp.27-50

32 Douglas S. Massey, Joaquin Arango & Graeme Hugo et al.. "Theories of International Migration: A Review and Appraisal."*Population and Development Review*, 19:3 (1993), pp. 431-466.

屬於絕對利益之分工。[33]

　　透過分工所推衍而來的「國際貿易（international trade）」隨著時空背景、生產要素與資源稟賦的改變，賦予國際分工理論日益茁壯的生命力，使之開枝散葉衍生出許多與國際分工相關的理論與學說，構成國際分工理論的基礎主要有三：比較利益理論、要素稟賦理論和動態競爭因素[34]。自Smith開始陸續成形的國際分工理論有：古典國際貿易理論[35]、雁行理論、產品週期理論、多國籍企業論、新國際分工論、國際製造策略論、國家競爭力理論和全球商品鏈理論。[36]

　　本書歸納各家學說內容和主張後，將新國際分工（the new international division of labor）論點的起源視為分水嶺，將之前發展的國際分工概括為舊國際分工，而將之後的學說歸為新國際分工。舊國際分工的主張如前所述，新國際分工則主要在說明西方工業化國家所進行的製造業外移現象，即將工廠遷移至邊陲或半邊陲國家；西方先進國藉軍事、技術和經濟優勢將拉丁美洲、非洲及亞洲整合進發展中的世界經濟，並使這些國家扮演以提供農業、礦業原料及勞動力為主的生產供應者，Fröbel認為舊（古典）國際分工已被取代的證據為發展中國家不斷成為製造的據點，其產品在世界市場具有競爭力，而新國際分工的形成有三個前提條件決定此發展：(1)充裕、廉價且可任意調動、流動的勞工，企業可依所需選擇符合的勞工；(2)生產過程的分工與再分工，這些片段的工作可以低技術完成，並可在短時間內學得；(3)技術、運輸和通

33 亞當・史密斯（Adam Smith），周憲文譯，《國富論》（臺北：臺灣銀行經濟研究室，1968）。波特（Michael E. Porter），李明軒、邱美如譯，《國家競爭優勢》（臺北：天下，1996）。

34 蔡瑞豐，〈國際貿易問題——從中美雙方互控對方傾銷半導體產品談起〉，《靜宜大學新聞深度分析簡訊》，第70期（1999）。賴志成，〈多國籍電子零組件企業研發據點配置決策之研究——技術資源與產業分工之整合性觀點〉（臺中：朝陽科技大學企業管理系碩士論文，2002）。

35 分為絕對利益原理、比較利益原理、H-O理論。

36 Raymond Vernon, "International Investment and International Trade in the Product Cycle." *The Quarterly Journal of Economic*, 80:2 (1966), pp. 190-207. Stephen Hymer, "The Internationalization of Capital." *Journal of Economic Issues*, Mar, 6 (1972), pp. 91-111. Richard E. Caves, "International Corporations: The Industrial Economics of Foreign Invistment." *Journal of Economics*, February (1971), pp. 1-27.

訊的發展創造，使得成品或半成品得以在世界各地流動，而技術、組織和成本等限制因素不再[37]。

　　Fröbel在《新國際分工》（*The new international division of labor*）一書中進一步指出，新國際分工是資本自身的制度創新，它是一個因條件改變的結果，但不是這些條件的目標，也不是因為個別國家或多國企業決定改變發展策略而造成，相反的，各國和企業必須使其策略適應這些新情勢，以追求利益最大化；半邊陲及邊陲國家以低廉工資、各項優惠條款、寬鬆的環境污染規定、及不具行動力的工會等要素，吸引核心國家的資本，然而，此趨勢進展的速度將受到一些障礙限制，如國家或核心單位對資本外移的嚇阻、邊陲國家的政治不穩定等[38]。我們可將新國際分工後的理論視為新國際分工隨時空發展的演化，如入江豬太郎和Dunning的多國籍企業論、國際製造策略論、國家競爭力理論、全球商品鏈理論等，而這些理論對當代的人才流動僅簡扼敘之或略而不談。[39] 新國際分工僅能解釋部份的全球勞工流動及產業分

---

37 Folker Fröbel, Jurgen Heinrichs & Otto Kreye.*The New International Division of Labour*. (New York:Cambridge University Press. 1980) 蔡青龍、陳志杰，〈人才外流與兩岸國際分工期中進度報告書〉，行政院國家科學委員會獎助專案計畫，取自：http://www.grb.gov.tw。（2004年1月點閱）

38 Fröbel, Folker, Jurgen Heinrichs & Otto Kreye.*The New International Division of Labour*. (New York: Cambridge University Press. 1980)

39 本書擷取新國際分工理論做為解釋國際科技人才流動的理論，原因除其他的理論對科技產業的分工解釋較不適切外，此些理論對科技人才流動亦少論述，說明如下：

　1. 古典國際貿易理論顯然已不符合科技產業的分工現況，因為科技產業的分工將隨技術創新而異動，而此「創新」關鍵及知識資本，在古典國際貿易中幾乎無所論及；

　2. 產品週期理論是指當產品處於導入期時，競爭者少，競爭的利基在創新而非價格，所以對技術性勞力的需求較高；當產品逐漸進入成熟階段，競爭者隨之增加，製程趨向標準化，技術性勞力的需求也少，此時的市場競爭型態以價格競爭為主，生產成本成為競爭力的關鍵，企業因此將製程轉移到低工資的地區，促成生產範疇的擴張，也從中發展出國際分工的導因與模式。然而該理論反映了生產力水平差距造成的國際貿易中的不平等現象，及不平等的國際分工，不過是發展中國家不斷用自然資源供養著發達國家的科研機構的國際分工，忽略了人才回流對後進國的影響；

　3. 雁行理論將全球分為三大區域：美洲、歐洲及東亞。在赤松要的論述中，東亞以日本為雁首，而其所分析的產業為紡織及機械業，雖然後進學者對其理論做一修正，均指出此雁首帶雁身並

工現象，因為該理論指涉的是以低廉工資為主要吸引力的非技術或低技術勞工，如Fröbel在書中所舉的3個紡織製造業個案，這僅能解釋勞力密集的產業，科技人才的流動屬高技術密集，且Mittelman指出新國際分工的分析途徑有幾點問題：⑴強調跨國企業會尋找生產成本最低的區位，但忽略非成本考量的因素，如技術、工作態度、生產力等；⑵新舊分工形式仍共同存在，世界並非將舊有的分工形式完全拋棄，如一些第三世界國家會進行進口替代的發展策略[40]。此理論雖對產業分工有獨到的解釋力，卻未等同對待國際科技人才，故以此理論分析亦無法周全。

## 二、全球化

　　全球化一詞自90年代開始風行全球，不論任何議題都可冠上全球化後重新研究，且各家論述不一，綜合言之，全球化指涉的是世界經濟從1970年代之後的幾項重大的改變，例如資本國際流動、跨國生產、併購和策略聯盟的大量增加、國際人才流動等。它特別指涉了國界的消失

　　非靜態結構，而是動態競爭，勝者出敗者落，然半導體產業的分工則不適用此三大區塊的劃分，東亞半導體產業的分工若將美國排除在外，則毫無意義可言，因此雁行理論或許在解釋東亞的其他產業分工時仍有其價值，但運用在半導體產業上則略顯不足，而人才回流正是居後者往前的主要動力來源；（王佳煌，2002）

4. 入江豬太郎指出國際分工源自於國際貿易理論的水平貿易與垂直貿易，以降低成本、確保市場和提高經營利潤為目的，促成技術移轉的直接投資，這樣的論述雖符合科技產業分工的情勢，但多國籍企業論主要從企業分工出發，對科技人才的影響則無多論述，這對新興國家中科技人才的重要性分析顯得不足；

5. 國際製造策略著重於企業層面，強調企業的生產策略，對於科技產業分工中的國家角色則無法論述，如此對臺灣延攬科技人才的主力－政府則無法進行分析；

6. 國家競爭力理論為晚近解釋國家及跨國企業發展的新興論述，其觀點切合科技產業的發展，指出改善、創新及升級為企業競爭力的來源，而國家的產業優勢則依靠生產要素、相關支援產業、需求條件及企業策略等四項因素達成。此理論為當代最具競爭力的理論，然而對資訊科技人才延攬政策則亦有不足之處，對於半導體產業分工所導致的資訊科技人才流動則無論述；

7. 全球商品鏈則是以購買者驅動及生產者驅動作為產業分工的主要論述，對科技人才的流動則無著墨。

40 James H. Mittelman, "Rethinking the International Division of Labour in the Context of Globalistation." *Third World Quarterly*, 16:2 (1995), pp. 277-278.

以及跨國公司（MNCs）成為全球公司（TNCs），逐漸無母國而以全球為生產基地，可以隨意安置到或轉移到最安全和獲利最高的地區投資等[41]。全球化的過程雖在某種程度上使國家主權消退，但這種情形未必直接發生，甚至國家主權益顯重要；當國家更依賴貿易，國家主權反而不會消失，根據跨國統計顯示，依賴貿易有助於國家地位的鞏固[42]。對於科技人才流動現象的解釋，全球化論述者認為許多國家自80年代至90年代初期起，從事科技活動人員呈現普遍性的增長。然而，隨著資訊、通訊等服務產業的快速發展，許多國家所培育之科技人才不足以供應產業發展的人力需求，導致人力市場供需呈現失衡狀態，例如德國、加拿大、英國、法國、美國及臺灣皆有數萬名資訊科技人才短缺的現象[43]，各國專業人才供需失衡是造成國際間研究人力流動的主要原因，雖然人力自十九世紀中即呈現大量流動，但卻與全球化下的人才流動有著本質上的不同[44]。

　　全球化對科技人才流動的確有十分貼切的分析，但是該理論的缺點，主要在於以先進資本主義的資本移動邏輯來看待後進國的發展，認為後進國僅能在先進國的引領下發展，走先進資本主義國家已經走過而過時的路徑，然而此理論忽略後進國由於固有的社會制度以及學習機制，可能在全球經濟重整的過程中，利用既有的機制和機會，強化既有的發展形態追趕上先進國[45]。科技人才的回流母國即是帶給這些後進國機會和強化知識經濟資本的主要關鍵，因此以全球化分析科技人才流

---

41 王振寰，〈全球化。在地化與學習型區域：理論反省與重建〉，《臺灣社會研究季刊》34（1999），頁69-112。

42 Peter Evans,"The Eclipse of the State? Reflections on Stateness in an Era of Globalization." *World Politics* 50 (1997), pp. 62-87.

43 王惟貞，〈全球科技人才配置與流動概況〉，《科技發展標竿》1:2（2001），頁17-23。

44 王振寰，〈全球化。在地化與學習型區域：理論反省與重建〉，《臺灣社會研究季刊》34（1999），頁69-112。陳立功，〈國際間科技人力流動指標之研究〉，《科技發展月刊》，28：7（2000），頁523-528。

45 王振寰，〈全球化。在地化與學習型區域：理論反省與重建〉，《臺灣社會研究季刊》34（1999），頁69-112。

動,則對科技人才回流母國後,後進國追趕上先進國的現象無法解釋。

本書在回顧上述宏觀的國際遷移理論後發現,沒有一個理論是過時的,但也沒有一個理論是可以全面解釋所有的國際遷移現象,換言之,每個理論直至今日仍有其適用性。但回到本研究主題——臺灣資訊科技人才延攬政策時,這些理論無法確實反應出本書研究對象的個殊性,因此在檢視這些理論後,本書將以整合性較高的學習型理論作為分析觀點。在論述學習型理論前,本書先對現存臺灣資訊科技人才延攬政策之相關文獻進行回顧,藉由相關理論及相關文獻雙重確認學習型理論的適切性。

政治及經濟因素的討論在各理論中是不可避免的,在研究資訊科技人才流動及延攬政策時亦無法忽略,但以政治經濟學為研究主軸者甚少,而是與其他理論兼述者為多。尤其是人才跨國流動所引發的認同問題,在兩岸之間更是以放大鏡來考量,這也是兩岸間相較於其他國家特有的現象,因此臺灣政府對於自美國回流與中國回流的人才抱持著不同的延攬態度,延攬人才的政策限制亦不同,這些都受到國家主權及人才忠誠度的政治考量[46]。此外,近來兩岸科技人才流動的另一議題為學籍限制,至中國求學的臺籍生,因中國學歷在臺灣不被承認,而產生逃避兵役的刑責問題,造成留學中國之臺灣資訊科技人才不願或不能回國的新情勢[47]。

除上述泛論政治經濟面向的相關文獻外,亦有從制度論面向切入者,從各研究主題的歷史脈絡中尋找出隨時空發展而顯得不合時宜之處,或對執行成效不彰或顯有困難者做出建議,這些研究主題除各項法規、政策外,亦包含對執行機構的檢討。其次,有的研究進行區域國家的移民政策比較,將各國的移民法規或科技人才政策進行對比,從中分析優缺以做為借鏡,亦有進一步藉對比結果說明產業發展的優勝劣敗。

---

46 Rueyling Tzeng,"Reverse Brain Drain: Cross-border Talent Searches in Taiwan." 發表於「國科會87－89年度社會學門專題補助研究成果發表會」。（臺中:東海大學社會學系主辦,2002,December)。

47 蔡青龍、陳志杰,〈人才外流與兩岸國際分工期中進度報告書〉,行政院國家科學委員會獎助專案計畫,取自:http://www.grb.gov.tw。（2004年1月點閱）

龔明鑫在2005年的「廿一世紀臺灣新移民政策研討會」中，即提出建構專技移民及投資移民適當環境的六項策略[48]，惟此六項策略並未與整體科技人才延攬政策發展及知識經濟本質「學習」結合而顯得有所不足[49]。此類文獻研究對象明確，且部分文獻輔以問卷調查及個案訪談，從實務面做政策評估與修正，如陳家聲等對國防役制度所延攬的科技人才進行深度訪談，了解此類延攬科技人才的運用效果，進而檢討該制度[50]。

　　提供各種制度政策的演變史及各該制度政策的執行成效，是此類文獻最大的貢獻，卻也易流於政策報告型態，如《科技政策研究──「國家科學技術發展計畫」有關人才培育及經費有效運用措施執行評估規劃》即是一例，文中比較德國、美國、歐盟、韓國、日本及臺灣的科技人才培育、訓練、延攬與流動的制度[51]。但該理論易忽略國際產業環境變遷所帶來的影響，畢竟科技人才流動與國內外產業局勢有極大的關聯。此外，制度的比較雖可見賢思齊，但各國制度發展有其內在文化、風俗民情的蘊養，無法全然仿效，即便依樣畫葫蘆也無法達到相同結果。

48 六項策略為(1)實際落實上述政府所擬吸引人才計畫，並定期檢討其績效；(2)營造國際人才的生活環境；(3)建立及重點行銷臺灣國際形象及聲響；(4)吸引人才應與國家創新系統整合；(5)跨國機構及政府的合作與交流；(6)類似「金卡制度」與外人優惠稅的實施。

49 龔明鑫，〈建構專技移民及投資移民適當環境之策略〉，發表於「廿一世紀臺灣新移民政策研討會」。臺北：行政院研究發展考核委員會主辦，2005年1月。

50 Raymond K. H. Chan, & Moha Asri Abdullah. *Foreign Labor in Asia: Issues and Challenges*. (New York: Nova Science Publishers, Inc. Commack, 1999) 羅南建，〈引進大陸科技人才辦法及大陸最新科技產業發展政〉，《電工資訊》9（2000），頁58-60。韓伯鴻，〈國科會延攬科技人才概況及展望〉，《科學發展月刊》28：7（2000），頁515-522。莊水榮，〈國內民營企業創新、升級、轉型及突破的契機－加強延攬高級科技人才及資深的產業專家〉，《電工資訊》7（2001），頁34-37。錢思敏，〈養成研發科技人才的另一搖籃──探究國防工業訓儲役實施成效〉，《臺灣經濟研究月刊》25：10（2002），頁59-63。陳家聲、蘇建勳、戴芸、羅達賢，〈國防役人力對我國科技產業發展之影響──以工研院為例〉，《產業論壇》4：2（2003），頁1-22。

51 高熊飛，〈人才回流對我國高科技企業機構國際化之影響研究〉，行政院國科會專題研究計畫成果報告，未出版（1998）。

　　國際分工最常被運用分析的依據在於認爲科技人才的流動隨產業分工的路徑發展，也就是以美國爲基地向外擴張、遷移的資訊科技產業，帶領著資訊科技人才跨國移動，包含湧入先進國的外流及反向母國的回流，且藉由定位各國產業分工的位階，說明各國需引進的人才類別及如何打造一個國際環境[52]。此類論述可分爲從國家或企業思考兩類[53]，本書即以前者爲主要討論者，如蔡青龍與陳志杰2003年的《人才外流與兩岸國際分工》計畫期中報告除討論國際人才流動的相關理論外，亦探討在中國的臺灣科技人才和留學生對兩岸產業分工及區域經濟發展的影響，再輔以田野調查的結果作爲分析依據，最終認爲傳統國際人才移動理論並不能完全解釋兩岸人才外流及回流現象，且臺灣許多在職人才至中國求學或任職中高階主管，在畢業或任職期滿後多選擇留在中國，這對兩岸的產業結構及勞動市場有很大的影響[54]。

　　全球化的論述在人口流動的討論上掀起另一股風潮，使得傳統的二分法：長期居留移民（immigrants）與暫時居留的人（migrants）受到挑戰，主要是因爲全球化的高度移動及流動範圍的擴張使得人口流動產生不同型態，而有transmigrants、transnational diaspora等新名詞的出現[55]。在科技人才流動的討論上，以結合核心、半邊陲及邊陲的概念進行說明，描繪全球化時代，科技人才流動的路徑、原因與影響以及科技人才對國家經濟發展的重要性[56]。顯而易見的，此類文獻一致認爲美國爲科技人才的匯聚地，特別是矽谷（Silicon Valley），因此在分析美國優勢的因素後，多接續討論國家角色在延攬人才的定位，如同國家權力在全球化是否衰退一樣。王惟貞除了以一個全球勞動市場的概念說明造

---

52 李漢銘，〈科技產業人才引進策略〉，發表於「臺灣經濟戰略研討會」。

53 陳瑩欣，〈經營模式與人才需求探究〉，《零組件雜誌》4（2002），頁34-39。

54 蔡青龍、陳志杰，〈人才外流與兩岸國際分工期中進度報告書〉，行政院國家科學委員會獎助專案計畫，取自：http://www.grb.gov.tw。（2004年1月點閱）

55 曾嬿芬，〈移民與跨國投資：臺灣商業移民分析〉，發表於「國科會研究計畫成果發表會」，臺北：中央研究院社會學研究所主辦，1997。

56 陳以亨，〈經濟全球化下白領專業及技術人員對國家經濟發展影響之評估〉，《勞工行政》129（1999），頁15-25。

成全球科技人才配置與流動的成因與概況外，亦配合國際分工的不同階段解讀科技人才流動的不同時代意義，也就是說全球化不僅用來單獨分析，也與其他理論互爲參照。畢竟科技人才爭奪戰的白熱化始於全球化時代，因此以該理論探討別具時空意涵，而所有關於科技人才延攬政策的文獻或多或少都會隱含全球化及知識經濟的概念[57]。

此外另有一類文獻，它雖然從個人微觀的角度分析，但最後仍回到宏觀的政策建議，此類文獻多從科技人才本身的流動意願分析爲出發點，以問卷調查進行量化統計分析說明，再繼而論述此延攬政策及回流人才的重要性，試圖從科技人才流動的特性中找出一些歸因，作爲科技人才延攬政策之建議，隨著不同時期的人才流動特質，這些文獻也會推陳出新以符合當代特質。單驥在〈海外人才對高科技產業發展之影響——以新竹科學園區廠商爲例〉即說明海外科技人才回流是技術引進的重要管道之一，且技術密集度愈高的廠商愈容易吸引海外科技人才回流[58]。蔡青龍與戴伯芬等則運用教育部、青輔會與新竹科學園區的統計資料，評估臺灣科技人才回流的趨勢與影響，以1975至1979年、1980至1989年和1990至1995年三個階段分析回流人才的性別、學歷、學科和就業單位等的改變，指出動機才是人才回流的主因而非薪資，且依據與八家高科技廠商的人事主管訪談歸納出回流人才的動機及吸引回流的基礎建設等[59]。除了上述對美國回流人才的分析外，針對中國興起所產

---

57 馬財專，〈論全球及區域化勞力轉移對臺灣勞動政策發展之影響——一個結構性的初探〉，《臺灣社會福利學刊》，2（2001），頁1-38。王惟貞，〈全球科技人才配置與流動概況〉，《科技發展標竿》，1：2（2001），頁17-23。王惟貞，〈從各國科學與工程博士培育看高階科技人才流向〉，取自：http://nr.stic.gov.tw/ejournal/SciPolicy/SR9009/SR9009T4.HTM。（2003/4點閱）王惟貞，〈科技人才流動的時空背景概述〉，《科技發展標》，2：1（2002），頁21-26。

58 單驥，〈海外人才對高科技產業發展之影響——以新竹科學園區廠商爲例〉，《人力資源與臺灣高科技產業發展》（中壢：中央大學臺灣經濟發展研究中心出版，2001），頁1-19。

59 蔡青龍、戴伯芬，〈臺灣人才回流的趨勢與影響——高科技產業爲例〉，《人力資源與臺灣高科技產業發展》（中壢：中央大學臺灣經濟發展研究中心出版，2001），頁21-50。蔡青龍、戴伯芬，〈人才回流與就業選擇——臺灣回流高教育人才的調查分析〉，發表於「第三屆全國實證經濟學論文研討會」，南投：國立暨南國際大學主辦。蔡青龍、戴伯芬、黃雅瑜、邱厚銘，〈人才

生的人才磁吸效應，陳麗瑛與侯仁義進一步以兩岸回國的科技人才爲主題進行比較探討，認爲科技人才居留海外時間愈長，則回國機率愈低，而國內政經環境是居留中國人才考慮回流的關鍵因素，此外，祖國認同及配偶、子女回國就業與就學問題亦是重要因素[60]。

　　在回顧這些文獻後，本書發現現有相關文獻以制度論、國際分工及全球化爲論述主軸者居多，乃因此三者較能貼近實際狀況，其餘理論則多夾帶其中。除上述分類外，人力資本論及新古典經濟理論對資訊科技人才的延攬雖無直接具體的論述，但所分析的國內教育體系中科技人才畢業人數與產業需求不平衡，提出供需失衡的佐證，這些都被運用在延攬文獻的動機、評估或解決方案中，是這類文獻的主要貢獻[61]。Pi-Chung Han以人力資本論及一個新的測量變項──有效勞動力（the effective labor force）說明臺灣的腦力外流並未對臺灣的經濟發展產生破壞，而新古典經濟學的工資差異，更是每篇文獻均納入探討的一部分[62]。

　　既有的國際人力流動相關理論及臺灣資訊科技人才延攬政策相關文獻對於現況分析都具有獨到之處，但也僅限特定面向，且既有研究對科技人才所蘊涵的知識經濟價值僅以具重要性帶過，忽略其價值的本質是「學習」。各工業化國家藉由學習沉澱社會資本，發展爲吸引科技人才流入的誘因，後進國更藉由科技人才帶入的學習創造國家競爭力，改變在全球市場的位階，因此學習不僅是科技人才延攬的過程、結果更是誘因，重要性甚於薪資。臺灣半導體產業的興起與壯大，更是因爲海外科

---

　回流與臺灣經濟結構變遷〉（臺北：行政院國家科學委員會補助專題研究計畫成果報告，未出版，2002）。

60 陳麗瑛、侯仁義，〈兩岸回國高科技人才特性之探討及其對我國人才延攬政策之啓示〉，《科技發展政策報導》，SR9301（2004），頁85-102。

61 劉玉蘭，〈高科技的引進與人才培育〉，發表於「1999年北美華人學術研討會」，華盛頓：華府國建聯誼會。

62 陳國正，〈加強技術教育培養高科技人才〉，《技職雙月刊》31（1996），頁42-45。Pi-Chung Han, "The Mobility of Highly Skilled Human Capital in Taiwan." (Ph.D dissertation, the Pennsylvania State University, U.S.A , 2001)

技人才回流所帶入的技術及開放的技術交流管道，使臺灣半導體產業不致走向封閉網絡的後進國。相反的，因爲區域學習的積累不僅厚實知識能量，更擴大社會資本，讓臺灣半導體產業得以永續創新[63]。所以本書將以「學習型區域」做爲研究觀點，進行對臺灣資訊科技人才延攬政策的分析與建議。

## 第二節　地理空間上的偶然

　　全球化所引發的快速流動並未使「地理終結」，取而代之的是全球化與在地化的連結——區域化，可以預見的是，全球化帶來區域經濟發展的競賽[64]。各大區域內自成分工體系，相互競合，而區域內各單位藉由當地特有的社會制度、文化及知識，生產具地方特色的產品，又在全球市場上競爭，形成全球－區域－在地的連結，因此全球化更確切來說是「全球區域化」，即全球朝向歐洲、北美及東亞的三大塊區域化，全球化與區域化形成一體兩面的關係。王振寰更指出不論從產品循環理論、資源因素和交易成本角度分析，區域經濟都不因全球快速頻繁的流動而失去地位，反之愈是知識密集的產業愈會留在特定區域，而可標準化大量生產及生產要素易被取代的產業則成爲外移之首要產業[65]。

　　這意謂著當美國下放半導體產業至臺灣時，留在美國境內的是附加價值高的產品，同樣的，今天臺灣半導體產業西移中國的問題不在開放與否，而在於什麼應該留在臺灣，臺灣是否具有足夠的資訊科技人力做更高階的研發，美國矽谷營造了一個科技人才的天堂，使全球科技人才趨之若鶩，竹科雖使臺灣立足全球舞臺，卻無法使全球科技人才匯聚臺灣。促使科技人才流動的因素眾多，一般容易直接串聯者爲薪資，其次

---

63 陳東升，《積體網路：臺灣高科技產業的社會學分析》（臺北：群學，2003）。

64 Richard Florida, "Toward the Learning Region." *Futures* 27:5 (1995). pp. 527-536. Alle J. Scott, "Regional Motors of the Global Economy." *Future* 28:5 (1996). pp. 391-411.

65 王振寰，〈全球化。在地化與學習型區域：理論反省與重建〉，《臺灣社會研究季刊》34 （1999），頁69-112。

則是環境與發展潛能，然深入研究後發現，先進技術的學習在科技人才考量流動時亦是要因，這意謂著不論是企業組織或區域，本身是否擁有足以誘人的「知識」與「薪資」同等重要，因此我們必須藉由區域學習的力量，加強臺灣科技學習力，將臺灣從亞太區域連結至全球，以此吸引全球科技人才。

## 壹、學習型區域的內涵

　　學習型區域的發展有其歷史脈絡，因此將之運用以分析「臺灣資訊科技人才延攬政策」前必須回到源頭，從其歷史時空的發展，了解今日學習型區域的特殊意涵。1984年Piore和Sable提出「彈性專業化」（flexible specialization）的概念，強調中小企業網絡的重要性及它們所形成的區域特性，這在新的時代極具重要意義，因為彈性專業化講求廠商之間的合作、信任和社會整合，以此形成具有創新能力的優質空間聚落，而創新是一種企業與基礎科技公共建設、企業內部不同部門、生產者與使用者等的內部互動成果，創新是透過知識密集的研發，使產品的成本降低功能提升，創造新的高附加價值[66]。在此初始概念中，隱含的另一概念為空間是聚落形成的溫床，但不再是唯一決定因素。爾後，加入交易成本論點、社會鑲嵌論、網絡關係及新制度論，使得這個與區域網絡和創新有關的活動，成為創新環境、學習型經濟、學習型區域或國家創新體系等觀點的源頭[67]。

　　換言之，學習型區域的內涵由來已久，具有高度整合性並且仍在發展中，因此無法簡單地以一個面向定義它，而學習型區域之所以興起

66 Kevin Morgan, "The learning region: Institutions, Innovation and Regional Renewal." *Regional Studies* 31:5 (1997). pp. 491-503. 王振寰，〈全球化。在地化與學習型區域：理論反省與重建〉，《臺灣社會研究季刊》34（1999），頁69-112。

67 Kevin Morgan, "The learning region: Institutions, Innovation and Regional Renewal." *Regional Studies* 31:5 (1997). pp. 491-503. 王振寰，〈全球化。在地化與學習型區域：理論反省與重建〉，《臺灣社會研究季刊》34（1999），頁69-112。

主要是受到知識經濟的影響，知識經濟的成長有賴創新，而創新的基石在於知識的創造、散播與應用，這又直接關聯到學習，而學習的過程當然連結到空間，這些元素顯然並不新穎，但因全球化帶來的緊密連結卻產生新的典範（paradigm）－學習型區域。Schumpeter在20世紀初便已提出這樣的描述：創造新的知識或將舊知識以新方式運用，都有利於創新，而創新將引領經濟發展[68]。

　　腦力已取代廉價勞動力的認知是這些觀點的共同處，知識和創新成為現階段全球資本主義創造資本及競爭力的來源[69]。區域經濟若墨守成規不能創新，則很容易從核心落至半邊陲，從半邊陲落至邊陲，在高度競爭中失敗。而區域的創新活動並非一蹴可幾，需要長期知識和經驗的積累、沉澱，才可成為當地視為當然的「隱形知識」（tacit knowledge），know-how也是根植於特定區域內的互動基礎；廠商透過彼此間的網絡關係建立信任，分享知識、經驗，將之轉化成為不斷創新的動能，創新也融合在產品、生產過程、組織等各層面，而這些網絡及學習機制的構築有賴社會制度的配合與支持[70]。因此，固定、有形的空間場域、無形綿密的網絡及在地特有的社會制度文化，透過能動者（agency）的流動與行為傳遞，日積月累形塑出具代表性的創新區域型態。如Saxenian在《區域優勢》一書中對美國128公路（Route128）及矽谷的比較分析，即以兩區域的文化和制度等差異，說明今日矽谷產業崛起與沒落的關鍵[71]。

　　區域價值與財富一直以來都有學者從各面向討論，但區域對知識、創新的重要則是因為know-how的關鍵特質而受到矚目，即它是隱形且

---

68 Frans Boekema, Kevin Morgan, Silvia Bakkers, Roel Rutten, Edward Elgar. (Eds.). *Knowledge, Innovation and Economic Growth: The Theory and Practice of Learning Regions*. (UK:Publishing Limited, 2001)

69 Richard Florida, "Toward the Learning Region." *Futures* 27:5 (1995). pp. 527-536.

70 Michael Storper and Allen J Scott, "The Wealth of Regions." *Futures* 27:5 (1995). pp. 505-526. Kevin Morgan, "The learning region: Institutions, Innovation and Regional Renewal". *Regional Studies* 31:5 (1997). pp. 491-503. 王振寰，〈全球化。在地化與學習型區域：理論反省與重建〉，《臺灣社會研究季刊》，34（1999），頁69-112。

71 薩克瑟尼安（AnnaLee Saxenian），彭蕙仙、常雲鳳譯，《區域優勢》（臺北：天下，1999）。

不可被輕易移轉出固有的人文、社會脈絡。學習型區域理論一詞則是由
Richard Florida在"Toward the Learning Region"一文中提出，自此學習
型區域研究具體地從發展經濟（evolutionary economic theory）、經濟
地理（economic geography）、學習型經濟（learning economic）及創
新理論（innovation theory）等觀點區別出另一學派[72]，王振寰教授即
在此理論架構下，整合其他區域文獻，將此理論以〈全球化，在地化與
學習型區域：理論反省與重建〉一文作為分析臺灣產業的開端，本書從
Florida、王振寰教授及其他區域理論相關文獻整理出理論意涵，分述如
下：

## 一、地理空間的負載

　　傳統而言，區位（環境）條件的重要性在於決定產業的積累，但
是在強調地理空間的絕對重要性時，我們經常會忽略區位活力不僅僅取
決於地理因素，無形的社會互動關係也是重要來源。換言之，縱使一個
地區具有豐沛的地理資源及較優勢的地理（市場）接近性，但卻缺乏活
潑的社會網絡，將使這個區域成為弱競爭區域，一旦天然稟賦消耗殆盡
後，該區域便從全球市場退位。[73]因此地理空間對學習型區域的重要性
不在於自然資源稟賦或地理區位優勢，而是該空間負載產業傳統積累的
網絡、制度等無形資本。

　　像半導體產業的區位發展，就因交通運輸及資訊科技發達，使地理
（市場）接近性不再是一個關鍵性因素，產品不僅具有高度國際性，亦
具有區域特性，雖然產品國際流通性高，但是資源要素的人力卻相當依
賴該地區的社會制度、學習機制、網絡和地區知識，特別是科技人才間

---

72 Kevin Morgan, "The learning region: Institutions, Innovation and Regional Renewal." *Regional Studies*
　31:5 (1997). pp. 491-503.

73 此弱競爭（weak competition）即Storper和Walker依區域競爭能力區分出，相對於強競爭（strong
　competition），弱競爭是指資源因素是取決於外在條件，例如土地、人力、原料及生產流程等，
　基於便宜的成本且容易買賣，附加價值較低。強競爭則是指區域本身的資源因素就是競爭力的來
　源，是內生於區域內而無法取代的，如知識、廠商間的信任與合作，這無形的資產是無法被買賣
　的，附加價值較高。（王振寰，1999）

面對面的研發，造成這類商品的生產資訊具有不透明性，形成高度依賴地區的特質，使半導體產業的移動性降低，因此即便在高速流動的全球化，區域經濟因特有的社會制度特質，不致於失去重要性[74]。Boston地區的高科技產業曾經是產業聚集效應的模範，但卻在70年代逐漸沒落，反之原爲窮鄉僻壤的聖克拉拉谷，卻成爲半導體的朝聖地，而被冠上矽谷的稱號，Saxenian分析指出128公路的網絡及高科技基礎雖早於矽谷，但保守封閉的社會網絡[75]促使該區的企業家、工程師因傳統文化而害怕風險，加上長期依賴軍備合約、議會及遊說權力，使得該區位喪失創新活力，相反地，矽谷以截然不同於東岸的文化快速竄起，最後遠遠超越擁有地理優越性的128公路，這都起因於不受東岸重視的「社會網絡」[76]。

## 二、社會網絡的架建

　　區域內的互動不僅影響一個區域的形成，也決定該區域的存亡，緊密相接的網絡可加速區域共識的認同，並且透過區域內廠商網絡的建立達到競爭力提升；企業透過網絡關係分享共創知識，不僅可避免單槍匹馬的風險，亦可使研發更具效率[77]。但過度強調區域內的互動，易形成封閉的自足系統，成爲閉鎖（lock-in）體系，執是之故，社會網絡必須具備開放性，才能具有創新形態，創新區域也才能連結至全球場域。在以知識強度決定成敗的全球化下，區域的活動必須能夠持續藉由不同的機制，將世界的新知識連結匯入，使之成爲具開放性的區域，避免淪爲封閉體系而失去競爭力。因此，社會網絡不僅是地方創新環境的連結，更是將地方連結至區域，成爲區域節點，及將區域連結至全球，成爲全

74 Michael Storper and Allen J Scott, "The Wealth of Regions." *Futures* 27:5 (1995). pp. 505-526.王振寰，〈全球化。在地化與學習型區域：理論反省與重建〉，《臺灣社會研究季刊》，34（1999），頁69-112。

75 如以麻省高科技協會為首的技術集團卻不願意與當地社區進一步建立密切的社會網絡。

76 薩克瑟尼安（AnnaLee Saxenian），彭蕙仙、常雲鳳譯，《區域優勢》（臺北：天下，1999）。

77 Michael Storper and Allen J Scott, "The Wealth of Regions." *Futures* 27:5 (1995). pp. 505-526.

球節點的絲網，這樣的概念是相對性的，如同新竹是臺灣區域的節點，臺灣為亞太區域連結的節點，而亞太區域又是全球的節點，如此一層一層的疊架出一個立體綿密的全球化體系。正如同Castells所說：多重網絡構築的網，鑲嵌在多樣的制度環境中，這即是全球網絡與地區環境的融合[78]。

## 三、制度文化的鑲嵌

　　由於地區社會制度的個殊性塑造不同地區經濟的特殊性，因此，即便各國經濟發展條件相似或後進國模仿先進國家的經濟模式，仍會因社會制度文化的差異而無法達到相同成績。制度文化無法輕易轉移，它主要鑲嵌在各區域社會中，透過地區互動結構[79]所形成[80]，制度經年累月的運行，孕育出區域內生的社會資本，造就各區域的不可替代性。制度是地區性的文化產物，地區的人們透過此制度生活、認知和學習，除了自身的成長也同時引領地區的茁生，使得地區自有的隱形知識不因人員的流動而全然消失，至多停滯沒有成長創新，此支撐創新活動的區域制度，也被Amin and Thrift稱之為制度濃度[81]（institutional thickness）。[82]

　　該地區創新的獨特性乃根植於環境內部傳統要素的積累綜合（cumulative combination），制度作為學習的策略或是機制，可以必要性和可行性分別討論：(1)必要性：制度如同一套系統，包含任何產業

78 王振寰，〈全球化。在地化與學習型區域：理論反省與重建〉，《臺灣社會研究季刊》34（1999），頁69-112。

79 此互動結構由習慣、態度、顧客及當地的商業智慧等所構成。

80 Michael Storper and Allen J Scott, "The Wealth of Regions." *Futures* 27:5 (1995). pp. 505-526.

81 它可以界定為「機構之間互動和合成效果（synergy），許多組織體集體再現，一個共同的工業目標，和共用的文化規範和價值因素的結合。它的濃度是建立在正當和培育信任上。它的濃度也在持續的激勵在企業精神和鞏固工業的地方鑲嵌性上」。

82 所謂制度（institutions）廣義的說，就是習慣、規則、法律、和常規化的行為規範，它提供人們行為參考，在不穩定的環境和大量資訊充斥的情況下，使得行動有所依循。王振寰，〈全球化。在地化與學習型區域：理論反省與重建〉，《臺灣社會研究季刊》34（1999），頁69-112。

經驗特質的機構，沒有這些機構，產業經驗無法有沉澱積累的機會，並依此區域制度設立一套區域政策，使此區域政策有別於他者，不僅以技術取得及學習機制爲目的，更要使傳統或新興產業具有防禦性及前瞻性；(2)可行性：考慮到充分學習的效率，制度配套必需再結構成爲一種可以持續不斷開放與發展的介面，以避免網絡高度鑲嵌所面臨的封閉困境與風險，同時制度亦具篩檢的功能，會選擇外部流入知識的適合度[83]。

## 四、能動者的角色（agency）

貫穿有形地域與無形制度文化間的即能動者的互動，此能動者包含各種機制及行爲者。在學習型區域中，特別強調學習機制的交流及知識載體的流動，[84]透過這些機制的設立，強化研究機構、廠商、人員之間的互動和學習，工廠和實驗室的界線則愈趨模糊，建立了信任和知識的不斷強化，進而構成了學習型區域[85]。在這必須指出的是，創新學習並不是只包含研究機構、產業或從業人員，任何一個在此區域的人們，都不可摒除在外，他們所積累的日常經驗，最終都可成爲創新的知識來源。唯有區域內每個人皆有創新學習的觀念與落實，此區域才能豐厚和擴張知識基礎的能力，形成所謂的社會資本（social capital），這類基於社會資本而來的創新活動是一種集體的「社會創新活動」（social/process innovation），不同於產品研發行動（production innovation）[86]。

社會資本正是區域對外競爭和號召的基石，相對於人力資本（human capital）和物力資本（physical capital），社會資本是由社會

---

[83] Michael Storper and Allen J Scott, "The Wealth of Regions." *Futures* 27:5 (1995). pp. 505-526.

[84] 如學習機構的設立；產、官、學間人員與資訊的交流；廠商間的溝通、合作、互派技術人員駐廠；學習式工廠，生產和銷售部門之間有不同管道資訊的流通，與消費者有資訊管道；以及地區性政府機構的介入等。

[85] Richard Florida, "Toward the Learning Region." *Futures* 27:5 (1995). pp. 527-536.

[86] 王振寰，〈全球化、在地化與學習型區域：理論反省與重建〉，《臺灣社會研究季刊》34（1999），頁69-112。

集體建構，透過網絡、規範、信任等的建立，來強化合作協調以獲取共同利益，是人力資本和物力資本加總的表現；它不是顯而易見，但卻可以使物力和人力資本的投資得到更大的利益，因此地區性的學習機制和制度的建立，成為該區在全球競爭中的關鍵[87]。在全球化年代，區域本身成為知識創造和學習的焦點，人力市場（labor market）成為此學習型區域的關鍵之一[88]。本研究從學習型區域看臺灣資訊科技人才延攬政策，具有知識學習意義、人才流動與高度整合的適切性，除了上述四點學習型區域構成的要素外，另將學習型區域理論精萃出下列核心意涵，做為分析的觀點：

## ㈠ 演化觀（evolutionary）

　　學習型區域的發展路徑是一個演化過程，因此區域發展具有相當程度的路徑依賴（path dependence）的特色，它也是科技、社會制度、經濟結構不斷互動的合成效果（synergy），不同發展階段的國家，學習型區域的發展路徑也就不同。[89]故學習型區域並非速成品，它需要在特

---

87　Kevin Morgan, "The learning region: Institutions, Innovation and Regional Renewal." *Regional Studies* 31:5 (1997). pp. 491-503. 王振寰，〈全球化。在地化與學習型區域：理論反省與重建〉，《臺灣社會研究季刊》，34（1999），頁69-112。

88　Richard Florida, "Toward the Learning Region." *Futures* 27:5 (1995). pp. 527-536. Morgan, Kevin. "The learning region: Institutions, Innovation and Regional Renewal." *Regional Studies* 31:5 (1997). pp. 491-503.

89　先進國因政經、社會發展不同於後進國，對於知識取得與創新基礎亦有所不同，因此後進國的學習型區域自然不同於先進國，王振寰列出後進國學習型區域的特徵如下：1.它必然是全球網絡的一部份。在全球化階段，產品具有全球競爭力，必然是與全球商業和工業網絡結合；2.工業生產基礎結構愈來愈是以知識和技術密集的廠商所形成的網絡。具有競爭力的是前期所累積和轉化的知識和技術密集的產業，其附加價值高，也比較能夠有國際競爭能力。但相對於先進國的產品創網絡，這樣的地區基本上從事的是製程創新和追趕更先進的技術和知識；3.它需有公共的學習機構（如大學和法人研究機構）之設立，來轉移和研發進技術和知識。在這部份，海外人才經常扮演重要角色，他們可能是海外留學或在外國廠商工作數年的歸國學人，在外國學習先進的知識和技術，現階段的技術和知識發展有專長，能扮演知識和技術轉移的角色；4.這些研發機構與廠商有經常性人員資訊的交流。這對先進和後進中的區域經濟體的重要性是相同的；5.廠商之間有合作，互派人員和相互學習的機制。區域經濟的重要性在於地區之間的廠商是形成網絡合作關係，廠商之間經由長期合作建立信任，以及由此形成的人員來往，可以使得技術相互學習；6.與先進

定地域，由能動者依一定制度生活，建立綿密互動的社會網絡，孕育特有文化習慣，經過長期時間的風化而逐步成型。因此當我們發展學習型區域或期望成為一個學習型區域時，不能冀求任何一個制度政策能立奏見效，必需要有宏觀的遠景，審慎決定現在的政策，因為它的錯誤不是立即可見而能修復的，如同學習型區域的文化也不是可立即矯正或模仿的。如此才能成功地持續發展學習型區域，成為強競爭區域。

## (二) 信任關係（trust）

互動的網絡關係之所以重要，是因為各機制透過網絡的連結，培養出一種夥伴間的信任關係，各廠商在此網絡中選擇其信任的夥伴，進行互動、分享知識共同研發以獲取利益，而信任是無法藉由買賣取得，必需經由反覆的交易互動建立[90]。信任關係在網絡分析的論點中，認為信任關係實際上有助於群聚廠商在市場資訊與技術資訊的分享，並且在此信任關係的基礎上區位內的公司較容易取得彼此經驗的協助，因此信任關係在實際經濟行動中是有具體效用的[91]。Powell認為已具有信任關係的廠商可藉由持續的合作，進一步強化信任關係，但是這種合作的互動條件卻不能自發性地產生信任的基礎。換言之，有合作不一定有信任，然而一但有了信任，持續合作便可以加深信任感。

在上述的討論後，我們可以歸結出本書所指涉的學習型區域是藉由"學習"將各單位連繫成一網絡關係，各單位在這網絡中是節點也是網絡，如同全球規模下，各學習型區域是節點也是網絡。學習型區域透過社會網絡及制度文化鑲嵌在地域環境中，使得學習型區域具有「扮演知識和想法匯集者及儲存者的角色，提供強化知識，想法和學習的根基環

---

國的學型區域或創新環境，其創新是前緣性的產品，後進國的學習型區域是在追趕和學習新知識和技術。然而，透過了學習，這些區域有可能逐漸發展而進入商品鍊的前緣，而這與地區的發展程度和社學習制度是否能有效形成有密切關係。而這有賴發展型國家機器的帶領和建立學習機制。長期累積的知識和技術，也在社會沉澱，形成隱形知識和技術。（王振寰，1999）

90　Kevin Morgan, "The learning region: Institutions, Innovation and Regional Renewal." *Regional Studies* 31:5 (1997). pp. 491-503.

91　Michael Storper and Allen J Scott, "The Wealth of Regions." *Futures* 27:5 (1995). pp. 505-526.

境與基礎架構，這些都促使知識、想法和學習的流動」等機能[92]，並屬
於強競爭區域的型態，惟有富含社會網絡及制度文化，才能促使經濟活
動永續發展[93]。科技人才的流動之所以受到高度矚目，正因他們載負大
量極具競爭力的知識，知識藉由科技人才的流動達到擴散的效果，因此
任何一個學習型區域勢必努力吸引科技人才匯聚，透過科技人才匯聚帶
動知識沉澱，積累社會資本。初期延攬機制多有賴政府介入，在社會資
本積累至足以展現區域特殊性後，則能為政府延攬機制加分，甚而成為
吸引區域外科技人才的主因。

　　亞太資訊科技產業如何呈現學習型區域的特色？本書以半導體產
業做為檢視個案，並從學習型區域的六項主要概念：地理空間、社會網
絡、學習制度、能動者、演化觀及信任關係，做為分析入徑，其原由及
歷史發展於下文分述之。在亞太資訊科技產業已為學習型區域的概念
下，臺灣資訊科技人才延攬政策的新策略需要時間、資源和相當重要的
區域重建共識[94]。當資訊科技產業邁向學習型區域時，臺灣既有的科技
人才延攬政策是否足以支應新型態的人力流動特徵，將是本書探討的問
題之一，這部分則需先了解亞太和臺灣半導體產業後論述。

---

92　Richard Florida, "Toward the Learning Region." *Futures* 27:5 (1995). pp. 527-536.

93　Michael Storper and Allen J Scott. "The Wealth of Regions". *Futures* 27:5 (1995), pp. 505-526. 王振寰，
　　〈全球化。在地化與學習型區域：理論反省與重建〉，《臺灣社會研究季刊》34（1999），頁69-
　　112。

94　Kevin Morgan, "The learning region: Institutions, Innovation and Regional Renewal." *Regional Studies*
　　31:5 (1997). pp. 491-503.

第三章
# 半導體產業與科技人才共築全球思路

　　資訊科技產業（information technology industry, IT Industry）顧名思義是指所有和資訊處理發展相關的產業，其種類及產品繁雜，且因彼此涵蓋性高而難以確切分類，一般而言，多依產品功能及關聯性將資訊科技產業分為十大領域：半導體、零組件、電腦系統、軟體、網路、通訊、光電元件、輸入周邊、輸出周邊和儲存週邊，如圖3.1[1]。這些領域的開端都可說是源自上游產業的龍頭──半導體產業，資訊科技產品競爭力強弱受半導體技術發展影響甚鉅，而半導體產業的成長也直接與資

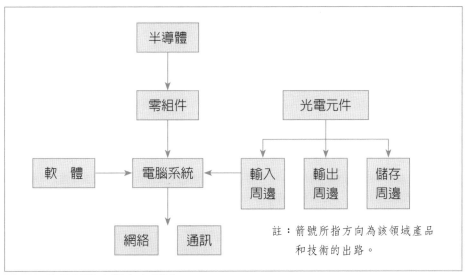

圖3.1　資訊科技產業十大領域
資料來源：《臺灣資訊電子產業版圖》，王正芬，2000，臺北：財訊。頁22。

---

1　王正芬，《臺灣資訊電子產業版圖》（臺北：財訊，2000）。

訊科技產業的景氣興衰連動[2]。半導體產業因其重要性在日本有「工業之米」或「稻米產業」之稱[3]，也是臺灣成功的資訊科技產業之一，更是經濟發展的一大支柱。[4]

根據世界半導體貿易統計協會（World Semiconductor Trade Statistics, WSTS）統計公告（見表3.1），全球各區域2004年呈現正成長，特別是亞太地區扮演領導成長的角色，至2008年全球呈現零成長甚至負成長時，僅有亞太地區仍將維持正成長。2003年雖受到SARS風暴的負面影響，亞太地區的半導體市場仍維持高度成長[5]。兩岸半導體產業分工的競合，在此大規模產值下也因其隱含高度利益而眾所矚目。2008年，金融海嘯爆發，全球因此受到嚴重影響，至2009年後全球才開始慢慢恢復生機，尤以美洲與亞太地區發展最好，以2013年為例，相較於10年前，幾乎是2倍的成長，亞太地區發展更為良好，成長速度之快，至今仍是世界第一，近於美洲的3倍。

臺灣資訊科技產業從1960年代開始發展，正式站上世界舞臺則是因1987年全球第一家專做晶圓代工廠（foundry）的臺灣積體電路（以

2　工研院電子工業研究所，《1992半導體工業年鑑》（臺北：經濟部技術處，1992）。

3　Mathews, John A. & Dong-Sung Cho. *Tiger Technology-The creation of a Semiconductor Industry in East Asia.* (UK: Cambridge University Press , 2000) 張順教，《高科技產業經濟分析》（臺北：雙葉書廊，2003）。拓撲產業研究所，《半導體產業訊息觀瞻》（臺北：拓撲科技，2003/03）。

4　工研院經資中心，《1995半導體工業年鑑》（臺北：經濟部技術處，1995）。工研院經資中心，《1996半導體工業年鑑》（臺北：經濟部技術處，1996）。工研院經資中心，《1997半導體工業年鑑》（臺北：經濟部技術處，1997）。工研院經資中心，《1998半導體工業年鑑》（臺北：經濟部技術處，1998）。工研院經資中心，《1999半導體工業年鑑》（臺北：經濟部技術處，1999）。工研院經資中心，《2000半導體工業年鑑》（臺北：經濟部技術處，2000）。工研院經資中心，《2001半導體工業年鑑》（臺北：經濟部技術處，2001）。工研院經資中心，《2002半導體工業年鑑》（臺北：經濟部技術處，2002）。工研院經資中心，《2003半導體工業年鑑》（臺北：經濟部技術處，2003）。工研院經資中心，《2004半導體工業年鑑》（臺北：經濟部技術處，2004）。龔明鑫、楊家彥，《提昇臺灣科技產業全球競爭力策略四之一》（臺北：臺灣智庫，2003）。Mathews, John A. & Dong-Sung Cho. *Tiger Technology-The creation of a Semiconductor Industry in East Asia.* (UK: Cambridge University Press, 2000)

5　WSTS Press Release, 2003/10/25.（2004年6月點閱）工研院經資中心，《2004半導體工業年鑑》（臺北：經濟部技術處，2004）。

表3.1　全球半導體市場規模

| | | 美洲 | 歐洲 | 日本 | 亞太 | 全球$M |
|---|---|---|---|---|---|---|
| 單位：百萬美元 | 2003 | 32,330 | 32,310 | 38,942 | 62,842 | 166,425 |
| | 2004 | 39,065 | 39,424 | 45,757 | 88,781 | 213,027 |
| | 2005 | 40,736 | 39,275 | 44,082 | 103,391 | 227,484 |
| | 2006 | 44,912 | 39,904 | 46,418 | 116,482 | 247,716 |
| | 2007 | 42,336 | 40,971 | 48,845 | 123,492 | 255,645 |
| | 2008 | 37,881 | 38,249 | 48,498 | 123,975 | 248,603 |
| | 2009 | 38,520 | 29,865 | 38,300 | 119,628 | 226,313 |
| | 2010 | 53,675 | 38,054 | 46,561 | 160,025 | 298,315 |
| | 2011 | 55,197 | 37,391 | 42,903 | 164,030 | 299,521 |
| | 2012 | 54,359 | 33,163 | 41,056 | 162,985 | 291,562 |
| | 2013 | 61,496 | 34,883 | 34,795 | 174,410 | 305,584 |
| | 2014 | 65,763 | 37,923 | 35,239 | 194,226 | 33,315 |
| | 2015 | 69,274 | 38,491 | 35,133 | 201,648 | 344,547 |
| | 2016 | 71,432 | 39,732 | 35,452 | 208,656 | 355,272 |
| 年成長率（%） | 2003 | 3.4 | 16.3 | 27.7 | 22.8 | 18.3 |
| | 2004 | 20.8 | 22.0 | 17.5 | 41.3 | 28.0 |
| | 2005 | 4.3 | -0.4 | -3.7 | 16.5 | 6.8 |
| | 2006 | 10.3 | 1.6 | 5.3 | 12.7 | 8.9 |
| | 2007 | -5.7 | 2.7 | 5.2 | 6.0 | 3.2 |
| | 2008 | -10.5 | -6.6 | -0.7 | 0.4 | -2.8 |
| | 2009 | 1.7 | -21.9 | -21.0 | -3.5 | -9.0 |
| | 2010 | 39.9 | 27.4 | 21.6 | 33.8 | 31.8 |
| | 2011 | 2.8 | -1.7 | -7.9 | 2.5 | 0.4 |
| | 2012 | -1.5 | -11.3 | -4.3 | -0.6 | -2.7 |
| | 2013 | 13.1 | 5.2 | 15.2 | 7.0 | 4.8 |
| | 2014 | 6.9 | 8.7 | 1.3 | 11.4 | 9.0 |
| | 2015 | 5.3 | 1.5 | -0.3 | 3.8 | 3.4 |
| | 2016 | 3.1 | 3.2 | 0.9 | 3.5 | 3.1 |

資料來源：WSTS。（2017年10月點閱）

下簡稱台積電）成立於竹科[6]，自此臺灣便以晶圓代工聞名全球，1997
年的半導體產值已居東亞第三[7]。2000年開始臺灣資訊科技產業力求從
代工朝向自有品牌突破，且半導體的應用在生活上隨處可見，因此台積
電董事長張忠謀曾預估「10年內不會有其他產業取代半導體的龍頭地
位」[8]。半導體產業是一個全球性的產業[9]，臺灣更是身為亞太資訊科
技產業重要的一環，彼此相生相息，要清楚了解臺灣半導體產業不得不
熟悉亞太半導體產業的發展，必須從國際半導體產業結構的變遷描繪臺
灣與此全球性產業的連動，所以本章將先論述此產業的亞太發展及亞太
學習型區域的形成，繼而論述臺灣半導體產業的發展脈絡，從臺灣半導
體產業發展史分析半導體產業及科技人才在臺灣經濟和科技產業發展中
的角色，及分析全球產業環境變遷與科技人才流動的關係。

## 第一節　半導體產業的特徵及分工動力

　　資訊科技產業為全球熱門產業，各發展中國家極欲重塑其原有經
濟特質以發展相關產業，除了強大的經濟利益誘因外，發展資訊科技產
業成為邁向現代社會的一項指標。此產業之產品種類繁多，所衍生的利
益亦較其他產業高，再加上科技不斷研發、創新，使得該產業的進入門
檻增高、產品生命週期縮短，這些產業特徵都根源於資訊科技產業之基
礎──半導體產業，一國如欲發展科技產業，便多以進入半導體產業為
首要考量[10]。

---

6　方至民、翁良杰，〈制度與制度修正：臺灣積體電路產業發展的路徑變遷（自1973至1993）〉，
　《人文及社會科學集刊》16：3（2004），頁351-388。

7　Mathews, John A. & Dong-Sung Cho. *Tiger Technology-The creation of a Semiconductor Industry in East Asia.* (UK: Cambridge University Press, 2000)

8　王正芬，《臺灣資訊電子產業版圖》（臺北：財訊，2000）。

9　工研院電子工業研究所，《1993半導體工業年鑑》（臺北：經濟部技術處，1993）。Mathews, John A. & Dong-Sung Cho. *Tiger Technology-The creation of a Semiconductor Industry in East Asia.* (UK: Cambridge University Press, 2000)

10　陳維禎，〈臺美IC產業互動之分析研究〉（臺北：中國文化大學美國研究所碩士論文，2001）。

　　半導體所指稱的是一種導電能力介於導體與非導體之間的材料，在加入不同的雜質後，便會形成不同程度的導電狀態，即可以外力方式，使之成為一個動態式開關，達到控制電子訊號傳遞的目的[11]。其應用始於1947年美國貝爾實驗室發展出電晶體元件，進而取代真空管在電子資訊產品的地位，開啟資訊時代新紀元[12]。1957年快捷半導體公司（Fairchild Semiconductor）的創新技術—平面製程（planar process），克服了電晶體設計的問題，這種以半導體材料為主所製作的電晶體，體積小、具有將電流信號放大、轉向的功能，又較不易損壞。半導體產業可區分為半導體材料、光罩、設計、製程、封裝、測試及設備等七種技術領域。1985年德州儀器（Texas Instrument, TI）開發包含各種不同功能半導體元件的整合型電路元件－積體電路，引領電子產品邁向新境界[13]。

　　資訊科技產業之基本特性為資本密集和技術密集，這同樣也是半導體產業的基本特性之一。相較於其他傳統產業，半導體產業屬知識密集型產業，人才的重要性亦較其他生產要素高，況且半導體產業的致勝關鍵在於新設備、新材料及新製程技術之開發[14]，三者的關鍵皆為人才，因此一國欲發展具競爭力的半導體產業，國家必需釐清國內產業結構、經濟發展目標、企業競爭力及在全球半導體產業緊密扣合的分工體系下所處之位階，進而擬定出一套適合本國發展的半導體產業政策，在此套政策中，人才政策為不容忽視者，因為缺乏人才則如同任人鎖住咽喉，

---

11 張順教，《高科技產業經濟分析》（臺北：雙葉書廊，2003）。

12 Davis, Warren E. & Daryl G. Hatano. "The American Semiconductor Industry and the Ascendancy of East Asia." *California Management Review* 27:4 (1985). pp. 128-143. 吳思華、沈榮欽，〈臺灣積體電路產業的形成與發展〉，收入《管理資本在臺灣》（臺北：遠流，1999），頁57-150。

13 游啟聰，〈半導體產業國際競爭力分析〉，《經濟情勢暨評論》4：2（1998），頁38-64。吳思華、沈榮欽，〈臺灣積體電路產業的形成與發展〉，收入《管理資本在臺灣》（臺北：遠流，1999），頁57-150。Langlois, Richard N. "Computers and Semiconductors." In *Technological Innovation and Economic Performance*. (Princeton University Press. 2002) pp. 265-284. 張順教，《高科技產業經濟分析》（臺北：雙葉書廊，2003）。

14 鄭光凱，〈半導體工業的競爭要素〉，《電子月刊》7：9（2001），頁142-145。

存亡不由己。半導體產業何以自美日廠商間的競爭延伸成爲亞太半導體產業爭奪戰，必須了解促成此產業得以分工的要素。

　　半導體產業自1960年代美國進行產業外移後，開始另一型態的國際分工局勢，Fröbel將此稱爲「新國際分工」的開端，此時期的產業外移主要是尋求海外低廉的勞動成本，因此外移的產業多屬勞力密集產業[15]。促成此全球生產體系成型的過程從一開始簡單地降低生產成本，進一步到因科技進步發展「產品標準化」及「產業分散化」的結構性支持，最後垂直整合至水平分工的轉變更是加速生產全球化的動力。

　　自1960年代至今的分工發展，雖在上述技術性因素演進的時序下進行，但1957年日本在無美商協助下自行開發出電晶體，無疑是對產業分工加入一支催化劑，日本後來對外國廠商進行多種設廠、進口限額、高關稅的限制等，迫使美國面對日本強勢競爭，以修訂關稅條款改變美國的產業策略，美日競爭成爲開啓全球布局的一大要因，此關稅條款是促使美商至海外設置據點的一大誘因，爾後美日更設立半導體自由貿易區，成爲加深半導體產業海外發展的動力，並於1982年增訂一項最惠國待遇的優惠關稅，1986年7月31日美日進一步訂定美日半導體貿易協定[16]。因爲這些動力的驅使，才得以形成亞太半導體產業分工體系。

　　上述種種因素加速美、日、歐半導體廠商尋求海外轉包及承包商以降低生產成本和搶佔市場的行動，但若無亞洲各發展中國家政府積極介入發展高科技產業的產業政策，則難以促使半導體產業的全球生產分工體系多座落於亞洲－太平洋地區的布局。歐洲的半導體產業發展始點雖

15 Fröbel, Folker, Jurgen Heinrichs & Otto Kreye. *The New International Division of Labour*. (New York: Cambridge University Press. 1980)

16 Davis, Warren E. & Daryl G. Hatano. "The American Semiconductor Industry and the Ascendancy of East Asia." *California Management Review* 27:4 (1985), pp. 128-143. Mathews, John A. & Dong-Sung Cho. *Tiger Technology-The creation of a Semiconductor Industry in East Asia*. (UK: Cambridge University Press, 2000) 工研院電子工業研究所，《1992半導體工業年鑑》（臺北：經濟部技術處，1992）。彭慧鸞，〈美日半導體協定－雙邊協定對GATT的衝擊〉，《問題與研究》32：8（1993），頁73-83。吳思華、沈榮欽，〈臺灣積體電路產業的形成與發展〉，收入《管理資本在臺灣》（臺北：遠流，1999），頁57-150。

介於美日之間，但面臨美國的領先及日本追趕的前後夾壓，致使其半導體產業並無優異表現[17]。

國際分工在過去是以「產品分工」為主，即各國之間相互交易物品，隨著科技進步、交通運輸成本的降低與資訊傳輸的發達，國際分工已走向「同一產業不同過程的分工」，也就是各個產業從研發、設計、製造、行銷等製造過程分別在不同國家進行。半導體產業國際分工體系的完成，可從1960年代起的3次變革，了解其演變與發展[18]：

## 一、第一次產業變革，元件標準化

1960至1970年代，系統廠商包辦所有製造流程，直至1970年左右，微處理器、記憶體等元件逐漸標準化，半導體產業有了IDM（整合元件專業製造商，integrated device manufacturer, IDM）與系統廠商的區別；

## 二、第二次產業變革，應用積體電路（ASIC）技術產生

1980至1990年間，部份IC標準化已呈現不足，過多獨立的IC使得效率／效能不如預期，因此ASIC特殊技術便應運而生，主要目的是使系統工程師可直接利用邏輯閘件資料庫設計IC，不必了解電晶體線路設計的細節部份。這樣的變革促使專職設計的fabless（無晶圓廠的IC設計公司）產生，而專業晶圓代工的誕生，就是直接關聯於填補Fabless所需的產能。

## 三、1990迄今，SIP興起

由於製造微縮技術的日益精進，ASIC方法無法滿足市場時效的要求，因此IP廠商興起，矽智財權組塊（silicon intellectual property,

---

17 Davis, Warren E. & Daryl G. Hatano. "The American Semiconductor Industry and the Ascendancy of East Asia." *California Management Review* 27:4 (1985), pp. 128-143.

18 葉懿倫，〈掙脫代工的枷鎖。搶攻高質的版圖〉，《臺灣經濟研究月刊》26：3（2003），頁106-110。張順教，《高科技產業經濟分析》（臺北：雙葉書廊，2003）。

SIP）主要是將部份功能予以模組化，在需要時，僅須取出原先的設計即可重複使用，因此，IC設計業便分成IP Provider和fabless廠兩者（見圖3.2）。

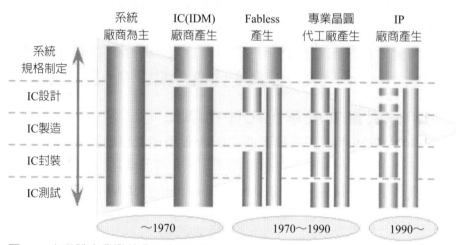

圖3.2　半導體產業變革分工化發展趨勢
資料來源：〈半導體趨勢圖示〉，電子時報，2000。

　　總結上述，半導體產業的全球分工乃肇因於：科技發展、運輸成本降低、美國為維持競爭力所做的政策護航及產品標準化、各國的產業政策等。本書接著剖析半導體產業之亞太及兩岸分工，繼而介紹臺灣資訊科技產業之發展，作為展繪臺灣資訊科技人才延攬政策之底圖。

## 第二節　亞太半導體產業之分工與競爭軌跡

　　歷經30年的半導體產業變革後，垂直分工的結構應然而生，今日我們可以將半導體產業分工區分成研發、設計、製造（含封裝測試）、運籌及行銷等各區段相關產業，構成半導體產業國際分工結構。全球發展半導體產業主要國家依其比較利益在此垂直分工的半導體產業下，進行區段選擇及相互連結（見圖3.3）[19]。

---

**19** 姚柏舟，〈兩岸半導體產業發展分析〉，收入《第二屆兩岸經貿研習營論文集》。葉懿倫，〈掙脫代工的枷鎖。搶攻高質的版圖〉，《臺灣經濟研究月刊》26：3（2003），頁106-110。

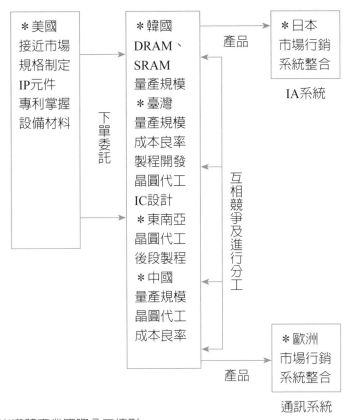

圖3.3　半導體產業國際分工情形
資料來源：參考〈兩岸半導體產業發展分析〉，姚柏舟，2002，《第二屆兩經貿研習營論文集》，頁202，整理而成。

　　美國、日本因掌握關鍵技術、專利及品牌，以研發與行銷為主要角色，臺灣則扮演製造業中全球最主要的晶圓製造代工國角色，韓國與其他東南亞國家次之，中國則以廉價生產成本，進入此產業分工。這種以美日研發、東亞製造的模式已相當顯著，此種分工模式可細分為三種型態：⑴美日廠商研發，四小龍生產製造，美日廠商銷售；⑵美日廠商研發，四小龍接單，由中國及東南亞各國製造、美日廠商銷售；⑶美日廠商直接委託中國、東南亞各國製造，仍由美廠商銷售[20]。

―――――――――――
20 葉懿倫，〈掙脫代工的枷鎖。搶攻高質的版圖〉，《臺灣經濟研究月刊》26：3（2003），頁106-110。

　　美商是亞太半導體產業分工結構形成的主要推手，其著眼於亞太地區的低廉工資，這正是後端製程不同於前端製程的獲利來源，因此亞太半導體產業的分工起於美商設置海外封裝廠[21]。美國的海外設廠由快捷半導體開啓風潮，快捷半導體爲了降低成本與日本廠商競爭，首先在1961年設立香港海外封裝廠，1964年快捷半導體及Motorola皆投資南韓，臺灣則是在1967至1969年成爲德州儀器、通用儀器（General Instrument）、及American Micro-systems的海外封裝廠，至1974年美國廠商已在馬來西亞擁有11座封裝廠，在韓國和新加坡各有9座，香港8座，臺灣3座，還包括亞洲其它地區6座；1978年，美國在10個開發中國家已經擁有35個海外封裝廠，有80%的半導體是在海外完成封裝[22]。根據Dataquest統計，美國自1977年以來新設立的113家獨立小廠商中，有三分之一與亞洲企業有密切的合作關係[23]。

　　90年代晚期，美商將電子產品生產逐漸轉移亞太地區生產或組裝，加上中國近年來成爲全球電子產品主要市場與生產基地，已使得亞太地區成爲全球最大的IC市場，而美洲IC市場佔全球比重呈現逐步衰退的局面。不過就供給面而言，美國半導體廠商仍在CPU、DSP、Flash等產品與奈米電子研發等技術上扮演規格制訂與擁有專利的角色，其動向將影響全球半導體產業[24]。美國在半導體產業位居高附加價值的研發、設計位置；因其擁有全球最多IDM廠商、IC設計公司和廣大消費市場，故扮演全球半導體產業之牛耳。但從產業分工關係來看，臺灣無疑成爲矽谷的延伸，大部分美國無晶圓製造的設計公司，在完成設計後即到臺灣進行實際生產，因此臺灣成爲矽谷的硬體製造中心，2001年全球已知的

21 傑森·德崔克（Jason Dedrick）、肯尼斯·格雷曼（Kenneth L. Kraemer），張國鴻、吳明機譯，《亞洲電腦爭霸戰》（臺北：時報，2000）。

22 Davis, Warren E. & Daryl G. Hatano. "The American Semiconductor Industry and the Ascendancy of East Asia." *California Management Review* 27:4 (1985). pp. 128-143.

23 吳思華、沈榮欽，〈臺灣積體電路產業的形成與發展〉，收入《管理資本在臺灣》（臺北：遠流，1999），頁57-150。

24 工研院經資中心，《2004半導體工業年鑑》（臺北：經濟部技術處，2004）。

35條12吋晶圓生產線中，有19條落在臺灣，另有2條為聯電及其合資公司所擁有。據IC Insights於2016年的資料，臺灣在全球12吋晶圓生產線中仍佔有23%[25]，並非如Craig在其書中所預測，臺灣將控制全球三分之二的12吋晶圓製造設備。[26]

　　日本1955年將半導體產業列為策略性產業，是亞洲發展半導體產業之首，在自行發展出電晶體後，因美國半導體技術的流入而成為全球半導體產業的次要市場，80年代更與美國齊名；1986年超越美國成為全球第一大半導體生產國。然而因日本通產省之政策規劃，使得其半導體產業以IDM廠為主，當面臨美國為降低成本及搶佔市場，同時與臺灣、東南亞進行國際分工之際，日本半導體產業則遭受因成本價格較高的慘烈衝擊。直至90年代初，日本遭逢泡沫經濟衝擊，改變半導體產業策略，開始進入國際分工體系，才再度嶄露頭角，主要以發展系統IC為主，2003年日本突破泡沫經濟的陰霾再度超越美國[27]。日本的加入使得策略聯盟在半導體產業內成為常態，除了產品專業化、研發費用、區域市場及生產成本考量外，資源互補亦是重要因素之一[28]。

　　南韓的半導體產業從1965年開始發展，至今將近40年的歷史。其發展初期和臺灣是很相似的，在60和70年代由政府主導，到1970年，韓國的三星集團（Samsung）成立及1980年金星集團（LG）加入半導體產業，另外，現代集團（Hyundai）也在1983年加入半導體之列，使得80和90年代改由財團主導。1985年後金星集團的半導體部門與現代

25 http://www.icinsights.com/services/global-wafer-capacity/report-contents/（2017年1月點閱）

26 克雷格‧艾迪生（Craig Addison），金碧譯，《矽屏障》（臺北：商智文化，2001）。

27 工研院電子工業研究所，《1993半導體工業年鑑》（臺北：經濟部技術處，1993）。傑森‧德崔克（Jason Dedrick）、肯尼斯‧格雷曼（Kenneth L. Kraemer），張國鴻、吳明機譯，《亞洲電腦爭霸戰》（臺北：時報，2000）。Mathews, John A. & Dong-Sung Cho. *Tiger Technology-The creation of a Semiconductor Industry in East Asia.* (UK:Cambridge University Press, 2000)劉大年、顧瑩華、劉孟俊和陳添俊，《日本及韓國IC工業之發展策略與國際競爭力分析》（臺北：經濟部，2000）。

28 吳玉成、何榮豐、王冠東和曾義明，《臺商赴大陸投資半導體事業之機會分析》（新竹：工研院經資中心，2002）。工研院經資中心，《2004半導體工業年鑑》（臺北：經濟部技術處，2004）。

集團的半導部門合併成為海力士（Hynix）。1995年民間企業研發投資佔全國研發經費比例超過80%。發展至2003年三星已是全球第二大半導體公司[29]，2017年成為全球半導體第一大廠。[30]

　　南韓以記憶體為進入半導體產業分工體系之切點，成為全球最大半導體供應國，[31]過去南韓為改善以記憶體為主的半導體產業結構，並確保非記憶體部分的國際競爭力，南韓政府於1998年擬定從1998至2001年的「下世代半導體技術開發事業基本計畫」（System IC 2010），企圖使記憶體與非記憶體的產業比重調整至各佔50%[32]。在發展過程中，政府扮演主力推手的角色與臺灣政府有異曲同工之處，但截然不同之處在於臺灣以中小企業為發展模式，而南韓是以大財團為主要模式，如Samsung, LG和Hyundai，成就亞洲另一個經濟奇蹟，更被稱為「（日本之後的）下一個亞洲巨人」[33]。然而由於南韓比較偏重記憶體產業，以致在非記憶體產業中失去優勢，且因設備與材料進口的依存度高，設

---

29 陳修賢，〈韓國的科技：大膽發展〉，《天下雜誌》87（1988），頁61-69。工研院電子工業研究所，《1992半導體工業年鑑》（臺北：經濟部技術處，1992）。行政院國家科學委員會，《中華民國科技白皮書──科技化國家宏圖》（臺北：行政院國家科學委員會，1997）。劉大年、顧瑩華、劉孟俊和陳添俊，《日本及韓國IC工業之發展策略與國際競爭力分析》（臺北：經濟部，2000）。工研院經資中心，《2004半導體工業年鑑》（臺北：經濟部技術處，2004）。

30 Atkinson，〈2018上半年全球前15大半導體廠，三星搶下龍頭，台積電、聯發科進榜〉，《財經新報》，取自：http://finance.technews.tw/2018/08/20/top-15-semiconductor-company/。（2018年10月點閱）

31 Mathews, John A. & Dong-Sung Cho. *Tiger Technology-The creation of a Semiconductor Industry in East Asia*. (UK: Cambridge University Press, 2000) Atkinson，〈2018上半年全球前15大半導體廠，三星搶下龍頭，台積電、聯發科進榜〉，《財經新報》，取自：http://finance.technews.tw/2018/08/20/top-15-semiconductor-company/。（2018年10月點閱）

32 劉玉萍，〈欣欣向榮的東南亞半導體產業〉，《零組件雜誌》8（1996），頁84-87。秦宗春，〈韓國與新加坡科技發展策略之比較〉，《經濟情勢暨評論季刊》3:3，取自：http://www.moea.gov.tw/~ecobook/season/saa—8.htm。（2003年4月點閱）秦宗春，〈星馬科技發展的啟示〉，《臺灣經濟研究月刊》22：2（1999），頁68-73。

33 吳思華、沈榮欽，〈臺灣積體電路產業的形成與發展〉，收入《管理資本在臺灣》（臺北：遠流，1999），頁57-150。Mathews, John A. & Dong-Sung Cho. *Tiger Technology-The creation of a Semiconductor Industry in East Asia*. (UK: Cambridge University Press, 2000)

計技術落後，使其發展受到挑戰。

　　21世紀初，半導體產業在東北亞的另一顆新星非中國莫屬。中國以其低廉的生產成本吸引外人投資進入，成為半導體產業分工的一環，逐漸展露其發展潛力，未來亞太半導體市場因有中國介入，勢必對東南亞諸國有所衝擊，也會使得亞太地區對全球半導體的影響力更為重要[34]，並成為臺灣在世界舞臺上的首要競爭對手，故於下節討論之。

　　發展半導體產業的東南亞國家有新加坡、馬來西亞、菲律賓、泰國和印尼，其中以新加坡和馬來西亞的半導體產業最受矚目。在亞太半導體產業分工體系中，東南亞各國主要憑藉充沛的勞動力及低廉工資取得分工角色，主要負責後段的製程，如封裝、測試及裝配。新加坡在東南亞國家中的半導體需求市場最大，馬來西亞則是中、美、日、韓在個人電腦、主機板、監視器等組裝上的生產基地[35]。馬來西亞已是全球知名的IC封裝地區，該政府近年來更鼓勵高科技業設廠，並積極發展基礎建設，使馬來西亞在硬碟零組件以及消費性電子組裝有良好成績，而政府在推動半導體產業上也不遺餘力，甚至為了推動半導體業，成立MIMOS（馬來西亞微電子系統局），進行半導體產業升級與研發，惟該國因勞動人口嚴重不足，工資較中國高，是較不利之處[36]。

　　新加坡是東南亞國家中，面積最小、人口最少的一個國家，連水資源都需鄰國馬來西亞供應，在天然資源貧乏的情況下，該國體認發展高科技產業是唯一必經之路，因此成立新加坡經濟發展局（Economic Development Board, EDB），提供群聚發展基金（Cluster Development

34 工研院電子工業研究所，《1992半導體工業年鑑》（臺北：經濟部技術處，1992）。工研院電子工業研究所，《1993半導體工業年鑑》（臺北：經濟部技術處，1993）。工研院經資中心，《2004半導體工業年鑑》（臺北：經濟部技術處，2004）。

35 工研院電子工業研究所，《1992半導體工業年鑑》（臺北：經濟部技術處，1992）。工研院電子工業研究所，《1994半導體工業年鑑》（臺北：經濟部技術處，1994）。工研院經資中心，《1997半導體工業年鑑》（臺北：經濟部技術處，1997）。工研院經資中心，《2004半導體工業年鑑》（臺北：經濟部技術處，2004）。

36 行政院國家科學委員會，《中華民國科技白皮書──科技化國家宏圖》（臺北：行政院國家科學委員會，1997。

Fund, CDF）以扶植具有創新潛力的公司萌芽生根，希望建立完整的高科技產業鏈和群聚效應，進一步提升競爭實力。再者，新加坡致力於招攬外商投資當地，除提供了優渥的獎勵措施，亦講求先進的基礎建設，在以英語爲官方語言的國際化條件下，新加坡相較於其他東南亞國家，可說是多國籍企業發展最爲成功的國家[37]。

　　新加坡勞動人口中，半導體從業人員佔新加坡從事電子業人口的三分之一，而電子業佔新加坡製造業的五成比重，故新加坡的經濟成長深受半導體產業景氣的影響。新加坡半導體產業因外商大量進駐，產生不同於其他東南亞國家的發展與成績，早期該國雖亦以低廉工資成爲跨國企業尋找生產基地的候選者，但其優越的地理位置及穩定的政經體制，亦是強烈誘因，在成爲東南亞封裝測試重地後，新加坡政府積極規劃自後段封裝測試轉向附加價值較高之晶圓製造，近年更積極發展完整的半導體生產鏈，以達成群聚效果之優勢[38]。

## 第三節　兩岸分工體系的位階關係及學習型區域的產生

　　隨著臺灣人力成本及市場飽和度的不斷上升，中國富含的資源及潛力市場成爲半導體廠商的另一塊新大陸，臺灣廠商憑藉著語言文化和地理上的優勢，展開了兩岸分工的競合關係[39]。臺灣在國際分工型態中的技術位階落後於美日等先進國，但又領先中國等後進國，目前臺灣以製造業爲主要的國際定位，但面臨東南亞及中國經濟和技術的快速發展，

---

37 狄英，〈新加坡資訊的挑戰〉，《天下雜誌》20（1983），頁35-36。工研院經資中心，《1998半導體工業年鑑》（臺北：經濟部技術處，1998）。工研院經資中心，《2004半導體工業年鑑》（臺北：經濟部技術處，2004）。

38 工研院電子工業研究所，《1992半導體工業年鑑》（臺北：經濟部技術處，1992）。工研院經資中心，《1997半導體工業年鑑》（臺北：經濟部技術處，1997）。Mathews, John A. & Dong-Sung Cho. *Tiger Technology-The creation of a Semiconductor Industry in East Asia*. (UK:Cambridge University Press, 2000)

39 葉珣霖，《下一個科技盟主》（臺北：經典傳訊，2003）。

漸漸模糊了臺灣在國際分工上的界線，使得臺灣在全球市場的空間與優勢受到挑戰。

　　依據行政院經濟建設發展委員會（以下簡稱經建會）的海內外生產比例資料顯示，1995年資訊硬體產值在臺生產比率爲72%，1998年卻已下降至57%，2001年已低於半數（47.1%），2002年則更低於中國地區僅餘36.3%。中國於是成爲臺灣資訊硬體產業主要的外移地區，1995年在中國生產的比例僅佔14%，至1998年則提高至29%，2002年高達近半數（46.9%）是由中國所製造[40]。面對兩岸產值比重逆轉之局勢，產、官各界實有必要正視其中的問題，這是製造面向的連結，也說明以往美臺的雙邊交流正轉向矽三角學習型區域的發展[41]。

　　臺灣製造業迅速外移中國亦可由海外投資案件及金額日益增加佐證，根據經濟部投資審議委員會（以下簡稱投審會）資料顯示，對外投資之件數（不含中國）於2000年達到1,391件之高峰，相對於1999年成長80%，投資金額達到50億8仟萬美元，較1999年成長55.3%，但此後便開始持續下降，2004年只有658件，較1997年的740件還少[42]。相反地，對中國投資件數則由1999年的488件成長至2004年的2,004件，6年間成長超過4倍，2004年投資中國的金額佔總體對外投資金額之67.24%，對中國之投資總額爲全球第五名[43]。

　　我們可以粗估對外投資減少的部分，大多移轉至中國地區，臺商對中國的投資熱引起政府單位高度關切，在政府警覺性審愼把關後，臺灣在中國的投資國家排名由2002年的第四名往後掉至2003年的第五名，但中國吸引各國投資之魅力仍持續上升，2003年南韓以近2倍的成

40 王正芬，《臺灣資訊電子產業版圖》（臺北：財訊，2000）。經濟部研發會，《大陸經濟情勢評估（2002）》（臺北：經濟部，2003）。

41 工研院經資中心，《2002半導體工業年鑑》（臺北：經濟部技術處，2002）。

42 經濟部投資審議委員會〈民國94年2月核准僑外投資、對外投資、對中國大陸投資統計速報〉，取目：http://www.moeaic.gov.tw/。（2005年2月點閱）

43 行政院大陸委員會，《兩岸經濟統計月報》（臺北：行政院大陸委員會，2004）。

長領先臺灣位居第四[44]。因此西進與否成為臺灣資訊科技廠商的兩難，臺灣半導體產業西移影響層面除產業本身上下游布局外，也對人才流動形成推拉因素。朱雲鵬研究發現，臺灣與中國的經濟關係基本上是互補性大於競爭性，若以各自擁有的競爭優勢合作，則可發揮最大的經濟利益[45]，亦即在臺灣與中國之間形成一個半導體產業的小國際分工關係，在勞動成本、勞動生產力、比較利益及市場腹地的考量下，進行半導體產業的分工[46]。由於兩岸之間有著自然資源和生產要素稟賦差異，又存在明顯的技術和經濟水平差距，因此高長等人的實證研究發現，兩岸之間確實同時存在產業間、產業內貿易的情形，其中產業內分工的重要性呈逐漸增加的趨勢，顯然與臺商赴中國投資有關，根據2000年臺灣經濟部統計處《製造業對外投資實況調查》的調查資料，廠商赴中國投資以水平分工為主，約佔全部受訪者樣本60%，其中又以生產相同產品居多，大致上，留在臺灣生產的產品，品質或附加價值水準較高；採垂直分工的廠商多以臺灣上游、中國下游的方式進行[47]。

44 行政院大陸委員會，《兩岸經濟統計月報》（臺北：行政院大陸委員會，2004）。

45 邱曉嘉，〈建構兩岸互利互補的產業分工體系〉，《國政評論》（財團法人國家政策研究基金會），取自：mhtml:file://E:\?業分工\建構兩岸互利互補的產業分工體系.mht。（2004年3月點閱）

46 工研院經資中心，《1996半導體工業年鑑》（臺北：經濟部技術處，1996）。

47 高長，〈科技產業全球分工與IT產業兩岸分工策略〉，《遠景季刊》3：2（2002），頁225-254。

第四章

# 臺灣半導體產業與科技人才之共生發展

在全球化發展的結構性制約下[1]，臺灣主要是一個出口量產型的代工經濟體，臺灣的科技產業發展政策受限於經濟環境和新自由主義量產型經濟發展模式的潛在影響，即便體認到創新的重要，在發展之初忽略「整體改革創新的研發能力與文化發展」所需的能量基礎[2]，也是必經之路。這樣的科技產業政策制度，在功能上雖然能夠延續臺灣在世界經濟體系中的半邊陲位置，但卻很難在經濟全球化發展過程中，積極有效地提升臺灣半導體產業在全球經濟體系中的結構性競爭力及半邊陲的位階。時至今日，臺灣半導體產業已在全球分工中佔有一席之地，這期間科技政策的不斷調整與布署是一大助力；隨著不同時期的經濟發展，科技產業發展政策隨之有所調整，連帶影響其中的資訊科技人才延攬政策，所以要了解臺灣資訊科技人才延攬政策的脈絡發展，必須先回到整體半導體產業發展脈絡，從發展進程探討整體環境如何因應前述國際環境改變而調整之。

本書依據青輔會及竹科海外學人回流統計人數發現1960至2004年的40多年間，每隔10年便有一波回流高峰期，即 1.1970年前後

---

1　就世界系統而言，核心國家在全球生產製造經理階層中，主要扮演著高階管理的功能與高科技的R&D與改革創新活動，以及先進的高科技產業的專業化生產，在其邊陲區域則也從事著部份例行性的批次製造生產。至於新興工業化國家則從事著部份中階管理與行政的經濟活動、部份先進高科技產業的專業化生產，以及例行性的批次製造生產。邊陲工業化國家則從事例行性的批次製造生產。所以全球勞力分工網絡體系對半邊陲與邊陲工業化國家的發展，扮演著一個結構性的制約影響力量。周志龍，〈全球化發展與臺灣科技產業政策：制度與空間觀點的檢視〉，《都市與計劃》25：2（1998），頁156-180。

2　周志龍，〈全球化發展與臺灣科技產業政策：制度與空間觀點的檢視〉，《都市與計劃》25：2（1998），頁156-180。

（1968～1973）；2.1980年前後（1978～1983）；3.1990年前後
（1988～1993）；4.2000年前後（1998～2003）共4波，2004年後的科
技人才回流則趨穩，未有大規模高峰。雖然青輔會的回流人數統計在
1996年後可信度下降，但本書輔以竹科1983年開始的統計資料，便可
以持續觀察出長期的變化（見圖4.1），並且我們可以從回流人才在產
業或非產業之就業比例，分析回流人才與科技產業發展的關聯（見圖
4.2）[3]。

　　首先分析4波科技人才回流與資訊科技產業的牽動，1950至1959年
是國民黨政府撤退來臺的第一個10年，其間的經濟政策發展仍以回到中
國為主要思惟，而經濟建設的主要目的在恢復第二次世界大戰所造成的
損害，並且當時的經濟型態以農業為主，並無所謂的資訊科技產業，更
遑論資訊科技人才延攬政策，同時也因為出國留學的審查設限致使出國
與返國人數均少，返國人數佔該年出國人數比例亦低（見圖4.3）[4]，回
臺服務工作者所從事之行業為產業與非產業約各半，這樣的情形持續至
60年代。

　　1960至1969年，因臺灣採取鼓勵出口的政策，設立19項投資促進
條例及大幅度改革財經政策，並有鑑於經濟建設需要大批高級人才，故
由教育部1962年修訂並公布「國外留學規程」，放寬留學條件。在此
同時，美國正傾力吸收人才，使得美國成為臺灣留學生的主要聚集地。
當時，臺灣雖已有跨國半導體封測廠進駐，但尚無發展此產業之思惟，
因此無法提供科技人才充分的就業機會，且當時臺灣的生活品質遠低於
美國，使得出國人數雖年年增加，但回流比例卻使終在5%左右。1968
年，臺灣人才外流人數在聯合國發表世界各國人才外流的統計中，高居
各國之首，引起臺灣社會的關注，因而重新修訂留學政策，將原本的
「免試」規定改為「甄試」，於1969年公布施行，使得往後幾年出國留

---

3　蔡青龍、戴伯芬，〈臺灣人才回流的趨勢與影響——高科技產業為例〉，《人力資源與臺灣高科
　技產業發展》（中壢：中央大學臺灣經濟發展研究中心出版，2001），頁21-50。

4　黃光國，〈臺灣留學生出國留學及返國服務之動機——附論儒家傳統的影響〉，《中央研究院民
　族學研究所集刊》66（1988），頁133-167。

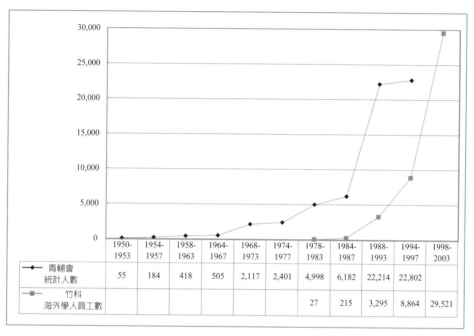

| | 1950-1953 | 1954-1957 | 1958-1963 | 1964-1967 | 1968-1973 | 1974-1977 | 1978-1983 | 1984-1987 | 1988-1993 | 1994-1997 | 1998-2003 |
|---|---|---|---|---|---|---|---|---|---|---|---|
| 青輔會統計人數 | 55 | 184 | 418 | 505 | 2,117 | 2,401 | 4,998 | 6,182 | 22,214 | 22,802 | |
| 竹科海外學人員工數 | | | | | | | 27 | 215 | 3,295 | 8,864 | 29,521 |

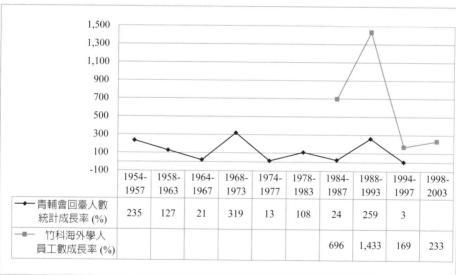

| | 1954-1957 | 1958-1963 | 1964-1967 | 1968-1973 | 1974-1977 | 1978-1983 | 1984-1987 | 1988-1993 | 1994-1997 | 1998-2003 |
|---|---|---|---|---|---|---|---|---|---|---|
| 青輔會回臺人數統計成長率 (%) | 235 | 127 | 21 | 319 | 13 | 108 | 24 | 259 | 3 | |
| 竹科海外學人員工數成長率 (%) | | | | | | | 696 | 1,433 | 169 | 233 |

圖4.1　臺灣回流人才之四波高峰期

資料來源：本研究繪製

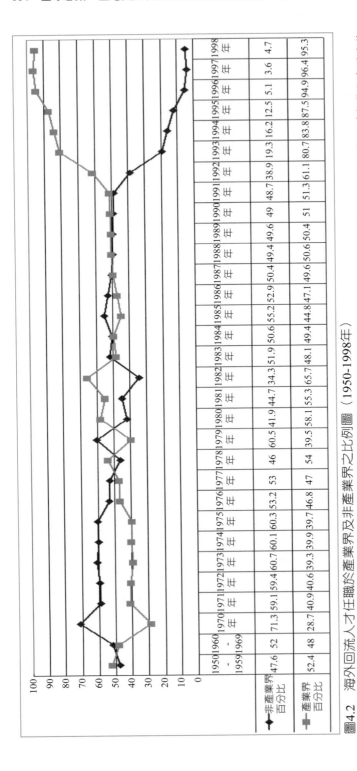

| | 1950-1959年 | 1960-1969年 | 1970年 | 1971年 | 1972年 | 1973年 | 1974年 | 1975年 | 1976年 | 1977年 | 1978年 | 1979年 | 1980年 | 1981年 | 1982年 | 1983年 | 1984年 | 1985年 | 1986年 | 1987年 | 1988年 | 1989年 | 1990年 | 1991年 | 1992年 | 1993年 | 1994年 | 1995年 | 1996年 | 1997年 | 1998年 |
|---|---|---|---|---|---|---|---|---|---|---|---|---|---|---|---|---|---|---|---|---|---|---|---|---|---|---|---|---|---|---|---|
| 非產業界百分比 | 47.6 | 52 | 71.3 | 59.1 | 59.4 | 60.7 | 60.1 | 60.3 | 53.2 | 53 | 46 | 60.5 | 41.9 | 44.7 | 34.3 | 51.9 | 50.6 | 55.2 | 52.9 | 50.4 | 49.4 | 49.6 | 49 | 48.7 | 38.9 | 19.3 | 16.2 | 12.5 | 5.1 | 3.6 | 4.7 |
| 產業界百分比 | 52.4 | 48 | 28.7 | 40.9 | 40.6 | 39.3 | 39.9 | 39.7 | 46.8 | 47 | 54 | 39.5 | 58.1 | 55.3 | 65.7 | 48.1 | 49.4 | 44.8 | 47.1 | 49.6 | 50.6 | 50.4 | 51 | 51.3 | 61.1 | 80.7 | 83.8 | 87.5 | 94.9 | 96.4 | 95.3 |

圖4.2　海外回流人才任職於產業界及非產業界之比例圖（1950-1998年）

資料來源：行政院國科會，《中華民國科學統計年鑑》（臺北：行政院國科會，1983），頁51。蔡青龍、戴伯芬，〈臺灣人才回流的趨勢——高科技產業為例〉，《人力資源與臺灣高科技產業發展》（中壢：中央大學臺灣經濟發展研究中心，2001）。

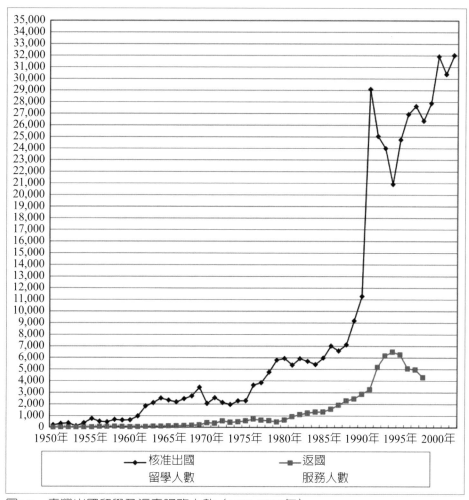

圖4.3　臺灣出國留學及返臺服務人數（1950-2002年）

資料來源：蔡青龍、戴伯芬，〈人才回流與就業選擇——臺灣回流高教育人才的調查分析〉，發表於「第三屆全國實證經濟學論文研討會」，國立暨南國際大學主辦，2002a。

註：1982年竹科成立後，開始有自行返國創業人潮，並無向青輔會等官方報備，1996年後之返國人數更因青輔會取消補助，故統計數據偏低。

學人數遞減[5]。

　　1950至60年代，約20年的海外人才庫蘊存了70年代優質的回流人才，並且造成70年代初期的第一波大量回流[6]。根據青輔會的資料顯示，這20年共有25,763人出國留學，但僅有1,572人回國服務，換言之，臺灣的海外人才庫尚有24,191人的存量，這些人數扣除1965年後出國留學的13,155人，則有11,036人的人才是具有5年以上的海外工作年資，這些優質人力便成為70年代臺灣開始發展資訊科技產業的先鋒。1970年代，外國專業人才在美國就業漸趨困難，而臺灣卻開始全力發展資訊科技產業，由於臺灣政府體認科技人才是經濟建設和國家發展所必須的人力資本，所以開始加強延攬海外人才回流，1971年青輔會開始接辦輔導留學生回國服務的工作，國科會及教育部也在提升臺灣學術水平的目標下，延攬海外學者進入公私立大專院校授課或研究。[7]由於臺灣發展資訊科技產業初期是由學術領域開始，政府延攬回流服務人才亦是以進入公私立大專院校為主，造成自50年代以來五五比例的產業與非產業就業比例有了變化，呈現返臺至非產業領域工作人數快速上升，並持續以較高比例領先至70年代晚期。

　　1978至1983年的第二波大量回流主要是因為臺灣資訊科技產業在1982年的重大建設：竹科設立，除提供更多的就業機會外，前置作業亦吸引人才回流，這時期回流的人才多以創業為主，臺灣政府為「引進關鍵性新技術，並進行重大科技研究」，在1980年更以「照其應聘前在國外之待遇加計10%至20%」，並給付旅費及優厚房屋津貼的辦法，延攬國外高級科技專才[8]。這樣的優惠措施使臺灣延攬科技人才回流更加有

---

5　黃光國，〈臺灣留學生出國留學及返國服務之動機——附論儒家傳統的影響〉，《中央研究院民族學研究所集刊》66（1988），頁133-167。

6　天下雜誌編輯部，〈透視臺灣40年〉，《天下雜誌》81（1988），頁128-140。

7　黃光國，〈臺灣留學生出國留學及返國服務之動機——附論儒家傳統的影響〉，《中央研究院民族學研究所集刊》66（1988），頁133-167。

8　黃光國，〈臺灣留學生出國留學及返國服務之動機——附論儒家傳統的影響〉，《中央研究院民族學研究所集刊》66（1988），頁133-167。

利，特別是當時資訊科技產業剛起步，社會各界對此新興產業仍抱持著觀望態度，臺灣政府的各項積極政策持續向海外人才表達熱切的需求，也成為1980至1985年間海外人才最猶豫不決的返臺或留外因素[9]。1980至1982年間臺灣資訊科技產業發展的美好遠景，導致回臺服務人才選擇進入產業界的比例佔65.7%，但這樣的比例並未持續發展，1983年回流人才就業再度呈現五五比的現象，甚至維持兩年非產業就業人數較多的情形，這與臺灣半導體產業發展初期的挫敗有直接相關，直至1985年臺灣半導體產業穩定發展後，才又回升至約佔各半的情況。此時臺灣發展資訊科技產業的風險已隨著產業成果而逐漸下降，1987至1990年是臺灣半導體產業蓬勃創業階段，促使1988至1993年出現第三波大量回流。90年代臺灣資訊科技產業成功發展，而1997至2000年東亞金融風暴及美國經濟衰退，使得科技產業大幅裁員，超過1994年來的平均失業率，失業率高達4.7%，失業、減薪的衝擊促使大量留美科技人才回流臺灣，成為1998至2003年第四波回流人才的高峰[10]。

　　這些科技人才回流的波段，與全球政治經濟發展高度連動，形成以全球為場域的思路（thinking path）開拓，臺灣得以成為這全球思路的其中一站，除了科技人才延攬政策外，亦需有半導體產業的支持。臺灣半導體產業為研究主題的文獻繁多，探討內容包括企業組織、產業分工和兩岸競合等，這些文獻或多或少都會陳述臺灣半導體產業發展的歷程，基於既有文獻之眾，本書不再以詳述整個產業發展歷程為目標，而是以了解產業政策變遷為主，故階段劃分將不同於以產業趨勢為主的切割，本研究論述臺灣半導體產業的4個階段，是以研究重心——人才延攬政策為考量，區分成：海外種子培育期（1960至1978年）、國家主導成長期（1979至1988年）、回流人才創業期（1989至1993年）和政策轉型期（1994至2014年）。

9　黃光國，〈臺灣留學生出國留學及返國服務之動機——附論儒家傳統的影響〉，《中央研究院民族學研究所集刊》66（1988），頁133-167。
10　林克，〈只要高科技人才。其餘免談〉，《商業周刊》60（2001）。

# 第一節　海外培育種子期（1960-1978）

此階段為臺灣萌生發展半導體產業之開端，然而依循歷史發展及新國際分工的脈絡則可再區分為播種期（1960-1974）與萌芽期（1974-1978），此分割點係基於臺灣政府是否有意識要發展半導體產業[11]。臺灣半導體產業發展的起點是外商基於降低人力成本考量及勞力素質優良等因素，遷移來臺，當時這些外商並無意移轉任何技術至臺灣，更別說在臺灣發展完整的半導體產業，因此60年代臺灣可說沒有發展半導體產業的意圖，直到1974年政府意識到臺灣正逐漸失去廉價勞動力的比較利益，產業必須轉型後才開始有所推動[12]。

## 一、播種期（1960-1974）

因新國際分工的趨勢，1966年高雄加工出口區設立，成為美國半導體廠商的海外封裝場據點，如1964至1973年間，GI、菲利浦（Philips）、TI和美國無線電公司（RCA）分別在臺灣設立封裝廠，除了可降低勞動成本，達到節省50%的製造成本支出外，封裝區段之所以被選擇移至海外進行的關鍵原因是封裝的技術層次較低，不至於有技術外洩之憂[13]。

在外商無意移轉技術的情勢下，導致半導體產業在臺灣獲得培育的

---

11 吳思華、沈榮欽，〈臺灣積體電路產業的形成與發展〉，收入《管理資本在臺灣》（臺北：遠流，1999），頁57-150。徐進鈺，〈臺灣半導體產業技術發展歷程：國家干預、跨國社會網絡與高科技發展〉，收入《臺灣產業技術發展史研究論文集》（高雄：國立科學工藝博物館，2000），頁101-132。張俊彥、游伯龍，《活力：臺灣如何創造半導體與個人電腦產業奇蹟》（臺北：時報文化，2001）。

12 郭大玄，《產業區位空間結構與生產組織的地理學研究：以臺灣北區資訊電腦工業為例》（臺南：供學，2001）。

13 天下雜誌編輯部，〈透視臺灣40年〉，《天下雜誌》81（1988），頁128-140。工研院經資中心，《1995半導體工業年鑑》（臺北：經濟部技術處，1995）。吳思華、沈榮欽，〈臺灣積體電路產業的形成與發展〉，收入《管理資本在臺灣》（臺北：遠流，1999），頁57-150。行政院國家科學委員會，《臺灣的故事：科技篇》（臺北：行政院國家科學委員會，2000）。徐進鈺，〈臺灣半導體產業技術發展歷程：國家干預、跨國社會網絡與高科技發展〉，收入《臺灣產業技術發展史研究論文集》（高雄：國立科學工藝博物館，2000），頁101-132。

初始地是學界，而這也成為日後孕育半導體產業生根的肥沃土壤。1960
年聯合國資助30萬美元予國立交通大學，設置研究半導體、微波、雷
射等新設備，同時成立「遠東電子電訊訓練中心」，1964年完成矽平
面電晶體技術，並設立半導體實驗室，為臺灣培育出第一批半導體專業
人才[14]。1966年凌宏璋及潘文淵在「近代工程技術研討會」將積體電
路技術帶入臺灣，爾後皆受政府延攬加入技術顧問委員會（Technical
Advisory Committee, TAC）。1967年在「在聯合國亞經組織電訊專家
會議」的建議下，將交通大學電子研究所改為電子物理與微波研究所，
臺灣第一位專攻半導體的工學博士張俊彥即是在此獲得學位[15]。

　　環宇電子在1969年成立，是臺灣第一家IC廠商，與次年成立的萬
邦電子分別由交通大學（以下簡稱交大）教授施敏及張俊彥擔任技術顧
問，此階段陸續成立了4家民營IC廠商（見表4.1），這4家廠商的資金
部分均由傳統產業轉投資，技術部分則是由產學合作提供[16]，自此埋下
半導體產業得以在臺灣發展成功的因子：產學合作。然而產學合作並沒
有在此階段發揮最大功效，導致此階段的IC廠商表現不盡理想；萬邦電
子雖有交大人才做為主力支援，但仍成為民間自主跨入半導體生產挫敗
的首例，而挫敗的主因誠如施敏所言：理論（科技學研究）與工業技術
間的不同致使事業未能成功；簡言之，即工程師雖具有相當的技術知識
但缺乏商品化的經驗[17]。

14 吳思華、沈榮欽，〈臺灣積體電路產業的形成與發展〉，收入《管理資本在臺灣》（臺北：遠
　　流，1999），頁57-150。張俊彥、游伯龍，《活力：臺灣如何創造半導體與個人電腦產業奇蹟》
　　（臺北：時報文化，2001）。
15 方至民、翁良杰，〈制度與制度修正：臺灣積體電路產業發展的路徑變遷（自1973至1993）〉，
　　《人文及社會科學集刊》16：3（2004），頁351-388。
16 陳美雀，〈兩岸國家創新系統之探索性比較研究──以半導體產業為例〉（高雄：中山大學大陸
　　研究所碩士論文，2000）。
17 方至民、翁良杰，〈制度與制度修正：臺灣積體電路產業發展的路徑變遷（自1973至1993）〉，
　　《人文及社會科學集刊》16：3（2004），頁351-388。吳思華、沈榮欽，〈臺灣積體電路產業的形
　　成與發展〉，收入《管理資本在臺灣》（臺北：遠流，1999），頁57-150。

表4.1　播種期成立之民營IC廠商　　　　　　　　金額單位：新臺幣百萬元

| 廠商名稱 | 負責人 | 資本額 | 成立年代 | 說明 |
|---|---|---|---|---|
| 環宇電子 | 王常裕 | 45 | 1969 | 由榮興紡織出資、施敏、施振榮等七人組成。 |
| 萬邦電子 | 陳嚴 | 100 | 1970 | 由中國第一鋼纜出資、張俊彥、曾繁城等廿餘人組成。 |
| 華泰電子 | 洪敏弘 | 不詳 | 1971 | 松下電器洪敏弘出資，經理為交大教授杜俊元。 |
| 敬業電子 | | | 1973 | 由施敏成立。 |
| 集成電子 | 張俊彥 | 不詳 | 1974 | 由胡定華、張俊彥、謝正雄等成立。 |

資料來源：方至民、翁良杰，〈制度與制度修正：臺灣積體電路產業發展的路徑變遷（自1973至1993）〉，《人文及社會科學集刊》16：3（2004），頁363。

　　半導體產業在1960至1970年這10年間的發展啟示，加上1972年美國派遣「小亞瑟顧問公司」（Arthur D. Little Incorporated, ADL）來臺參與當時科技政策與經濟計畫的決策，進一步將臺灣編整到全球產業分工的序列。1973年由於勞動成本快速上升的壓力，政府企圖引領臺灣經濟轉型朝向重化工業發展的意圖於是展現，並由當時的經濟部長孫運璿在「技術合作及外人投資兩種引進技術方式成效不彰，而必須靠自己的力量發展」的前提下，籌設成立工業技術研究院（以下簡稱工研院），開拓臺灣自有的「產－官－學」發展路徑[18]。此意謂著1960年代臺灣半導體產業是以吸引外資為主要發展手段，政府介入則是1970年代以後的事[19]。雖然這階段並沒有讓半導體產業蓬勃發展，但外商的進駐引進積體電路的包裝、測試及品管技術[20]，無疑為臺灣發展半導體產業留下肥

---

18 陳冠甫，〈臺灣高科技工業的依賴發展與空間結構〉，《臺灣社會研究季刊》，3：1（1991），頁113-149。

19 方至民、翁良杰，〈制度與制度修正：臺灣積體電路產業發展的路徑變遷（自1973至1993）〉，《人文及社會科學集刊》，16：3（2004），頁351-388。

20 吳思華、沈榮欽，〈臺灣積體電路產業的形成與發展〉，收入《管理資本在臺灣》（臺北：遠流，1999），頁57-150。

沃的土壤，RCA即是日後工研院電子所簽定技術移轉協定的第一家外商[21]。

## 二、萌芽期（1974-1978）

1974年工研院正式成立，再度開啟因民間受挫關閉而裹足不前的半導體產業，當時工研院下設的「電子工業研究發展中心」（ERSO）為今日電子所的前身，該中心成員透過TAC邀請和篩選，而TAC是由潘文淵博士在美召集海外華人所組成，是故海外回流科技人才、交大科技人才和民間企業科技人才為早期電子工業研究發展中心的成員[22]。這與1974年孫運璿赴美與潘文淵共同商討臺灣如何進入知識密集產業時，所取得的共識為「在美科技公司工作的華人工程師是他們提出新產業的鑰匙」，有很大的關聯[23]。

臺灣在已有工研院做為產學媒介後，下一步思考的便是因應勞動成本提升，如何避免因喪失勞動優勢而失去競爭力，亦即如何將產業由勞力密集轉向資本密集，因此1974年政府在科技官僚和在美從事半導體研發人才的推波助瀾下，展開「積體電路發展計畫」，企圖以此計畫改變過度依賴日本的貿易結構及協助下游工業取得競爭優勢，並同意挹注1,000萬美金作為發展資金。[24]當時擔任美國Macro Data總裁毛昭寰及

---

21 工研院電子工業研究所，《1992半導體工業年鑑》（臺北：經濟部技術處，1992）。Mathews, John A. & Dong-Sung Cho. *Tiger Technology-The creation of a Semiconductor Industry in East Asia*. (UK: Cambridge University Press, 2000)。

22 陳冠甫，〈臺灣高科技工業的依賴發展與空間結構〉，《臺灣社會研究季刊》，3：1（1991），頁113-149。工研院經資中心，《1995半導體工業年鑑》（臺北：經濟部技術處，1995）。吳思華、沈榮欽，〈臺灣積體電路產業的形成與發展〉，收入《管理資本在臺灣》（臺北：遠流，1999），頁57-150。

23 John A. Mathews & Dong-Sung Cho. *Tiger Technology-The creation of a Semiconductor Industry in East Asia*. (UK: Cambridge University Press, 2000)。

24 當時有以出租方式、以計價方式和籌組公司3項方案做為將技術移轉至民間的選擇，後基於政府產業發展政策的制度邏輯選擇。吳思華、沈榮欽，〈臺灣積體電路產業的形成與發展〉，收入《管理資本在臺灣》（臺北：遠流，1999），頁57-150。方至民、翁良杰，〈制度與制度修正：臺灣積體電路產業發展的路徑變遷（自1973至1993）〉，《人文及社會科學集刊》，16：3（2004），頁351-388。

潘文淵建議以RCA為技術移轉對象，除移轉完整的生產技術、設計能力和最新電子錶積電路技術外，廠務管理、物料管理及品質控制等方法亦有所引進，RCA更承諾購買未來製成的晶圓和代訓積體電路設計人才，這也是RCA與其他兩家GI、Hughes相較下脫穎而出之處[25]。

　　由此可知，「積體電路發展計畫」不僅意圖培育臺灣的小型IC製造商，更希望達到研發能力自主性的目標，依1975年11月確立的「引入積體電路設計製作技術建議書」選定發展電子錶IC，並以「後續發展」、「商業價值」及5年後的市場為考量，1976年3月與RCA簽訂「積體電路技術移轉授權合約」，提供330人次的訓練名額，包括楊丁元、史欽泰、章青駒等至RCA各廠直接受訓[26]。同年，行政院成立超部會的「應用技研究發展小組」，達到科技官僚改組整編以推動新的國家政策[27]。從RCA移轉回來的技術支撐電子所在1977年受經濟部委託成立的「積體電路示範工廠」，此示範工廠成立之用意在於技術引進成敗由政府承擔，並應證臺灣是否適合發展積體電路，同時推動第一期電子工業發展計劃（1975-1979），該廠在1978年正式銷售電子錶IC[28]。

　　以工研院做為技術後盾，衍生（spin-off）民營公司的背景因素即是在此情勢下逐漸浮現，這也使得政府干預產業發展的模式應然成形。「積體電路發展計畫」自1977至1979年共派出53人，353個月的受訓時

---

25 徐進鈺，〈臺灣半導體產業技術發展歷程：國家干預、跨國社會網絡與高科技發展〉，收入《臺灣產業技術發展史研究論文集》（高雄：國立科學工藝博物館，2000），頁101-132。。

26 王正芬，《臺灣資訊電子產業版圖》（臺北：財訊，2000）。吳思華、沈榮欽，〈臺灣積體電路產業的形成與發展〉，收入《管理資本在臺灣》（臺北：遠流，1999），頁57-150。徐進鈺，〈臺灣積體電路工業發展歷程之研究——高科技、政府干預與人才回流〉，《國立臺灣大學地理學系地理學報》，23（1997），頁33-48。徐進鈺，〈臺灣半導體產業技術發展歷程：國家干預、跨國社會網絡與高科技發展〉，收入《臺灣產業技術發展史研究論文集》（高雄：國立科學工藝博物館，2000），頁101-132。方至民、翁良杰，〈制度與制度修正：臺灣積體電路產業發展的路徑變遷（自1973至1993）〉，《人文及社會科學集刊》，16：3（2004），頁351-388。

27 陳冠甫，〈臺灣高科技工業的依賴發展與空間結構〉，《臺灣社會研究季刊》3：1（1991），頁113-149。

28 陳鉅盛，〈兩岸半導體產業合作可行性分析〉（新竹：交通大學科技管理研究所碩士論文，1999）。

數，此計畫除培育臺灣第一批半導體人才出國進修，更藉計畫的執行得以延攬在美任職的資訊科技人才。此時期，國家的科技官僚制訂經濟政策時，並未事先諮詢民間社會團體的意見及反應，而是僅就經濟危機、企業及跨國公司的需要，採用選擇性關稅壁壘、公共投資、策略性工業及獎勵措施等方式來制定經濟發展策略[29]。

　　這個階段最重要的發展即RCA的技術移轉，為臺灣的半導體產業發展打穩技術根基。在這過程中，海外資深華人工程師不論從產業選定、技術選擇、評估到移轉的執行，都扮演著關鍵性角色。並且在市場通路上亦有賴其人際關係取得訂單，畢竟，臺灣在技術上雖可與當時的美國相較，但「品牌」的信任度卻是進入市場的一大障礙；因此透過自美返國的示範工廠廠長史欽泰的人脈，取得香港市場的第一批訂單，希望藉由先打入香港市場，取得臺灣本地廠商的信心後，再回頭攻入臺灣市場[30]。

　　這種同文同種的社會網絡加深技術移轉與學習的信任與優勢，臺灣得以從發展中國家身份發展高科技產業即是憑藉此管道取得技術後援，而技術移轉的另一層意涵為促使人才流動，經由外派人員至美學習、引入新知的模式是科技產業取得技術最常見也最有效的方式，因為知識技術是負載（embodied）於工程師，是一種腦力流失後的腦力取得，不是一紙技術合約或機器設備本身可以比擬的，企業也透過工程師不斷的再學習及雙回圈學習[31]確保組織的永續發展。這段發展的啟示是要成功地完成跨國技術轉移，不僅要正確的選擇特定合適的技術，亦即「選對產業」，更要建構在地的學習能力[32]。

---

29 陳冠甫，〈臺灣高科技工業的依賴發展與空間結構〉，《臺灣社會研究季刊》，3：1（1991），頁113-149。方至民、翁良杰，〈制度與制度修正：臺灣積體電路產業發展的路徑變遷（自1973至1993）〉，《人文及社會科學集刊》16：3（2004），頁351-388。

30 吳思華、沈榮欽，〈臺灣積體電路產業的形成與發展〉，收入《管理資本在臺灣》（臺北：遠流，1999），頁57-150。

31 雙回圈學習意指工程師經過學習後再對組織目標、政策、規範進行修正。（龔湘蘭，1999）

32 徐進鈺，〈臺灣半導體產業技術發展歷程：國家干預、跨國社會網絡與高科技發展〉，收入《臺灣產業技術發展史研究論文集》（高雄：國立科學工藝博物館，2000），頁101-132。

## 第二節　國家主導成長期（1979-1988）

　　1978年臺灣科技之父李國鼎先生召集國內400位科技菁英，共同擘畫未來科技產業的發展藍圖，會後訂定「科學技術發展方案」，於1979年5月公布實施，同年與美國總統科學顧問、美國國家科學院院士海格第（Patrick Haggerty）會商，請他出面邀請具名望之專家學者擔任科技顧問，並積極地在下半年聘請海格第、洛克菲勒大學校長賽馳博士（Frederick Seitz）等五位專家擔任顧問，科技顧問組於是成立，1980年初在臺北召開第一次科技顧問會議（Science and Technology Advisory Group, STAG），此科技顧問會議並未限定外籍專家，但1993年前的顧問群均由外籍顧問組成，討論具潛力技術的選擇及發展策略，科技顧問組的成立對日後臺灣吸引矽谷人才回流創業有很強大的助力[33]。

　　科技顧問組的成立無疑是官方與美國技術社群的連結，而臺灣留學生在美組成的技術社群則是一種工程師間基於相同教育、專業經驗及語言文化所組成的社群網絡，這個時期臺灣與美國的人才流動是一種臺灣留學生流向美國的單向流動，在此階段主要的3個社群為灣區中國工程師學會（Chinese American Institute of Engineers, CIE）、亞美製造協會（Asian American Manufactures Association）和矽谷亞洲商業聯盟（Asain Bussiness League），在這些華人社群中，臺灣留學生佔重要的比例：灣區中國工程師學會有80%以上來自臺灣。這些技術社群除了情感交流外，也促成技術及資訊的傳遞，讓求職求才者能透過此一聚會

---

33 行政院國家科學委員會，《中華民國科學統計年鑑1992》（臺北：行政院國家科學委員會，1992）。行政院國家科學委員會，《中華民國科學統計年鑑1993》（臺北：行政院國家科學委員會，1993）。行政院國家科學委員會，《臺灣的故事：科技篇》（臺北：行政院國家科學委員會，2000）。John A. Mathews & Dong-Sung Cho. *Tiger Technology-The creation of a Semiconductor Industry in East Asia.* (UK: Cambridge University Press, 2000)。馬難先，〈「科技之父」對臺灣科技政策發展之影響〉，《李國鼎先生紀念文集》（臺北：李國鼎科技發展基金會，2001），頁606-617。

找到彼此所需的機會與人才[34]。

　　1979年7月臺灣仿效美國加州史丹福工業園區，設立新竹科學工業園區（以下簡稱竹科）並搭配租稅優惠及提供相關公共設施、廠房、土地等措施招商進駐[35]。竹科位置的選擇，主要基於外圍工研院電子所、交通大學和清華大學的地理鄰近性，希望藉由此3單位提供科技人才，架構知識學習網絡，成為吸引科技外商來臺設立分公司的聚落；1980年美國王安即在竹科投資成立王氏電腦。然而，竹科最後成為臺灣本土廠商的發源地，也是始料未及的外溢成果，這多歸功於竹科的優惠措施，降低初創公司的早期進入障礙[36]。

　　此時期的工研院仍是技術支援的關鍵角色，也因此在第一期設立積體電路示範工廠計畫完成後，接續著為期4年的電子工業研究發展第二期計畫，第一期計畫主要是和RCA簽訂技術移轉合約，而第二期則是為了發展光罩技術，在1977年7月與美國加州的IMR（International Material Research）公司簽訂〈光罩複製技術移轉合約〉後，引進光罩複製技術，並於1978年7月開始光罩複製作業量產。光罩技術的引進促使臺灣發展半導體產業更加完整，1981年7月正式為電子所及國內業者服務，大幅縮減將IC送至國外進行光罩的等待時間，讓IC研發更具時效性，也增強臺灣的競爭力，1981年更衍生臺灣光罩公司，成為繼1980

---

34　陳美雀，〈兩岸國家創新系統之探索性比較研究——以半導體產業為例〉（高雄：中山大學大陸研究所碩士論文，2000）。

35　John A. Mathews & Dong-Sung Cho. *Tiger Technology-The creation of a Semiconductor Industry in East Asia.* (UK: Cambridge University Press, 2000) 行政院國家科學委員會，《臺灣的故事：科技篇》（臺北：行政院國家科學委員會，2000）。

36　天下雜誌編輯部，〈透視臺灣40年〉，《天下雜誌》，第81期（1988），頁128-140。徐進鈺，〈臺灣積體電路工業發展歷程之研究——高科技、政府干預與人才回流〉，《國立臺灣大學地理學系地理學報》，23（1997），頁33-48。徐進鈺，〈臺灣半導體產業技術發展歷程：國家干預、跨國社會網絡與高科技發展〉，收入《臺灣產業技術發展史研究論文集》（高雄：國立科學工藝博物館，2000），頁101-132。工研院經資中心，《1998半導體工業年鑑》（臺北：經濟部技術處，1998）。黃欽勇，《電腦王國R.O.C.-Republic of Computers的傳奇》（臺北：天下，1999）。郭大玄，《產業區位空間結構與生產組織的地理學研究：以臺灣北區資訊電腦工業為例》（臺南：供學，2001）。

年衍生聯華電子後，第二家由工研院衍生的廠商[37]。

工研院的第一、二期發展促使在製程、設計、光罩及電腦輔助設計方面成果顯著，臺灣一度成為世界第三大電子錶出口國，但工研院畢竟是非營利的學術研究單位，科學指導委員會（以下簡稱科導會）亦認為工研院並不適合從事生產銷售，體制的侷限使得工研院必須為這些得來不易的技術另謀出路，因此為了讓臺灣的電子產業從裝配業階段升級，又不讓外商搶先設廠造成人才流失的困境，於是1978年由積體電路示範工廠廠長史欽泰和電子所所長胡定華博士提出由國家－民間合資成立獨立的民營公司的計畫草案，而後獲得經濟部通過，在1979年以籌組公司方式將技術移轉出去，以達到「影響最廣」的功用[38]。

由工研院衍生的第一家公司 —— 聯華電子（以下簡稱聯電），不僅接收工研院電子所的技術，甚至將進行中的計畫也一併移轉：舉凡廠房設計、規劃與建立、設備的規格與布置、機器的安裝與試車、及至人員的訓練等，更承收相關的科技人才團隊共計100人以上，其中許多移轉的主要人員更是今日在全球半導體產業叱吒有名的企業家（見表4.2）[39]。

---

37 吳思華、沈榮欽，〈臺灣積體電路產業的形成與發展〉，收入《管理資本在臺灣》（臺北：遠流，1999），頁57-150。

38 徐進鈺，〈臺灣積體電路工業發展歷程之研究 —— 高科技、政府干預與人才回流〉，《國立臺灣大學地理學系地理學報》，23（1997），頁33-48。吳思華、沈榮欽，〈臺灣積體電路產業的形成與發展〉，收入《管理資本在臺灣》（臺北：遠流，1999），頁57-150。方至民、翁良杰，〈制度與制度修正：臺灣積體電路產業發展的路徑變遷（自1973至1993）〉，《人文及社會科學集刊》，16：3（2004），頁351-388。

39 徐進鈺，〈臺灣積體電路工業發展歷程之研究 —— 高科技、政府干預與人才回流〉，《國立臺灣大學地理學系地理學報》，23（1997），頁33-48。吳思華、沈榮欽，〈臺灣積體電路產業的形成與發展〉，收入《管理資本在臺灣》（臺北：遠流，1999），頁57-150。

表4.2　電子所與聯電主要人員移轉（1980-1984年）

| 姓名 | 移轉前電子所職稱 | 移轉時間 | 聯電職稱 |
|---|---|---|---|
| 曹興誠 | 副所長兼正工程師 | 1981.10 | 總經理 |
| 劉英達 | 測試部經理 | 1980.1 | 副總經理 |
| 宣明智 | 市場部經理 | 1982.4 | 副總經理 |
| 黃顯雄 | 晶片製造課長 | 1981.7 | 廠長 |
| 吳宏仁 | 晶片製造部課長 | 1980.4 | 製造部經理 |
| 許朝榮 | 品管部經理 | 1980.5 | 品管部副理 |
| 蔡明介 | 微電腦電路設計經理 | 1983.5 | 開發部副理 |
| 王守仁 | 市場部業務課長 | 1983.3 | 業務部副理 |
| 張原淙 | 市場部業務工程師 | 1984.4 | 產品企劃副理 |
| 劉鴻源 | IC測試課課長 | 1982.7 | 客戶訂製部副理 |
| 羅瑞祥 | 市場部業務工程師 | 1982.3 | 銷售部副理 |
| 白宗仁 | 市場部業務工程師 | 1984.6 | 業務工程師 |
| 簡文龍 | 市場部業務工程師 | 1985.5 | 業務工程師 |
| 陳熾成 | 市場部副理 | 1987.3 | 策略規劃師 |

資料來源：吳思華、沈榮欽，〈臺灣積體電路產業的形成與發展〉，《管理資本在臺灣》（1999），頁89。

　　聯電以官股45%民股55%在1980年5月成立，臺灣半導體製造業自此展開，是能動者與制度互動過程的產物，確立一種新的產業發展路徑──衍生公司[40]。爾後聯電成功進入全球市場，亦為臺灣的半導體產業注入一劑強心針，主要產品技術不僅追上日本，更能迎合美國市場的變化，提供臺灣電話機廠商進入的支援，1983年聯電取得臺港韓一半的電話IC市場。臺灣不僅以竹科和聯電做為發展高科技產業的宣告，更

[40] John A. Mathews & Dong-Sung Cho. *Tiger Technology-The creation of a Semiconductor Industry in East Asia.* (UK: Cambridge University Press, 2000) 徐進鈺，〈臺灣半導體產業技術發展歷程：國家干預、跨國社會網絡與高科技發展〉，收入《臺灣產業技術發展史研究論文集》（高雄：國立科學工藝博物館，2000），頁101-132。

希望以此影響1978年中國實行改革開放，積極吸引海外學人返回中國貢獻的成果，換言之，此時希望以自主產業發展爲主，吸引海外學人爲輔[41]。

　　1982年行政院科技顧問組Bob Evans（IBM前副總裁）等人向當時的行政院長孫運璿先生提出超大型積體電路技術發展計畫（VLSI計畫），在歷經傳統經濟官僚與高科技知識社群之間的爭論後，1983年由電子所提出高達29億8仟萬元的VLSI計畫，並在國際環境因素下改採與華人歐植林在矽谷創設的VLSI設計公司——華智（Vitelic）簽訂技術合作開發合約，也因此迫使電子所成立VLSI實驗室[42]。1987年2月VLSI計畫的示範工廠衍生出專門從事代工生產的台積電，催化積體電路產業發展轉向晶圓代工，爾後成爲臺灣半導體產業揚名全球的另一代名詞，成立台積電的構想者是由工研院延攬回國的旅美IC專家張忠謀提出，亦擔任台積電董事長，台積電引領臺灣半導體產業向前跳進一大步。晶圓代工的出發點乃基於垂直分工的比較利益，這個構想在1983年由聯電總經理曹興誠提出，他認爲在IC製造程序中應找到最具比較利益的環節生產，以此發展IC產業，但此構想並非一帆風順，除可行性受質疑外，1984年半導體產業不景氣也導致此計畫暫停，直至台積電的衍生才付諸實行[43]。

　　這發展路徑的轉折主要因素有三：(1)ASIC的強大市場潛力；(2)此

41 郭大玄，《產業區位空間結構與生產組織的地理學研究：以臺灣北區資訊電腦工業爲例》（臺南：供學，2001）。方至民、翁良杰，〈制度與制度修正：臺灣積體電路產業發展的路徑變遷（自1973至1993）〉，《人文及社會科學集刊》，16：3（2004），頁351-388。

42 天下雜誌編輯部，〈透視臺灣40年〉，《天下雜誌》，81（1988），頁128-140。徐進鈺，〈臺灣積體電路工業發展歷程之研究——高科技、政府干預與人才回流〉，《國立臺灣大學地理學系地理學報》，23（1997），頁33-48。

43 天下雜誌編輯部，〈透視臺灣40年〉，《天下雜誌》81（1988），頁128-140。徐進鈺，〈臺灣半導體產業技術發展歷程：國家干預、跨國社會網絡與高科技發展〉，收入《臺灣產業技術發展史研究論文集》（高雄：國立科學工藝博物館，2000），頁101-132。方至民、翁良杰，〈制度與制度修正：臺灣積體電路產業發展的路徑變遷（自1973至1993）〉，《人文及社會科學集刊》16：3（2004），頁351-388。

新成立公司在國內尋求投資不利，轉向與外商（荷蘭菲利浦公司）合作生產及代工生產的模式；(3)智慧財產權的問題，藉由技術授權較容易解決技術商業化時面臨的智財權問題。菲利浦之所以得以持有27.5%成為合作夥伴之主因在於，臺灣與菲利浦談判時較具有相對優勢，此相對優勢來自RCA移轉而來的技術優勢和成功開發的大型晶體電路（LSI）技術，換言之，此時的臺灣已具有一定的技術水準，足以成為與菲利浦談判的籌碼，並且意圖將既有的技術向上提升[44]。

　　1987年除了台積電的成立，一些企業集團亦轉投資積體電路產業（見表4.3），使得該年成為臺灣發展積體電路產業重要的一年。此

表4.3　企業集團轉投資積體電路產業情形（1987-1989年）

| 新成立的IC公司 | 投資的企業集團 | 成立時時 | 主要銷售地區 | 生產地點 |
| --- | --- | --- | --- | --- |
| 臺灣茂矽公司 | 太平洋電線電纜 | 1987 | 美國 | 竹科 |
| 華邦電子公司 | 華新麗華電纜 | 1987 | 臺灣 | 竹科 |
| 華隆微電子公司 | 華隆公司 | 1987 | 臺灣 | 竹科 |
| 旺宏電子公司 | 碧悠電子 | 1989 | 臺灣 | 竹科 |

資料來源：方至民、翁良杰，〈制度與制度修正：臺灣積體電路產業發展的路徑變遷（自1973至1993）〉，《人文及社會科學集刊》16：3（2004），頁363。

外，企業集團的投資代表著民間產業力量的加入，共同推動此項產業的發展，雖然此時仍是由政府主導產業發展，但這股民間力量的成長卻在日後有了重大轉變[45]。民間設計廠商的創立風潮在聯電成立後即陸續呈現，可概分為4類：(1)由工研院電子所的研究人員離職之後所創立的（如1982年設立的太欣半導體、1987年的華邦、華隆微）；(2)臺灣早期留美的海外華人回國設立；(3)跨國企業的分支機構；(4)系統公司所衍

44 徐進鈺，〈臺灣半導體產業技術發展歷程：國家干預、跨國社會網絡與高科技發展〉，收入《臺灣產業技術發展史研究論文集》（高雄：國立科學工藝博物館，2000），頁101-132。方至民、翁良杰，〈制度與制度修正：臺灣積體電路產業發展的路徑變遷（自1973至1993）〉，《人文及社會科學集刊》16：3（2004），頁351-388。
45 工研院經資中心，《1995半導體工業年鑑》（臺北：經濟部技術處，1995）。

生。並以第一、二類為數眾多[46]，成立的時間點多在台積電成立後如雨後春筍般的出現，這得歸功於垂直分工的效應[47]。

這些紛紛成立的半導體廠商對日後臺灣半導體產業發展有打穩根基的特別意義，並且當時臺灣擁有近8,000名科技人力可做為學習外商經驗的汲取者，是同時期韓國的兩倍[48]。這群科技人力是臺灣當時得以拉開與韓國技術差距的能動者，而他們向外商學習的技術能量也蘊養了臺灣這塊土地的地理負載。國家主導成長期的主力推手為工研院，主要模式為從各大型計畫衍生公司（見表4.4），及自工研院電子所離職人員創設或以非正式方式衍生，提供技術、人力（見表4.5），企圖以衍生公司的策略來確保技術移轉的成功，然後政府單位再向衍生公司索取回饋金，達到技術擴散至其他民間企業的目的，而人力的移動被視為是知識密集的IC產業中最有效的技術移轉方法，這些人力的移轉形成臺灣半導體產業的族譜，是一種社會網絡架建的展現。這些廠商主要座落於竹科，搭配各項優惠制度和周圍大學的技術支援，並借重在美華人的知識社群拓展技術聯盟廠商及市場的取得。在此多重機制搭配下才能將臺灣拱上全球半導體產業的舞臺。

這種在籌備成立初期與工研院有著臍帶關係的廠商，在落地成長後都自然而然地脫離臍帶維生的唯一方式，進而尋求外界更廣更多元的生存方法，特別是當他們想要擴展產品範圍時，他們使用的方法多為召募海外工程師（如矽統）、併購海外公司、在矽谷設點（如瑞昱）等，以保持與先進技術來源與市場趨勢的連繫。矽谷回流人才對臺灣半導體產業的貢獻，在1990年代初期更加顯著，形成下一階段人才回流後創設公

---

46 徐進鈺，〈臺灣半導體產業技術發展歷程：國家干預、跨國社會網絡與高科技發展〉，收入《臺灣產業技術發展史研究論文集》（高雄：國立科學工藝博物館，2000），頁101-132。John A. Mathews & Dong-Sung Cho. *Tiger Technology-The creation of a Semiconductor Industry in East Asia.* (UK: Cambridge University Press, 2000)

47 吳思華、沈榮欽，〈臺灣積體電路產業的形成與發展〉，收入《管理資本在臺灣》（臺北：遠流，1999），頁57-150。

48 楊艾俐，〈掀起人才回流浪潮，再創臺灣經濟奇蹟〉，《天下雜誌》25（1983），頁10-18。

表4.4　工研院電子所積體電路各期專案計畫及衍生工廠

| 專案計畫名稱 | 執行期間（經費：仟元） | 衍生公司名稱 | 成立日期及沿革 | 企業主持人（主要經歷） |
|---|---|---|---|---|
| 設置積體電路示範工廠計畫 | 1975.7-1979.6（489,000） | 聯華電子公司 | 1979.9聯華電子籌備處成立。1980.5公司正式成立。1982.1工廠開工。1982.11達損益平衡。 | 成立初期：董事長：方賢齊（工研院董事長）總經理：杜俊元（華泰電子總經理）第二任：董事長：張忠謀（工研院院長、董事長）總經理：曹興誠（工研院電子所副所長）1997年：董事長：曹興誠（工研院電子所副所長）總經理：宣明智（工研院電子所經理） |
| 電子工業研究發展第二期計畫 | 1979.7-1983.6（795,855） | 臺灣光罩公司 | 1981.9電子所光罩作業部開始大量生產，接受委託製作光罩。1988.10公司成立。1989.1電子所裁撤光罩作業部。 | 成立初期：董事長：史欽泰（電子所長、工研院院長）總經理：陳碧灣（工研院電子所經理）1997年：董事長：汪其模（創新公司董事長）總經理：陳碧灣（工研院電子所經理） |
| 超大型積體電路技術發展計畫 | 1983.7-1988.6（2,984,000） | 台灣積體電路公司 | 1986.1開始籌備。1987.2正式成立。 | 成立初期：董事長：張忠謀（工研院院長、董事長）總經理：Dykes 1997年初：董事長：張忠謀（工研院院長、董事長） |

| 專案計畫名稱 | 執行期間（經費：仟元） | 衍生公司名稱 | 成立日期及沿革 | 企業主持人（主要經歷） |
|---|---|---|---|---|
| | | | | 總經理：Brooks（TI副總裁、Fairchild總裁／最高執行長）1997年中：總經理：Brooks為聯華電子挖角，改由董事長張忠謀兼任總經理。 |
| 微電子技術發展四年計畫 | 1988.7-1992.6（1,995,526） | | 未成功僅能說是接近〈次微米製程技術發展五年計畫〉的前身。 | |

資料來源：吳思華、沈榮欽，〈臺灣積體電路產業的形成與發展〉，《管理資本在臺灣》（1999），頁138-143。

表4.5　工研院正式、非正式衍生及投資公司

| 聯華電子 | 台灣積體電路公司 | 臺灣光罩 | 盟立自動化 |
|---|---|---|---|
| 世界先進 | 紐煒科技 | 利翔航太 | 鴻景科技 |
| 亞航微波 | 華聯生技 | 賽宇生技 | 環英科技 |
| 太欣半導體 | 長榮超合金（榮鋼重工） | 瑞智精密 | 駿瀚生化 |
| 上銓光纖 | 華擎機械 | 晶元光電 | 金敏精研 |
| 國際聯合 | 華東半導體 | 達宙通訊 | 晶向科技 |
| 博利源科技 | 欣邦導線 | 達碁科技（友達） | 太電電能 |
| 新怡力科技 | 晶誼光電 | 動能科技 | 達楷生技 |

資料來源：工研院院人力室提供，2005。

司之潮流。所以在此之前臺灣半導體產業科技人才取得的主要來源爲工研院電子所及海外留學生[49]。

---

[49] 徐進鈺，〈臺灣積體電路工業發展歷程之研究——高科技、政府干預與人才回流〉，《國立臺灣大學地理學系地理學報》23（1997），頁33-48。

# 第三節　回流人才創業期（1989-1993）

由於工研院的大型計畫、技術移轉和衍生公司，使得竹科成為臺灣資訊科技產業的中心，而這些蓬勃發展的廠商，提供了大量職缺，再加上當時誘人的分紅制度，成為吸引人才最有力的條件[50]。這些在矽谷的華裔工程師，多為1980年代即赴海外攻讀電子電機相關科系的學生，畢業後繼續在美任職。當臺灣開始發展半導體產業後，一些極富經驗的科技人才便在政府積極延攬下陸續回國服務。科技人才在竹科成立後開始大量回流創業[51]，1980年代後期更因臺灣晶圓代工已漸成形而吸引人才回流創設IC公司，引發人才回流的一股高峰（見圖4.4）。原本臺灣與美國間的單向資訊科技人才流動轉成新竹與矽谷間的雙向流動，如1989年設立的旺宏電子，其28位成員組成的經營團隊，皆是邀請當時任職美國各大半導體公司的技術專家舉家返臺創業[52]。

透過從美國矽谷回流的人才，以及各種形式的跨國合作，構成90年代臺灣IC產業的主要技術來源，亦成為竹科繼工研院派後的另一支產業先鋒。1990年成立的美西玉山科技協會（Monte Jade），即是在美國聖荷西由華裔科技人才發起及舊金山科學組莊以德組長號召，並獲得國科會主任夏漢民與李國鼎資政讚許下成立，成立目的即是共同切磋創業所面臨的問題，1997年由海外回流人才所創設的公司已佔竹科公司的40%[53]。由於此時臺灣已有聯電、台積電等大型製造商，得以將設計與製造分開，因此回流人才可從事IC設計等投資額相對較低，而附加價值

---

50 李家豪，〈從兩岸科技人才政策看兩岸生技產業發展之競合〉（臺北：淡江大學中國大陸研究所碩士論文2002）。

51 Jinn-yuh Hsu, "New Firm Formation and Technical Upgrading in Taiwan's High-technology SMEs: The Hsinchu-Silicon Valley Connection." In Smart, Alan and Smart, Josephine (Eds.), *Petty Capitalists: Flexibility in a Global Economy.* (New York: State University of New York Press, 2002)

52 吳思華、沈榮欽，〈臺灣積體電路產業的形成與發展〉，收入《管理資本在臺灣》（臺北：遠流，1999），頁57-150。

53 Jinn-yuh Hsu, "New Firm Formation and Technical Upgrading in Taiwan's High-technology SMEs: The Hsinchu-Silicon Valley Connection." In Smart, Alan and Smart, Josephine (Eds.), *Petty Capitalists: Flexibility in a Global Economy.* (New York: State University of New York Press, 2002)

較高的區段，這也是IC設計公司快速發展的要因，臺灣IC設計公司的數目由1987年的30家增加到1993年的64家，2003年更擴張至250家[54]，

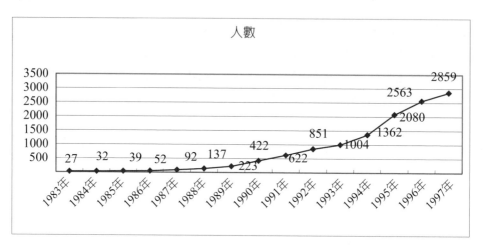

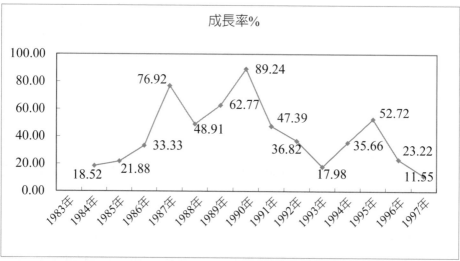

圖4.4　新竹科學園區回流總人數及成長率（1983-1997年）

資料來源：Jinn-yuh Hsu, "New Firm Formation and Technical Upgrading in Taiwan's High-technology SMEs: The Hsinchu-Silicon Valley Connection." *Petty Capitalists: Flexibility in a Global Economy*, edited by Smart, Alan and Smart, Josephine. (New York: State University of New York Press, 2002), pp.8.

---

54 工研院經資中心，《1995半導體工業年鑑》（臺北：經濟部技術處，1995）。

這些由海外人才設立的IC設計公司更成為臺灣設計公司的翹楚（見表4.6），2004年臺灣擁有的IC設計公司數已排名全球第二，僅次於美國[55]，這些回流人才所帶回的技術、產品線有別於電子所大型計畫的產品系譜[56]，因此不僅加強臺灣半導體產業的完整性也豐富臺灣半導體產業的多元性。

表4.6　臺灣IC前十大設計公司排名（1989-1995年）

| 排名 | 1 | 2 | 3 | 4 | 5 | 6 | 7 | 8 | 9 | 10 |
|---|---|---|---|---|---|---|---|---|---|---|
| 1989 | 華智 | 矽統 | 太欣 | 合泰 | 大智 | 揚智 | 偉智 | 瑞昱 | 普騰 | 茂矽 |
| 1990 | 華智 | 矽統 | 太欣 | 合泰 | 揚智 | 瑞昱 | 茂矽 | 旺宏 | 通泰 | 大智 |
| 1991 | 華智 | 矽統 | 揚智 | 太欣 | 瑞昱 | 通泰 | 臺微 | 偉詮 | 其朋 | 勁傑 |
| 1992 | 茂矽 | 矽統 | 揚智 | 太欣 | 瑞昱 | 通泰 | 凌陽 | 偉詮 | 其朋 | 勁傑 |
| 1993 | 茂矽 | 矽統 | 揚智 | 瑞昱 | 太欣 | 凌陽 | 偉詮 | 民生 | 一華 | 其朋 |
| 1994 | 矽統 | 揚智 | 威盛 | 凌陽 | 瑞昱 | 鈺創 | 偉詮 | 普誠 | -- | -- |
| 1995 | 矽統 | 威盛 | 揚智 | 凌陽 | 鈺創 | 義隆 | 瑞昱 | 普誠 | 偉詮 | 臺晶 |

註1：網底標示為回流人才創設或主要經營
資料來源：徐進鈺，〈臺灣積體電路工業發展歷程之研究──高科技、政府干預與人才回流〉，《國立臺灣大學地理學系地理學報》（1997），頁23、36。

　　除了上述吸引人才回流的因素外，1980年代中期突飛猛進的股票市場也提供了財務誘因給自海外回流創業的科技人才，有些已在美國成立的公司也遷回臺灣，以便吸引臺灣的資金投入，1989年8月4日的《Business Week》如是報導「要在臺灣籌資投入鉅額的案子非常容易」，當時的工研院院長史欽泰亦指出「當海外技術與人才的潮流，與本地資金與工業基礎的潮流匯集在一起時，就可以創造相乘效果。這兩股力量形成互補，並彼此加強」。80年代開始，臺灣國內已有許多學生

---

55 工研院經資中心，《2004半導體工業年鑑》（臺北：經濟部技術處，2004）。

56 徐進鈺，〈臺灣積體電路工業發展歷程之研究──高科技、政府干預與人才回流〉，《國立臺灣大學地理學系地理學報》23（1997），頁33-48。

選擇電子電機相關科系就讀，不斷擴充臺灣的人才庫，使回流創業的海外人才並不缺乏可用人才[57]。

## 第四節　政策轉型期（1994-2014）

　　2002年臺灣政府推動「兩兆雙星」的科技產業政策，並指出人才缺口在長期培育與延攬成果下僅缺少3,600人，其中半導體缺口為1,200人，以IC設計工程師、先進製程研發工程師與PCB機版設計工程師為職務缺口的前3名，特別是博士級科技人才最為IC設計業所需；影像顯示缺口2,400人，以電路設計工程師、製程整合工程師與測試工程師為人才需求的前3名[58]。扣除「兩兆雙星」的人才缺口可以發現，其餘均為通訊、資訊服務和數位內容的人力缺口[59]。這與臺灣政府推動數位化、網際網路及軟體設計發展有著因果關係，這也再度說明科技人才延攬政策與科技政策間的重要關聯。目前臺灣政府解決辦法傾向以國外延攬為主，特別是因為近年美國矽谷生產成本過高，美籍企業紛紛移師海外，造成許多科技人才面臨失業的窘境，相對地成為臺灣延攬高級科技人才回臺就業的好時機。

　　在科技人才取得不外乎培育與延攬的方式下，除了以現有國內科技教育培育人才外，引進國外人才或是招攬海外學人回國服務等措施亦是紓解科技人才短缺的途徑，故行政院於2002年修訂《科技人才培訓及運用方案》，將延攬海外科技人才列為主要推動項目之一[60]。根據科技顧問組研究調查2003至2006年的資訊科技產業人力缺口及解決規劃，可知延攬人才仍是現階段彌補人才缺口的策略之一（見表4.7），不論從

57 徐進鈺，〈臺灣積體電路工業發展歷程之研究——高科技、政府干預與人才回流〉，《國立臺灣大學地理學系地理學報》23（1997），頁33-48。吳思華、沈榮欽，〈臺灣積體電路產業的形成與發展〉，收入《管理資本在臺灣》（臺北：遠流，1999），頁57-150。

58 黃玉珍，〈科技業人才缺口擴大〉，《經濟日報》，（2005年4月點閱）取自：http://udn.com/NEWS/FINANCE/FIN4/2606738.shtml。

59 中時新聞報，〈科技人才培育及延攬產業論壇〉，《臺灣科協月刊》018（2003），頁2-6。

60 王惟貞，〈全球科技人才配置與流動概況〉，《科技發展標竿》1:2（2001），頁17-23。

表4.7　資訊科技產業人力缺口及解決規劃（2003-2006年）　　　單位：人

|  |  | 半導體 | 影像顯示 | 數位內容 | 通訊 | 小計 |
|---|---|---|---|---|---|---|
| 2003 | 缺口 | 1,765 | 788 | 1,411 | 184 | 4,148 |
|  | 培訓 | 1,300 | 788 | 1,381 | 180 | 3,649 |
|  | 延攬 | 465 | 200 | 30 | 58 | 753 |
| 2004 | 缺口 | 1,483 | 2,169 | 776 | 290 | 4,718 |
|  | 培訓 | 1,200 | 1,879 | 756 | 230 | 4,065 |
|  | 延攬 | 283 | 290 | 20 | 60 | 653 |
| 2005 | 缺口 | 3,349 | 720 | 3,452 | 44 | 7,565 |
|  | 培訓 | 3,149 | 620 | 3,402 | 34 | 7,205 |
|  | 延攬 | 200 | 100 | 50 | 10 | 360 |
| 2006 | 缺口 | -- | 2,322 | 4,392 | 59 | 6,773 |
| 2003~2006年累計缺口 |  | 6,597 | 5,999 | 10,031 | 577 | 23,204 |
| 2003~2005年累計增加人才 |  | 6,597 | 3,877 | 5,639 | 572 | 16,685 |

資料來源：孫明志，《臺灣高科技產業大未來──超越與創新》（2004），臺北：天下，頁49。戴肇洋，〈臺灣產業科技人才供需問題與解決之道〉（2005），取自：http://www.tcoc.com.tw/newslist/009100/9138.htm。（2005年5月點閱）

青輔會的調查或過去的學術研究，都指出了人才回流對臺灣經濟結構和高科技產業發展的重要性，然而經過近50年的努力，臺灣依然陷入延攬高級科技人才回流的困境[61]。

　　工研院在繼「超大型積體電路發展計畫（1983-1988）」後所推動

---

[61] 行政院國家科學委員會，《中華民國科學統計年鑑1983》（臺北：行政院國家科學委員會，1983）。Annalee Saxenian, "Transnational Communities and the Evolution of Global Production Networks: The Cases of Taiwan, China and India." *Industry and Innovation* 9:3 (2002), pp. 183-202. 李漢銘，〈科技產業人才引進策略〉，發表於「臺灣經濟戰略研討會」。孫明志，〈臺灣高科技產業大未來──超越與創新〉（臺北：天下，2004）。Lee-in Chiu Chen & Jen-yi Hou, "Determinants of Highly-Skilled Migration – Taiwan's Experiences." *Workig Paper Series* No. 2007-1. Chung-Hua Institution for Economic Research. 戴肇洋，〈臺灣產業科技人才供需問題與解決之道〉，臺灣省商業會，取自：http://www.tcoc.com.tw/newslist/009100/9138.htm。（2005年5月點閱）

的是「微電子技術發展四年計畫」，但因不盡理想，僅能說是後續計畫的前身，而無任何衍生公司。接續此計畫的是「次微米製程技術發展五年計畫（1990.7-1995.6）」，經費達新臺幣70億元[62]。該計畫亦是以量產及衍生新公司為目的，然而1993年3月成立衍生公司的計畫公布後，卻受到積體電路業者的批評及立法院的關注，原因有二：一方面是工研院成為經濟組織角色而與有民爭利的情形，以聯華電子為首強烈反對，事實上早在聯電成立之後，即一度要求工研院電子所應中止示範工廠的IC生產，避免「與民爭利」；另一方面，1992年底工研院有4名員工參選立委，雖全數落選，但卻捲入政治氛圍中[63]。

　　因此1993年5月經濟部委託工研院的科技發展方案經費則被以工研院績效不彰、與民爭利、僅圖利少數人、未兼顧傳統產業發展為由，遭立法院刪除20億元。自此之後，工研院漸居產業發展的第二線，而由民間廠商自行研發並參與科技專案計畫的執行。最後，此計畫在1994年9月改由經濟部與台積電等十多家公司簽訂合資協議書，正式成立世界先進公司[64]。「次微米製程技術發展五年計畫」被視為是臺灣由國家主導「最後」且最大的積體電路專案計畫[65]。工研院的退居意謂著由政府主導產業發展的角色轉變成由民間企業主導政府配合、支持[66]，直至今日仍是如此。但角色的退位不代表著重要性的衰退，工研院在臺灣半導體產業發展中仍扮演著舉足輕重的角色，回顧工研院成立的意義是由「依靠技術移轉和外國投資」轉向「自有產、官、學合作發展」的重要轉捩

---

62 工研院電子工業研究所，《1992半導體工業年鑑》（臺北：經濟部技術處，1992）。

63 徐進鈺，〈臺灣積體電路工業發展歷程之研究——高科技、政府干預與人才回流〉，《國立臺灣大學地理學系地理學報》23（1997），頁33-48。吳思華、沈榮欽，〈臺灣積體電路產業的形成與發展〉，收入《管理資本在臺灣》（臺北：遠流，1999），頁57-150。

64 方至民、翁良杰，〈制度與制度修正：臺灣積體電路產業發展的路徑變遷（自1973至1993）〉，《人文及社會科學集刊》16：3（2004），頁351-388。

65 吳思華、沈榮欽，〈臺灣積體電路產業的形成與發展〉，收入《管理資本在臺灣》（臺北：遠流，1999），頁57-150。

66 徐進鈺，〈臺灣積體電路工業發展歷程之研究——高科技、政府干預與人才回流〉，《國立臺灣大學地理學系地理學報》23（1997），頁33-48。

點，主要功能爲⑴新科技工業之建立，國家介入產業發展的路徑，以工研院做爲連接科學研究和產業發展的媒介、本土與外商技術移轉的橋樑；⑵培養工業技術人才做爲民營廠商所需的技術源頭，突破產業技術發展無法商品化的瓶頸；⑶傳統產業升級，將臺灣的比較利益由勞動力提升爲腦力，以維持在全球市場的競爭力[67]。這些仍是工研院至今的重責大任與貢獻。

　　在工研院退位後，各廠商由原本分別與工研院合作，轉向民間廠商的聯盟，藉由彼此的合作降低成本、有效提升製程技術及良率。這也是受到1990年起垂直整合式的合作方式影響；因臺灣受限於爲中小企業體質，無法達到垂直整合的龐大架構的利益，故改由策略聯盟建立協力廠商的方式，提升競爭力。因此在垂直整合式的運籌模型及國家主導轉向民間自主的改變下，臺灣半導體產業仍維持良好的營業額（見表4.8），導致此新模型得以延續至今。如此亮麗的成績後所帶來的是一股興建8吋晶圓廠的浪潮，依照8吋晶圓廠的高階人力規劃，1座廠至少需要10位以上的海外專才，包括5位經理、3至4位處長、1至2位副總，由於臺灣無法在短期內滿足總數達200至300位的高階經理人需求，因此這些人才都必須自早期赴美求學的留學生中尋找，於是1996年4月透過美華半導體協會的安排，臺灣十餘家IC大廠聯手至美國求才[68]。

　　半導體產業是一項隨全球景氣波動的產業，一直以來臺灣半導體產業的成長率，更有優於全球半導體產業的成長表現（見表4.9）。2004年臺灣整體IC產業產值相較於2003年成長36.1%，其中晶片設計業、晶片製造業、晶片封裝及測試業的成長率，分別爲36.7%、35.6%、35.6%

---

67 徐進鈺，〈臺灣半導體產業技術發展歷程：國家干預、跨國社會網絡與高科技發展〉，收入《臺灣產業技術發展史研究論文集》（高雄：國立科學工藝博物館，2000），頁101-132。方至民、翁良杰，〈制度與制度修正：臺灣積體電路產業發展的路徑變遷（自1973至1993）〉，《人文及社會科學集刊》16:3（2004），頁351-388。

68 吳思華、沈榮欽，〈臺灣積體電路產業的形成與發展〉，收入《管理資本在臺灣》（臺北：遠流，1999），頁57-150。

表4.8　半導體製造商營業額及成長率（1988-2003年）　　單位：億臺幣

| | 1988 | 1989 | 1990 | 1991 | 1992 | 1993 |
|---|---|---|---|---|---|---|
| 廠商數 | 6 | 6 | 8 | 10 | 10 | 10 |
| 營業額 | 44 | 76 | 91 | 168 | 235 | 415 |
| 成長率 | 15.8% | 72.7% | 19.5% | 84.9% | 39.7% | 76.9% |
| | 1994 | 1995 | 1996 | 1997 | 1998 | 1999 |
| 廠商數 | 12 | 12 | 16 | 20 | 20 | 21 |
| 營業額 | 700 | 1,193 | 1,256 | 1,532 | 1,694 | 2,649 |
| 成長率 | 68.7% | 70.4% | 5.3% | 22.0% | 10.6% | 56.4% |
| | 2000 | 2001 | 2002 | 2003 | 2004 | |
| 廠商數 | 16 | 14 | 14 | 13 | -- | |
| 營業額 | 4,686 | 3,052 | 3,785 | 4,701 | 6,375 | |
| 成長率 | 76.9% | -35.4% | 25.1% | 24.2% | 35.6% | |

資料來源：工研院，《半導體工業年鑑》1992-2004。

表4.9　臺灣半導體產業產值（1988-2004年）　　單位：百萬臺幣

| | 1988 | 1989 | 1990 | 1991 | 1992 | 1993 |
|---|---|---|---|---|---|---|
| 產值 | 5,500 | 10,200 | 12,000 | 20,400 | 23,800 | 37,900 |
| 成長率 | -- | 85.45% | 17.65% | 70.00% | 16.67% | 59.25% |
| | 1994 | 1995 | 1996 | 1997 | 1998 | 1999 |
| 產值 | 58,000 | 172,000 | 188,200 | 247,900 | 283,400 | 423,500 |
| 成長率 | 53.03% | 196.55% | 9.42% | 31.72% | 14.32% | 49.44% |
| | 2000 | 2001 | 2002 | 2003 | 2004 | |
| 產值 | 714,400 | 526,900 | 652,900 | 818,800 | 1,114,100 | |
| 成長率 | 68.69% | -26.25% | 23.91% | 25.41% | 36.06% | |

資料來源：工研院，《半導體工業年鑑》，1992-2004。

及40.4%[69]，2001年首度呈現負成長乃因千禧年前後電腦汰換已然完成，市場需求緊縮所導致。但與國際環境作串連時，不難發現除正常出現的矽循環外，1997年的東亞金融風暴及2001年的911事件，對臺灣半導體產業及人才回流都有明顯的牽動。根據內政部出入境管理局的統計資料顯示1991至2000年入境工程師人數及成長率（見圖4.5）與其他非

圖4.5　外僑科技人才至臺工作人數及成長率（1991-2014年）
資料來源：內政部出入境管理局網站。（2015年6月點閱）

69 王玫文，〈臺灣半導體產值去年破兆〉。《工商時報》，取自：http://news.chinatimes.com/。
　（2005年1月點閱）

東亞國家相較下，97東亞金融風暴後從東亞來臺任職的科技人才數的確顯著增加（見表4.10）。

表4.10　來臺工程師國籍別統計（1995-2014年）　　　　　　　單位：人

| 工程師 | 1995年底 | 1996年底 | 1997年底 | 1998年底 | 1999年底 | 2000年底 | 2001年底 | 2002年底 | 2003年底 | 2004年底 | 2005年底 |
|---|---|---|---|---|---|---|---|---|---|---|---|
| 美國 | 193 | 161 | 185 | 180 | 169 | 167 | 178 | 235 | 224 | | |
| 英國 | 44 | 35 | 33 | 30 | 52 | 112 | 126 | 212 | 191 | | |
| 法國 | 28 | 28 | 40 | 35 | 25 | 27 | 43 | 55 | 51 | | |
| 德國 | 93 | 76 | 63 | 56 | 64 | 79 | 81 | 130 | 91 | | |
| 日本 | 296 | 267 | 256 | 311 | 419 | 460 | 478 | 893 | 956 | | |
| 荷蘭 | 15 | 19 | 18 | 18 | 18 | 20 | 22 | 25 | 20 | | |
| 西班牙 | 1 | 1 | 0 | 0 | 0 | 0 | 0 | 1 | 1 | | |
| 葡萄牙 | 2 | 1 | 1 | 1 | 0 | 0 | 1 | 1 | 1 | | |
| 丹麥 | 5 | 2 | 7 | 13 | 6 | 6 | 3 | 5 | 2 | | |
| 瑞士 | 4 | 4 | 15 | 21 | 9 | 6 | 9 | 14 | 9 | | |
| 瑞典 | 0 | 0 | 0 | 0 | 0 | 0 | 0 | 0 | 2 | | |
| 韓國 | 19 | 27 | 74 | 466 | 533 | 384 | 433 | 474 | 337 | | |
| 馬來西亞 | 135 | 137 | 123 | 170 | 224 | 244 | 241 | 285 | 336 | | |
| 印尼 | 13 | 17 | 15 | 30 | 34 | 28 | 42 | 68 | 78 | | |
| 菲律賓 | 73 | 68 | 81 | 122 | 133 | 174 | 283 | 450 | 378 | | |
| 泰國 | 1 | 2 | 6 | 10 | 15 | 49 | 50 | 68 | 41 | | |
| 新加坡 | 13 | 16 | 12 | 19 | 25 | 35 | 41 | 61 | 69 | | |
| 印度 | 8 | 17 | 13 | 20 | 26 | 21 | 32 | 55 | 69 | | |
| 加拿大 | 14 | 14 | 11 | 13 | 23 | 46 | 35 | 65 | 14 | | |
| 比利時 | 3 | 3 | 3 | 1 | 3 | 8 | 5 | 3 | 4 | | |
| 義大利 | 7 | 7 | 7 | 11 | 10 | 11 | 14 | 33 | 14 | | |
| 奧地利 | 7 | 7 | 7 | 11 | 3 | 5 | 11 | 16 | 14 | | |
| 澳洲 | 10 | 10 | 10 | 18 | 22 | 36 | 27 | 49 | 36 | | |
| 越南 | 2 | 2 | 2 | 3 | 4 | 5 | 7 | 12 | 13 | | |
| 挪威 | 1 | 1 | 1 | 0 | 0 | 0 | 1 | 1 | 0 | | |
| 芬蘭 | 3 | 3 | 3 | 3 | 5 | 7 | 3 | 2 | 6 | | |
| 其他 | 35 | 51 | 107 | 94 | 68 | 90 | 103 | 203 | 188 | | |
| 總計 | 1,025 | 976 | 1,093 | 1,656 | 1,890 | 2,020 | 2,269 | 3,416 | 3,145 | | |

表4.10　來臺工程師國籍別統計（1995-2014年）（續）

| 工程師 | 2006年底 | 2007年（11月） | 2008年底 | 2009年底 | 2010年底 | 2011年底 | 2012年底 | 2013年底 | 2014年底 |
|---|---|---|---|---|---|---|---|---|---|
| 美國 | | 289 | 239 | 240 | 263 | 298 | 264 | 244 | 249 |
| 英國 | | 81 | 47 | 61 | 51 | 58 | 70 | 55 | 57 |
| 法國 | | 66 | 45 | 39 | 41 | 49 | 40 | 42 | 61 |
| 德國 | | 116 | 71 | 76 | 64 | 68 | 65 | 47 | 56 |
| 日本 | | 822 | 545 | 478 | 515 | 573 | 501 | 630 | 534 |
| 荷蘭 | | 38 | 30 | 27 | 19 | 27 | 25 | 17 | 23 |
| 西班牙 | | 0 | 0 | 0 | 1 | 3 | 5 | 2 | 6 |
| 葡萄牙 | | 0 | 0 | 1 | 1 | 1 | 2 | 1 | 3 |
| 丹麥 | | 2 | 2 | 2 | 2 | 1 | 0 | 2 | 2 |
| 瑞士 | | 11 | 11 | 6 | 10 | 11 | 10 | 7 | 7 |
| 瑞典 | | 12 | 10 | 5 | 3 | 4 | 2 | 1 | 4 |
| 韓國 | | 128 | 103 | 134 | 149 | 96 | 86 | 76 | 95 |
| 馬來西亞 | | 343 | 332 | 312 | 292 | 352 | 359 | 343 | 474 |
| 印尼 | | 138 | 116 | 92 | 99 | 100 | 107 | 98 | 119 |
| 菲律賓 | | 223 | 123 | 85 | 107 | 120 | 128 | 194 | 247 |
| 泰國 | | 35 | 38 | 37 | 37 | 30 | 26 | 35 | 28 |
| 新加坡 | | 50 | 51 | 47 | 62 | 59 | 49 | 46 | 62 |
| 印度 | | 114 | 102 | 105 | 99 | 103 | 114 | 145 | 174 |
| 加拿大 | | 61 | 46 | 39 | 45 | 46 | 38 | 31 | 37 |
| 比利時 | | 4 | 4 | 7 | 2 | 2 | 3 | 4 | 4 |
| 義大利 | | 4 | 5 | 3 | 7 | 4 | 6 | 5 | 7 |
| 奧地利 | | 8 | 2 | 4 | 6 | 7 | 3 | 3 | 4 |
| 澳洲 | | 30 | 21 | 15 | 20 | 16 | 17 | 24 | 19 |
| 越南 | | 16 | 12 | 10 | 14 | 15 | 14 | 16 | 22 |
| 挪威 | | 1 | 0 | 0 | 0 | 0 | 0 | 0 | 0 |
| 芬蘭 | | 6 | 3 | 3 | 2 | 4 | 5 | 6 | 6 |
| 其他 | | 132 | 114 | 92 | 91 | 101 | 88 | 118 | 122 |
| 總計 | | 2,730 | 2,072 | 1,920 | 2,002 | 2,148 | 2,027 | 2,192 | 2,422 |

資料來源：內政部出入境管理局網站。（2016年2月點閱）

　　本書藉由臺灣出入境管理局及竹科管理局提供1996至2003年之外僑工程師入境及服務人數資料，比較出外籍科技人力在竹科任職的比例（見表4.11），發現竹科為臺灣吸納外籍人力的重要地理空間，臺灣運用竹科與矽谷間人才互動的連結，透過各種知識學習及技術移轉機制，不斷積累發展資訊科技產業的能量，隨著產業的日趨多元化，所遇到的困境也益加多變。

表4.11　外籍科技人才在竹科任職人數及比例（1996-2003年）　單位：人

| 年度 | 1996 | 1997 | 1998 | 1999 | 2000 | 2001 | 2002 | 2003 |
|---|---|---|---|---|---|---|---|---|
| 出入境管理局 | 976 | 1,093 | 1,656 | 1,890 | 2,020 | 2,269 | 3,416 | 3,145 |
| 竹科外籍工程師 | 72 | 110 | 302 | 384 | 409 | 277 | 587 | 367 |
| 兩者差數 | 904 | 983 | 1,354 | 1,506 | 1,611 | 1,992 | 2,829 | 2,778 |
| 外籍科技人才在竹科任職比例（%） | 7.38 | 10.06 | 18.24 | 20.32 | 20.25 | 12.21 | 17.18 | 11.67 |

資料來源：本研究製。

　　臺灣發展半導體產業的路徑隨著時空發展而有所修正，我們也可以在歷史脈絡中發現路徑修正的元素：海外人才回流、技術取得、政府干預、生產分工趨勢和美國市場的需求。這些元素在特定時間、地理空間、制度、能動者的互動下，因彼此的信任關係而有不同的演化，雖說制度是本身長成的而不是可經由外力任意調控的，但在抽絲剝繭後，我們能仍找出驅動發展路徑改變的要素，並在觀察這些要素的演變後推測下一階段的發展。正如North所言，路徑相依指出了歷史的重要性，我們若不追溯制度逐步累積的演變，就無法理解今天的決策[70]。

　　從臺灣半導體產業發展的過程中，我們必需要肯定政府干預的成功，這也是日後臺灣做為其他後進國效法的項目之一。然而，單單僅靠政府大力推動並不足以確保半導體產業的成功，它還需藉助於外

---

70 方至民、翁良杰，〈制度與制度修正：臺灣積體電路產業發展的路徑變遷（自1973至1993）〉，《人文及社會科學集刊》16：3（2004），頁351-388。

在的技術顧問：臺灣半導體產業早期的主力推動者除孫運璿外，潘文淵與李國鼎皆為科技菁英。質言之，政府的能力不足以克服技術移轉中的知識門檻。海外科技人才的貢獻除了可加深在地技術的吸收能力（technological absorptive capacity）外，其知識的負載還加速縮短後進國與先進國的技術差距，也就是促使臺灣半導體產業進行技術蛙跳（frog leapping）的推進力。因此，科技人才的重要性不僅在於發展本土產業，亦擔負起至海外吸收新知後引進臺灣，孕育在地技術支援的能量，並成為臺灣不可取代的社會資本，工研院和科技菁英更被認為是臺灣發展高科技產業的必要驅動者[71]。

除了上述海外華裔科技人才回流和外籍科技人才的延攬貢獻外，臺灣本土科技人才的移動亦有帶動技術擴散、提升產業技術水平的意義，特別是工研院做為一個產業升級及技術支援的重鎮，例年釋出科技人力所載負的知識能量更是寶貴，工研院成立至2004年共有16,526人轉業至各界，轉至企業界高達81%，約14,000人[72]。這種透過人才流動達到技術移轉的模式，在臺灣半導體產業的發展歷程中，不斷地被重複使用[73]，而透過人才移動取得知識技術的受惠國不僅臺灣，即便是科技強國的美國，其科技產業發展亦借重大量外籍人才的腦力挹注，因此人才的取得在全球發展科技產業的各國都是相當重要的議題，如果說科技產業決定了一國的發展，那麼科技人才流動就決定該國的科技產業。因此，在了解科技人才對臺灣經濟發展和在臺灣資訊科技產業相互影響的連動後，本書接續討論臺灣自發展科技產業以來的資訊科技人才延攬政策。

---

71 徐進鈺，〈臺灣半導體產業技術發展歷程：國家干預、跨國社會網絡與高科技發展〉，收入《臺灣產業技術發展史研究論文集》（高雄：國立科學工藝博物館，2000），頁101-132。John A. Mathews & Dong-Sung Cho. *Tiger Technology-The creation of a Semiconductor Industry in East Asia*. (UK: Cambridge University Press, 2000)

72 John A. Mathews & Dong-Sung Cho. *Tiger Technology-The creation of a Semiconductor Industry in East Asia*. (UK: Cambridge University Press, 2000)。

73 徐進鈺，〈臺灣半導體產業技術發展歷程：國家干預、跨國社會網絡與高科技發展〉，收入《臺灣產業技術發展史研究論文集》（高雄：國立科學工藝博物館，2000），頁101-132。

第五章

# 臺灣資訊科技人才延攬政策開拓全球思路

　　一個國家的經濟發展是靠工業，工業的發展是靠科技，所以每個工業化國家在科技競賽上已經到了短兵相接、白熱化的時代，有一明顯的事實即二次世界大戰以前是用「武力」爭取市場，之後則是以「科技」爭取市場佔有率[1]。這些科技戰役的勝敗關鍵在於優質科技菁英的充裕與否，正如同一支軍隊克敵致勝的關鍵在於有無精悍的兵源，因此發展科技產業的各國無不竭盡所能地網羅所需優質科技人才，以豐厚其戰鬥力。有效的資訊科技人才延攬政策將有助益經濟增長，促使技術學習、移轉與擴散[2]。

　　時至今日，美國仍為全球科技人才的匯聚地，以留學、移民政策及群聚效果打造一個全球科技人才嚮往的理想國，這些外籍科技人才支撐美國科技產業發展，為其創造大量利潤，矽谷即是典型的例子[3]。Saxenian 1999年的研究顯示，移民企業家在這個高科技節點的新結構中具有決定性地位，1990年矽谷30%的高科技人才出生於外國[4]，其中約2/3來自亞洲，以中國（包含中國、臺灣、香港及新加坡等地）與印度籍最多，各佔其亞洲籍人力的51%與23%，且主要集中於專業職位[5]。

---

1　黃智輝，《高科技時代的挑戰》（臺北：書泉出版社，1990）。

2　李家豪，〈從兩岸科技人才政策看兩岸生技產業發展之競合〉（臺北：淡江大學中國大陸研究所碩士論文2002）。

3　曼威‧克司特著，夏鑄九、王志弘等譯，《網絡社會之崛起》（臺北：唐山出版社，2000）。
　　Chiu Chen, Lee-in & Jen-yi Hou, "Determinants of Highly-Skilled Migration – Taiwan's Experiences." *Workig Paper Series* No. 2007-1. Chung-Hua Institution for Economic Research.

4　根據美國1990年的人口普查統計，移民人口佔矽谷地區的32%。美國矽谷的亞洲外來工程師及電腦科技人才以來自臺灣、中國大陸及印度等國家為多。

5　王惟貞，〈從各國科學與工程博士培育看高階科技人才流向〉，取自：http://nr.stic.gov.tw/ejournal/SciPolicy/SR9009/SR9009T4.HTM。（2003年4月點閱）

　　隨著1990年代後期新一波創新的結果，美國數以千計的新資訊科技公司成立，其中更有許多由外國企業家創辦。[6]1999年，申請資訊相關職位的外籍科技人才佔美國總外籍科技人才數的66.6%。美國深知受益於科技人才匯入之巨大利益，因此由美國國家科學委員會（National Science Foundation, NSF）對科技人才流動進行長期研究，並建立一完善科技人才資料庫，用以分析外籍科技人才總數、國籍和回流比例等，一項2002年的研究報告指出，1999年美國接受的732名臺灣博士學位科技人才中，僅38%回流臺灣，該年美國的外籍科技人才數中，臺灣籍佔5%排名第六，具博士學位之外籍科技人才中，臺灣籍佔6%排名第四[7]。

　　蔡青龍、戴伯芬認為自1970年晚期，臺灣與韓國的人才回流現象引起國際學者關注，這主要是因為早期人才回流數量雖少，但所成就的貢獻卻引人注目。1977年2月TAC主席潘文淵在美國加州以「臺灣電子工業之動態及如何國外學人能技術報國」為延攬海外人才之演講主題，並於會後發布「孫部長致舊金山區中國學人傳言」為號召。張忠謀的回國服務即是受到當時行政院長孫運璿及政務委員李國鼎的大力支持，1950至1998年海外人才回流數見圖5.1[8]。

　　Saxenian在〈跨國企業家與區域工業化：矽谷－新竹的關係〉一文

6　1980至1998年間在矽谷創設的公司至少25%由華人和印度裔的高階主管經營，1995至1998年創立的公司則有29%。（王惟貞，〈從各國科學與工程博士培育看高階科技人才流向〉，取自：http://nr.stic.gov.tw/ejournal/SciPolicy/SR9009/SR9009T4.HTM。（2003年4月點閱））

7　National Science Board. *Science and Engineering Indicators 2002 volume 1, 2.* (National Science Foundation Press, 2002)

8　依據蔡青龍、戴伯芬的訪談資料說明回流人才可以分為在海外有工作經驗以及在海外無工作經驗兩類，其中對於臺灣經濟發展有貢獻者主要為在海外有過工作經驗者，晚近回國而無海外工作經驗的碩士畢業生與國內研究所所訓練的碩士畢業生，在工作表現上無太大差異。年輕一代回國者，是為了尋找工作對於產業前瞻技術的貢獻比較不明顯。蔡青龍、戴伯芬，〈臺灣人才回流的趨勢與影響──高科技產業為例〉，《人力資源與臺灣高科技產業發展》（中壢：中央大學臺灣經濟發展研究中心出版，2001），頁21-50。方至民、翁良杰，〈制度與制度修正：臺灣積體電路產業發展的路徑變遷（自1973至1993）〉，《人文及社會科學集刊》16：3（2004），頁351-388。

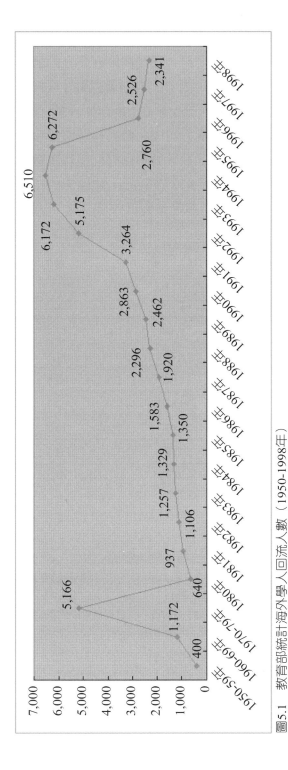

圖5.1　教育部統計海外學人回流人數（1950-1998年）

資料來源：行政院國家科學委員會《中華民國科學統計年鑑》（臺北：行政院國科會，1983）。蔡青龍、戴伯芬，〈臺灣人才回流的趨勢——高科技產業為例〉，《人力資源與臺灣高科技產業發展》（中壢：中央大學臺灣經濟發展研究中心，2001）。頁50。

中提到，事實上，在1980年代臺灣比任何國家送了更多的工程博士候選人到美國，其中只有10%在畢業後回到臺灣，讓臺灣擁有豐富的海外人才庫，也使得臺灣在科技人才延攬政策規劃上，特別重視海外科技人才的延攬[9]。而臺灣整體海外人才自美國回流比率在1990至1995年首度突破1/3（見表5.1）[10]，這與臺灣半導體產業的成功發展有著直接相關性，特別是竹科的設立提供了人才回流的職缺，竹科海外回流員工數佔總員工數更是逐年增加（見表5.2）[11]。因此，在關於人才回流的既有文獻中，雖多以美國的移民政策、臺灣的高等教育政策與人才召募方

表5.1　臺灣在美留學生及回流人數　　　　　　　　　　　　單位：人

| 年代 | 在美海外留學人數 | 自美返臺回流人數 | 回流率（%） | 總體海外留學人數 | 總體回流人數 | 總體回流率（%） |
|---|---|---|---|---|---|---|
| 1976-1980 | 21,927 | 1,931 | 8.8 | 23,983 | 3,044 | 12.7 |
| 1981-1985 | 26,517 | 5,012 | 18.9 | 28,367 | 5,979 | 21.1 |
| 1986-1990 | 40,454 | 9,652 | 23.9 | 57,077 | 11,124 | 19.5 |
| 1991-1995 | 70,932 | 26,583 | 37.5 | 130,618 | 30,238 | 23.1 |
| 1996 | 13,425 | 2,185 | 16.3 | 26,939 | 2,760 | 10.2 |
| 1997 | 14,042 | 1,857 | 13.2 | 27,627 | 2,526 | 9.1 |

資料來源：Lee-in Chiu Chen & Jen-Yi Hou, "Determinants of Highly-Skilled Migration-Taiwan's Experiences," (2004b), pp. 10.

---

9　薩克瑟尼安（AnnaLee Saxenian）著，楊友仁譯，〈跨國企業家與區域工業化：矽谷－新竹的關係〉，《城市與設計學報》2,3（1997），頁25-39。李家豪，〈從兩岸科技人才政策看兩岸生技產業發展之競合〉（臺北：淡江大學中國大陸研究所碩士論文2002）。

10　行政院國家科學委員會，《中華民國科學統計年鑑1983》（臺北：行政院國家科學委員會，1983）。蔡青龍、戴伯芬，〈臺灣人才回流的趨勢與影響——高科技產業為例〉，《人力資源與臺灣高科技產業發展》（中壢：中央大學臺灣經濟發展研究中心出版，2001），頁21-50。Lee-in Chiu Chen & Jen-yi Hou, "Determinants of Highly-Skilled Migration – Taiwan's Experiences." *Workig Paper Series* No. 2007-1. Chung-Hua Institution for Economic Research.

11　徐進鈺，〈臺灣積體電路工業發展歷程之研究——高科技、政府干預與人才回流〉，《國立臺灣大學地理學系地理學報》23（1997），頁33-48。

表5.2　竹科海外學人員工數及佔總員工之比率　　　　　　單位：人

| 年代 | 海外學人員工數 | 員工總數 | 百分比 | 年代 | 海外學人員工數 | 員工總數 | 百分比 |
|---|---|---|---|---|---|---|---|
| 1982 | | 1,216 | | 1993 | 1,040 | 28,416 | 3.7% |
| 1983 | 27 | 3,583 | 0.8% | 1994 | 1,362 | 33,538 | 4.1% |
| 1984 | 32 | 6,490 | 0.5% | 1995 | 2,080 | 42,257 | 4.9% |
| 1985 | 39 | 6,670 | 0.6% | 1996 | 2,563 | 54,806 | 4.7% |
| 1986 | 52 | 8,275 | 0.6% | 1997 | 2,859 | 68,410 | 4.2% |
| 1987 | 92 | 12,201 | 0.8% | 1998 | 3,057 | 72,623 | 4.2% |
| 1988 | 137 | 16,445 | 0.8% | 1999 | 3,265 | 82,822 | 3.9% |
| 1989 | 223 | 19,071 | 1.2% | 2000 | 5,025 | 96,110 | 5.2% |
| 1990 | 422 | 22,356 | 1.9% | 2002 | 9,163 | 98,616 | 9.3% |
| 1991 | 622 | 23,297 | 2.7% | 2003 | 9,011 | 101,763 | 8.9% |
| 1992 | 851 | 25,148 | 3.4% | 2004 | 9,922 | 113,329 | 8.8% |

資料來源：蔡青龍，戴伯芬，〈臺灣人才回流的趨勢——高科技產業為例〉，《人力資源與臺灣高科技產業發展》（中壢：中央大學臺灣經濟發展研究中心，2001）。頁29。竹科管理局網站（2005年7月點閱）。

案做為決定人才流動方向的結構性因素[12]，然而仔細分析今日之回流數據，可發現全球經濟情勢對人才流動之影響甚鉅，特別是亞太半導體產業的分工與科技人才的流動有著互為因果的緊密關係。因此研究臺灣資訊科技人才延攬政策發展時，很難擺脫國際因素，這也是為何在討論臺灣資訊科技人才延攬政策前，本書在第四章先論述亞太及臺灣半導體產業的分工與發展。

　　科技人才回流在臺灣發展科技產業初期即扮演舉足輕重的角色，但早期延攬多以私人交情網絡為詢問對象，尚無明確的政策方案與特設之延聘辦法，如早期行政院的科技顧問群，即由當時的李國鼎資政透過

---

12 蔡青龍、戴伯芬，〈人才回流與就業選擇——臺灣回流高教育人才的調查分析〉，發表於「第三屆全國實證經濟學論文研討會」，南投：國立暨南國際大學主辦。

個人人脈所延聘[13]。1983年為有助於了解臺灣科技發展活動各層面的實際情況，及提供科技政策之參考依據，國科會開始編纂《中華民國科學技術年鑑》，並在「科學與技術的發展中，科技人才的缺乏是最重要問題」的前提下，將「科技人才培訓、培育、延攬及獎勵」列為「科技發展配合措施」[14]。所以即便科技政策日漸多元化，但資訊科技人才延攬政策之變革卻顯得較為單一穩定（見圖5.2），執行法規及辦法部分則呈現多樣性。

　　這是因為在研擬科技政策及各項國家級計畫時，雖也多述及相關科技人力培育與延攬的問題，但並未真正另定一套延攬政策，而是仍在科技人才延攬政策的架構下提出可供省思及修改的方向，各計畫之延攬成果也併入資訊科技人才延攬政策的人數統計之中。臺灣明確擁有科技人才延攬政策則是始於1983年行政院研訂之「加強培育及延攬高科技人才方案」，目的為擴大並提升大學及研究機構之研究水準，強調培育國內人才與延攬海外人才並重。1992年進一步在「國家科學技術發展六年中程計畫」中訂定「培育延攬與運用科技人才方案」，作為10大策略之首[15]。

　　1995年復推動「加強運用高科技人才方案」，有計畫地延攬海外高科技人才回國服務，以增強國內科技實力。爾後為因應未來高科技產業發展趨勢，以及推動「科技化國家」發展重點產業的人力需求，1998年12月檢討前述方案，修訂為「科技人才培訓及運用方案」，擬以5年為期，加強推動有關政策，以奠立長期高科技人才培訓與運用之良好基礎，厚實未來科技化國家推動的發展能量，2002年再次修訂「科技人

13 薛琦，〈一位完人的身影──「科技之父」對我國經濟發展的貢獻〉，《科技發展政策報導》SR9008（2001）。

14 行政院國家科學委員會，《中華民國科學統計年鑑1992》（臺北：行政院國家科學委員會，1992）。吳慧瑛，〈科技政策與人力發展〉，《政策月刊》48（1999），頁10-14。

15 行政院國家科學委員會，《中華民國科學統計年鑑1992》（臺北：行政院國家科學委員會，1992）。行政院國家科學委員會，《中華民國科學統計年鑑1997》（臺北：行政院國家科學委員會，1997）。

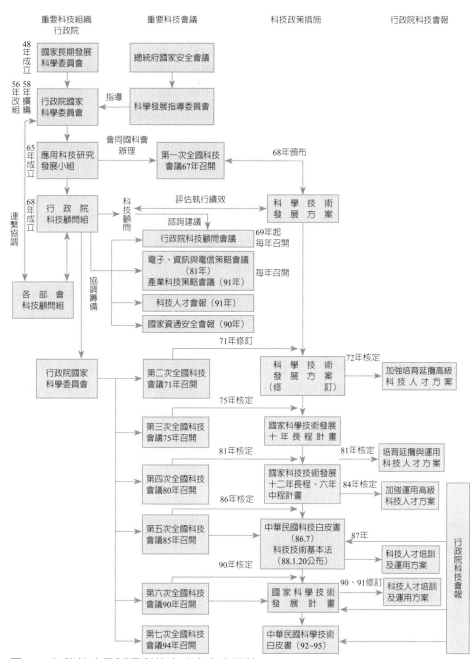

圖5.2　加強培育及延攬科技人才方案之沿革

資料來源：行政院國家科學委員會，《中華民國科學統計年鑑2004》（臺北：行政院國家
　　　　　科學委員會，2004b）

才培訓及運用方案」時，主要修訂重點有：⑴首次強調跨領域人才的培訓；⑵延攬應化被動為主動，故成立「海外產業人才延攬指導小組」，赴國外吸引人才；⑶強調國內外研發機構的交流與科技人才互動；⑷有效運用「國防役」役男，解決國內科技人才缺口[16]。

依臺灣科技人才延攬政策最高指導藍圖的演變設定，可看出4個時程的區段分別是1983、1992、1995及1998年，因應最高指導藍圖而設置的實際作業規則、辦法及攬才行動則由各相關機構依其經費及國內產業需求各自調整。本章參考科技人才延攬政策發展和人才招募方案之歷史進程探討人才回流狀況，區別出3個階段來回顧臺灣資訊科技人才延攬政策與辦法之沿革，分別為法規引導期（1983年前）、政策推動期（1983-1997）和政策轉型期（1998-2013）三期，各階段將以各科技人才延攬政策和延攬辦法所屬機關做為分類，並且以一級主管機關之政策作為本書研究對象，即國科會、青輔會、經濟部、教育部、國防部所屬之辦法，其他各層級機關、學校之辦法因係依據上級機關之辦法制定，本書不予討論。本章將以科技人才延攬政策發展做為論述主軸，從政策沿革中討論各時期權責機關、法規及成果之轉變，以審視臺灣資訊科技人才延攬政策的發展。

# 第一節　法規引導期（1983年前）

臺灣政府對於海外學人滯留國外，一直有「人才外流」（Brain Drain）的疑慮，為因應臺灣經濟與科技發展的需求，政府開始提出各類海外學人與留學生回國服務的輔導方案。1955年成立「行政院輔導留學生回國服務委員會」（留輔會），訂定「輔導留學生回國服務方案」與「留學生回國申請分發工作辦法」，以「協助就業」增加海外留學生

---

16 行政院，《科技人才培訓及運用方案》（臺北：行政院，1998）。馬難先，〈「科技之父」對臺灣科技政策發展之影響〉，《李國鼎先生紀念文集》（臺北：李國鼎科技發展基金會，2001），頁606-617。李家豪，〈從兩岸科技人才政策看兩岸生技產業發展之競合〉（臺北：淡江大學中國大陸研究所碩士論文2002）。

返國的意願。但隨出國人數的增加，回國人數的比例仍逐年下降，1950年代返國服務人數僅有400人，故改以更積極的「補助」方式鼓勵人才回流[17]。1958年胡適先生返臺擔任中研院院長，對自美返國的吳大猷先生提出國內科學環境不佳、人才普遍缺乏的看法十分支持，於是提出一個為臺灣奠立根基的「國家長期發展科學綱領」，自此臺灣開始將科技發展納入施政項目[18]。

　　1970年代臺灣面臨國際政治經濟局勢的改變，首先是1971年保釣運動帶動了濃烈的反美反日氣氛，同年臺灣被迫退出聯合國。1972年美國改變反共圍堵政策改與中國共同發表《上海公報》，隨後日本也和中國建交，導致臺灣面臨政權正當性及經濟與社會結構日趨複雜的危機。1976年中壢事件、1978年美中正式建交和1979年美麗島事件均對臺灣的政治經濟帶來前所未有的局勢，迫使政府試圖在經濟上尋求新的資本積累途徑。因此在1979年成立資訊工業策進會，同年底更取消和東歐的貿易禁令，積極聯合成立大貿易商，期望以此突破被日、美宰制的貿易交換網絡[19]。

　　在這些國際政經情勢不斷發展的情勢下，臺灣內部為制訂有效因應政策也開始一連串的討論會議，1973年開始第六期經建計畫，發展重點是要建立中間原料進口替代工業和資本及技術密集型工業。第一次能源危機後，仍以二次進口替代的資本與技術密集工業為主，這些科技政策的重新審定對人才政策部分造成的影響是引發對科技人才的需求，於是1978年召開「第一次全國科技會議」，蔣故總統經國先生時任行政院長鄭重召示國人：「使科技在我國生根，使科技成為帶動建設之原動力，

---

17 行政院國家科學委員會，《中華民國科學統計年鑑1983》（臺北：行政院國家科學委員會（1983）。蔡青龍、戴伯芬，〈臺灣人才回流的趨勢與影響──高科技產業為例〉，《人力資源與臺灣高科技產業發展》（中壢：中央大學臺灣經濟發展研究中心出版，2001），頁21-50。

18 行政院國家科學委員會，《中華民國科學統計年鑑1992》（臺北：行政院國家科學委員會，1992）。行政院國家科學委員會，《臺灣的故事：科技篇》（臺北：行政院國家科學委員會，2000）。吳慧瑛，〈科技政策與人力發展〉，《政策月刊》48（1999），頁10-14。

19 陳冠甫，〈臺灣高科技工業的依賴發展與空間結構〉，《臺灣社會研究季刊》3:1（1991），頁113-149。

要有效的將科技因素，納入國家政策規劃的程序中……」。1979年，政府即制定「科學技術發展方案」，為加速推動該方案並強化院長科技諮詢幕僚的功能，特成立「行政院科技顧問組」，並以「科學技術發展方案」號召海外人才回流，此時海外學人為高級科技人才重要的供應來源，1981年遂推行「十年人力發展計劃」。1982年舉辦「第二次全國科技會議」，以「促進人才培育及延攬國外人才策略」為第一中心議題，除檢討「科學技術發展方案」的執行情形及成果，並完成第三次修訂[20]。

　　法規引導期的社會網絡以美、日為主，英、法、德、澳次之（見表5.3），這立基於美日兩國在發展半導體產業有著較為優異的技術積累，他們憑藉技術學習與就業發展吸引臺灣優異學子前往求學，學習型區域隱含的「求知帶動遷移」於是展現，隨著美日兩國在半導體產業的競爭勝敗，臺灣留學生的求學國比例也隨之轉變；美國具備的資訊科技產業發展潛能，趨使前往求學的人數日增，日本與臺灣的網絡關係則日漸薄弱，由1976年的20.6%下降至1982年7.4%，減少將近2/3，這除了印證地理空間技術積累的重要性外（日本半導體產業較弱於美國），也說明科技人才尋求自我增值的遷移動機及臺灣社會網絡日趨單一（以美國為主）的危機。

　　此階段的人才回流有如潺潺涓水，細流而不斷，在臺灣科技產業發展剛起步的同時，科技政策仍處於摸索階段，更遑論有周延、單獨的科技人才延攬政策，科技人才的延攬端賴人情網絡及零散的辦法媒介科技人才回臺服務，倘若真要指出這個階段的科技人才延攬政策，那麼就是1959年的「國家長期發展科學綱領」，法規引導期雖然尚有1969年「十二年國家科學發展計畫」及1979年「科學技術發展方案」，但卻未見與有科技人才延攬的相關事宜。於下敘述「國家長期發展科學綱領」

---

[20] 行政院國家科學委員會，《中華民國科學統計年鑑1983》（臺北：行政院國家科學委員會（1983）。行政院國家科學委員會，《中華民國科學統計年鑑1992》（臺北：行政院國家科學委員會，1992）。吳慧瑛，〈科技政策與人力發展〉，《政策月刊》48（1999），頁10-14。

表5.3　回流人才數及留學國家別之比例（1976-1997年）　單位：人/%

| 年別 | 總計（人） | 日本（%） | 美國（%） | 英國（%） | 法國（%） | 德國（%） | 澳大利亞（%） | 其他（%） |
|---|---|---|---|---|---|---|---|---|
| 1976 | 722 | 20.6 | 59.7 | 3.5 | 3.7 | 1.3 | 1.1 | 10.1 |
| 1977 | 624 | 26.1 | 56.9 | 4.0 | 1.9 | 1.3 | 0.6 | 9.2 |
| 1978 | 580 | 27.2 | 57.1 | 3.6 | 1.7 | 1.2 | 0.5 | 8.7 |
| 1979 | 478 | 10.7 | 75.1 | 2.3 | 3.7 | 1.3 | 1.1 | 5.8 |
| 1980 | 640 | 14.7 | 71.1 | 2.7 | 0.8 | 1.6 | 0.0 | 9.1 |
| 1981 | 937 | 10.5 | 78.6 | 2.1 | 1.1 | 1.5 | 0.1 | 6.1 |
| 1982 | 1,106 | 7.4 | 83.9 | 1.9 | 0.7 | 1.4 | 0.1 | 4.6 |
| 1976-82 | 5,087 | 15.6 | 70.7 | 2.8 | 1.8 | 1.4 | 0.4 | 7.4 |
| 1983 | 1,257 | 7.5 | 84.8 | 1.1 | 0.6 | 1.9 | 0.1 | 4.0 |
| 1984 | 1,329 | 6.7 | 86.5 | 0.9 | 1.3 | 0.9 | 0.2 | 3.5 |
| 1985 | 1,350 | 7.6 | 83.9 | 0.6 | 1.3 | 2.7 | 0.2 | 3.7 |
| 1986 | 1,583 | 6.5 | 83.6 | 1.0 | 1.9 | 2.1 | 0.1 | 4.8 |
| 1987 | 1,920 | 6.7 | 85.0 | 1.5 | 0.8 | 1.8 | 0.2 | 4.0 |
| 1988 | 2,296 | 7.5 | 86.1 | 1.0 | 1.0 | 1.4 | 0.0 | 3.0 |
| 1989 | 2,462 | 6.1 | 87.2 | 1.3 | 1.1 | 1.4 | 0.3 | 2.6 |
| 1990 | 2,863 | 4.6 | 89.8 | 1.2 | 1.1 | 0.8 | 0.3 | 2.2 |
| 1991 | 3,264 | 4.2 | 88.4 | 2.2 | 1.1 | 0.8 | 0.7 | 2.6 |
| 1992 | 5,157 | 2.5 | 90.6 | 3.0 | 0.8 | 1.0 | 0.8 | 1.3 |
| 1993 | 6,172 | 3.5 | 88.5 | 3.3 | 1.0 | 0.9 | 1.0 | 1.8 |
| 1994 | 6,510 | 3.4 | 87.5 | 4.5 | 0.9 | 0.8 | 1.0 | 1.8 |
| 1995 | 6,272 | 3.9 | 83.5 | 6.9 | 1.3 | 0.9 | 0.3 | 3.2 |
| 1996 | 2,760 | 4.7 | 79.2 | 9.1 | 1.1 | 1.6 | 2.1 | 2.2 |
| 1997 | 2,526 | 6.1 | 73.5 | 11.0 | 2.0 | 2.1 | 2.2 | 3.1 |
| 1983-97 | 47,721 | 4.6 | 85.9 | 3.9 | 1.1 | 1.2 | 0.7 | 2.5 |

資料來源：整理自蔡青龍，戴伯芬，〈臺灣人才回流的趨勢——高科技產業為例〉，《人力資源與臺灣高科技產業發展》（中壢：中央大學臺灣經濟發展研究中心，2001），頁27。

及各組織的延攬科技人才辦法，依延攬人才業務主要機構開始承辦的時序分別爲教育部、國科會、青輔會及經濟部。

## 壹、科技人才延攬政策：「國家長期發展科學綱領（1959至1968年）」

　　1959年「國家長期發展科學綱領」（1959至1968年）經行政院會通過後實行，成爲臺灣第一個較爲長期且具體的科技政策；6項實施重點中說明發展科學專款之用途限定於：充實各研究機關及大學之科學研究設備、設置「國家研究講座教授」、設置「國家客座教授」、設置「研究補助費」、逐年添建「學人住宅」、負擔各大學及研究機構之學術研究刊物，開始了臺灣補助延攬科技人才之法源，也開始一連串科學發展的計畫與執行。此外，在這6大重點中首度說明「凡研習自然科學、基礎醫學或工程基本科學之研究生，在研究所畢業後，仍繼續治其所學者，得呈請國防部核定，准其緩役」，可說是開啓日後國防工業訓儲役之始[21]。

## 貳、科技人才延攬辦法

### 一、教育部

　　臺灣在法規引導期可說並無單獨明確之國家科技人才延攬政策，而是由各相關業務機關訂定各延攬辦法執行之，而首要延攬留學生回國服務的權責機關便是教育部，於1950年擬定「教育部洽介留學生返國服務辦法」，但成效不彰，故同年修訂爲「教育部輔導國外留學生回國服務辦法」，負責留學生回國途中與回國後之接待，並依海外學人的專長與志願分配工作。爲能與海外學人密切連繫，進一步成立「教育部在美教育文化事業顧問委員會」，負責推動旅美學人的調查連繫與輔導工作，在積極鼓勵海外學人回國服務的前目標下，特設置返國旅費補助，實質

---

21 行政院國家科學委員會，《中華民國科學統計年鑑1992》（臺北：行政院國家科學委員會，1992）。行政院國家科學委員會，《臺灣的故事：科技篇》（臺北：行政院國家科學委員會，2000）。

鼓勵人才回流[22]。

　　除上述做爲聯絡窗口的角色外，教育部爲提升臺灣各大學校院師資水準，加強教學、學術研究及協助旅外學人回臺任教，自1975年度起比照國科會遴選國家客座教授辦法成立專案，擴大延攬海外學人回國服務，1983年前教育部總計延攬1,082名科技人才（見圖5.3）[23]。

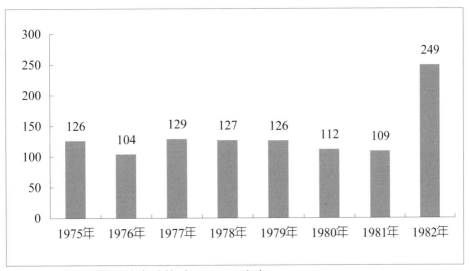

圖5.3　教育部延攬科技人才數（1975-1982年）
資料來源：行政院國家科學委員會，《中華民國科學統計年鑑》（臺北：行政院國科會，1983）。

## 二、長科會與國科會（今科技部）

　　長科會於1959年成立，主要任務有三：規劃並推行長期科學研究、審查分配研究經費與延攬選聘客座教授與資助科技研究人員出國進修等，但此組織並無固定預算，所以雖然科技發展及人才延攬已被提

22 蔡青龍、戴伯芬，〈臺灣人才回流的趨勢與影響——高科技產業為例〉，《人力資源與臺灣高科技產業發展》（中壢：中央大學臺灣經濟發展研究中心出版，2001），頁21-50。
23 行政院國家科學委員會，《中華民國科學統計年鑑1992》（臺北：行政院國家科學委員會，1992）。

出，但並未受到重視。長科會爲達成前三項任務分別在1963及1966年訂定「遴聘國家客座教授」及「特約講座」辦法。

　　1967年長科會擴充改組爲國科會，國科會原隸屬行政院之科技政策幕僚單位，後因行政院科技顧問組之設立而調整其角色，成爲臺灣主要規劃科技相關業務之一級單位。1973年又爲配合實際研究需要，將前述辦法分別修訂爲「延攬國外人才回國服務處理要點」（納入特約講座遴聘規定）及「補助海外國人回國教學研究處理要點」兩種，以延攬具高深造詣之海外人才短期回臺參與科技發展工作，並於1975年廢止「遴聘國家客座教授」之延聘，1980年訂定「設置博士後副研究員處理要點」，1983年前國科會攬才成果見表5.4[24]。

　　若以留學人數不斷上升所以人才回流也應是上升曲線的推論來看，教育部1975年比照國科會辦法延攬人才，似乎是提供另一資源管道延攬海外學人，那麼回流人數應是加倍的上升，但從國科會1975年前後延攬的數據分析，教育部加入延攬行列並沒有實質上助益，推論只是將既定回流人才數區分成由兩種機關延攬，並未眞正達到擴大延攬的效果；換言之，有意願回流的海外人才可說是有一定數額，如果以相似辦法進行延攬只不過提供他們另一個選擇，但並不會使沒有意願回臺者改變心意。這使本書思考是否海外回流人才庫的大小具有一定成長性，增設多個同性質延攬單位只是分道延攬而無法達到回流成長率加倍上升的效果，這個推論在往後各延攬單位的權責變遷中得以逐漸證實。

## 三、青輔會（今青年署）

　　此階段除了國科會，另一個致力於延攬人才的單位爲1966年成立，以輔導全國青年爲主的青輔會，1969年青輔會開始注意人才外流的問題，1971年因行政部門人事精簡，將留輔會的業務併入青輔會，並廢止〈教育部輔導國外留學生回國服務辦法〉，改設「海外學人及留學

---

24 蔡青龍、戴伯芬，〈臺灣人才回流的趨勢與影響——高科技產業爲例〉，《人力資源與臺灣高科技產業發展》（中壢：中央大學臺灣經濟發展研究中心出版，2001），頁21-50。

表5.4　國科會歷年延攬人才類別及人數（1963-1982年）　　　單位：人

| 延聘依據辦法<br>　<br>職稱<br>人數<br>年度 | 「遴聘國家客座教授辦法」<br>國家客座教授、副教授 | 「特約講座辦法」<br>特約講座 | 「延攬國外人才回國服務處理要點」 | | 「補助海外國人回國教學處理要點」<br>教授（研究員）、副教授（副研究員） | 合計 |
|---|---|---|---|---|---|---|
| | | | 客座研究正教授、副教授 | 客座專家 | | |
| 1963 | 3 | | | | | 3 |
| 1964 | 3 | | | | | 3 |
| 1965 | 16 | | | | | 16 |
| 1966 | 18 | 1 | | | | 19 |
| 1967 | 41 | 14 | | | | 55 |
| 1968 | 60 | 15 | | | | 75 |
| 1969 | 94 | 11 | | | | 105 |
| 1970 | 137 | | | | | 137 |
| 1971 | 218 | | | | | 218 |
| 1972 | 237 | | | | | 237 |
| 1973 | 235 | 13 | | | | 248 |
| 1974 | 71 | | 25 | | 110 | 206 |
| 1975 | 72 | | 39 | | 56 | 167 |
| 1976 | -- | | 43 | | 65 | 108 |
| 1977 | -- | | 62 | | 64 | 126 |
| 1978 | -- | | 48 | | 44 | 92 |
| 1979 | -- | | 60 | | 28 | 88 |
| 1980 | -- | | 63 | | 35 | 98 |
| 1981 | -- | | 57 | | 43 | 100 |
| 1982 | -- | | 118 | | 49 | 167 |
| 合計 | 1,205 | | 569 | | 494 | 2,268 |

資料來源：行政院科技部網站。（2016年2月點閱）吳淑真，〈從延攬人才談人文司博士後研究人員之變革與推動〉，《人文與社會科學簡訊》16:2，頁5-21。

生服務中心」加強各項連繫及延攬，大力召募高級人才回流服務[25]。此外，青輔會自1975年開始建立旅外人才專長檔案，提供各用人機構參考運用[26]。1977年3月1日訂定「行政院青年輔導委員會協助旅外學人回國從事短期研究工作實施要點」，補助回臺海外學人薪給。1978年則以「行政院青年輔導委員會協助留學生回國服務實施要點」，給予回流人才旅費補助及協助就業，作為吸引海外學人回國的策略[27]。青輔會1971至1982年輔導回國服務人數如圖5.4。1982年由青輔會洽介回國的人才首度達到千人以上，這與竹科成立的時間有著供給與需求的關係。

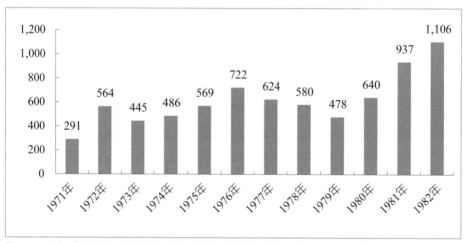

圖5.4　青輔會輔導海外學人及留學生回國服務人數（1971-1982年）
資料來源：蔡青龍，戴伯芬，〈臺灣人才回流的趨勢──高科技產業為例〉，《人力資源與臺灣高科技產業發展》（中壢：中央大學臺灣經濟發展研究中心，2001），頁22。
註：此人數統計為回國學人向青輔會登記的資料，僅能做為回流人數的參考，並不代表為實際受補助延攬回國的人數。

25 行政院國家科學委員會，《中華民國科學統計年鑑1992》（臺北：行政院國家科學委員會，1992）。蔡青龍、戴伯芬，〈臺灣人才回流的趨勢與影響──高科技產業為例〉，《人力資源與臺灣高科技產業發展》（中壢：中央大學臺灣經濟發展研究中心出版，2001），頁21-50。

26 行政院國家科學委員會，《中華民國科學統計年鑑1993》（臺北：行政院國家科學委員會，1993）。

27 蔡青龍、戴伯芬，〈臺灣人才回流的趨勢與影響──高科技產業為例〉，《人力資源與臺灣高科技產業發展》（中壢：中央大學臺灣經濟發展研究中心出版，2001），頁21-50。

## 四、經濟部

　　經濟部為延攬海外專家、學人及留學生至該部所屬各事業機構服務，以充實經濟建設陣容，自1975年起即公布「經濟部所屬事業機構專技人員約聘要點」，2015年整合為「經濟部所屬事業機構人員進用辦法」，規定凡在國外大學或研究所獲有碩士以上學位，或具有相當碩士程度之專業工作能力經驗之人才，有意在經濟部各所事業機構工作者，得由青輔會登記後，洽請各事業機構遴用，或由駐外經濟參事處理登記選用，透過此一管道回臺之海外學人，其旅費及待遇均給予特別優待[28]。因由青輔會作為媒介，所以延攬成果已由青輔會計入輔導回國人數中，致使青輔會在1976年的輔導人數首度突破600人，較前年成長26.8%。

　　1959年臺灣開始實行科技政策，初期教育部僅有一些鼓勵海外學人回流的辦法，至1963年長科會訂定「遴聘國家客座教授辦法」開啟臺灣延攬海外人才之制度。從國科會和教育部每年的回流統計人數可了解到這時期的人才回流量並不多但緩慢成長中，比較此時期資訊科技人才延攬政策發展脈絡與回流人才就業別比例發現，人才回流服務的特徵則是以至公部門任職較多。

　　這從地理空間負載的解釋可說是必然的，因為該階段臺灣科技產業初生萌芽，業界以勞工密集的代工業為主，尚不需研發的高階人力，故回流人才多進入學術研究單位，從事技術發展與創新，這些人力挹注於學術研發機構，成就臺灣往後由學術支撐產業發展所需技術的模式，讓臺灣能以中小企業經濟體質進入全球資訊科技產業的版圖。就制度層面而言，當時臺灣政府擬定政策的主要邏輯是以培育自有人才庫為主，所制定之延攬類別及各項活動均以達此目標為首要，所以此時期回流人數雖較少，但可說是長期在海外工作研究的科技菁英，政府希望藉由延攬他們回國任教加強臺灣學習海外科技新知，推動經濟發展，回臺任教的

---

28 行政院國家科學委員會，《中華民國科學統計年鑑1992》（臺北：行政院國家科學委員會，1992）。

穩定職缺是得以將他們長期留在臺灣的重要因素，法規引導期的回流已漸呈現學習型區域的流動，並且奠定了地理負載的基礎、社會資本及網絡關係。

## 第二節　政策推動期（1983-1997）

　　在此階段由於臺灣發展資訊科技產業漸露頭角，造成內需優質人才庫不足，並且所需單位亦較前期多元化，導致政策草創期涉及延攬資訊科技人才之事權機關呈現較前（法規引導期）後（政策轉型期）期多且分散的局面，特別是在1995年後，臺灣的延攬資訊科技人才單位呈現多頭馬車的混亂，而執行成效如前期一樣並未因多元的承辦單位而有相乘的成績，這也是後期事權機關刪減集中的要因。這時期人才的奔騰回流乃基於早期在海外求學、任職的人才庫積累，他們的回流是預期臺灣地理空間負載的潛能及政府對發展高科技產業政策的推動，是一種基於可預期利益的信任。

　　80年代回流的科技人才多半有「落葉歸根」的想法，這些中年資訊科技菁英負載著優質知識經濟價值，透過社會網絡或制度規範返臺定居，將臺灣視為生涯衝刺的最後一役，並且抱持著報效國家的理念在這塊土地向下紮根[29]。故此時期大量奔騰回流的海外資訊科技人才再流動至他國的傾向並不高，不過其穩定在臺的因素與法規引導期稍有不同，這些回臺創業的科技菁英在臺灣取得高階的工作成就及發揮場所，特別是1985至1992年回臺創業的科技菁英，已是今日臺灣資訊科技產業版圖建立的先鋒。植基於科技人才對臺灣經濟發展的必要與重要性，政府在1983年首訂明確單獨之延攬科技人才方案，政策草創期共計有3項主要延攬政策，相關負責部會則依政策變遷陸續增刪修訂法規辦理，以達成各方案的目標。

---

29 黃光國，〈臺灣留學生出國留學及返國服務之動機——附論儒家傳統的影響〉，《中央研究院民族學研究所集刊》66（1988），頁133-167。

## 壹、科技人才延攬政策

1982年召開「第二次全國科技會議」以檢討並修訂「科學技術發展方案」，在此修訂版本中爲了加強培育科技人才，於1983年頒布「加強培育延攬高級科技人才方案」，這是臺灣第一個延攬科技人才政策。主要內涵有四：(1)設立類似國外高水準之傑出研究中心；(2)在教師待遇上打破平頭主義；(3)各校校長有若干科技專案經費可作彈性使用；(4)國立大學研究所教師名額，可依學生人數之增加而酌增[30]。此方案主要概念在於以培育國內人才爲主、延攬海外人才爲輔，希望藉由海外學人的回臺任教培育臺灣內生人才庫；亦即延攬海外人才之用意爲彌補過渡時期國內人才培育之不足，這使得1980年前回流人才主爲回臺任教的現象，在80年後轉向回臺創業的趨勢，再度反轉，呈現業界與學術界回流人才達到均勢的情況（見圖5.7）[31]。一些非以延攬海外科技人才爲目標的培育政策，也無心插柳柳成蔭的成爲延攬科技人才政策的配套措施。

1986年行政院召開「第三次全國科技會議」，國科會依會議結論完成「國家科學技術發展十年長程計畫」（1986-1995），爲配合該計畫之實施，國科會研擬12項中程計畫，其中的「科技人才中程計畫」則是醞釀「培育延攬與運用科技人才方案」之始。此中程計畫的6項重點策略中，將「提升研究人員之質與量」和「加強與海外學人之科技合作」分列之[32]，顯示培育與延攬兩套不同思惟在科技官僚體系中業已成型，並且認爲國內人才的能量強度足以支撐一般資訊科技產業發展的技

---

30 陳冠甫，〈臺灣高科技工業的依賴發展與空間結構〉，《臺灣社會研究季刊》3：1（1991），頁113-149。行政院國家科學委員會，《中華民國科學統計年鑑1992》（臺北：行政院國家科學委員會，1992）。吳慧瑛，〈科技政策與人力發展〉，《政策月刊》48（1999），頁10-14。

31 行政院國家科學委員會，《中華民國科學統計年鑑1983》（臺北：行政院國家科學委員會，1983）。

32 行政院國家科學委員會，《中華民國科學統計年鑑1992》（臺北：行政院國家科學委員會，1992）。

術研發，而海外延攬則以特殊性及稀少性爲主[33]。

1991年「第四次全國科技會議」後，即依據此會議結論及臺灣和國際科技發展情勢，將原「國家科學技術發展十年長程計畫」，修訂延伸爲「國家科學技術發展十二年長程計畫」（1991-2002），成爲臺灣跨入21世紀的科技發展長程目標及策略性計畫。「國家科學技術發展六年中程計畫」（1991-1996）則是配合「國家建設六年計畫」的期程而訂定較詳實的執行計畫，其中加強培育及延攬科技人才爲十大策略之首[34]。

「第四次全國科技會議」結束後成立研擬小組以制定「國家科技發展計畫」，下設7個研擬工作小組，其一便是科技人才組，由經建會、教育部及國科會共同主辦，在經過多次資料分析與整理、召開諮詢小組會議及分工會議後，於1992年訂定「培育延攬與運用科技人才方案」，希望突破現有法規制度之限制，改善待遇及放寬經費運用彈性，以加速海外和中國科技專才延攬，此方案有4項目標和6點達成策略（見表5.5）[35]。

1996年實施由李遠哲、夏漢民及郭南宏在1995年聯合提出的「加強運用高級科技人才方案」，此方案以3年爲期，挹注20億經費，每年延攬資深專業人才350人及有博士學位且具備相當經驗之研究人員250人，共600位資深高級科技人才回國服務，該方案施政要點包括：(1)成立產業基金，在中南部增設財團法人產業科技機構，以吸納海外科技人才；(2)博士且具適當專業經驗者，可用博士後研究員聘請方式延聘，以儲備國家發展所需人才庫；(3)工研院等財團法人研發機構於這3年每年

33 許健智，〈科技人才培育、延攬與運用方案之規劃〉，《科學發展月刊》20：10（1992），頁1379-1385。吳慧瑛，〈科技政策與人力發展〉，《政策月刊》48（1999），頁10-14。
34 行政院國家科學委員會，《中華民國科學統計年鑑1992》（臺北：行政院國家科學委員會，1992）。
35 許健智，〈科技人才培育、延攬與運用方案之規劃〉，《科學發展月刊》20：10（1992），頁1379-1385。行政院國家科學委員會，《中華民國科學統計年鑑1992》（臺北：行政院國家科學委員會，1992）。吳慧瑛，〈科技政策與人力發展〉，《政策月刊》48（1999），頁10-14。

表5.5　「培育延攬與運用科技人才方案」之目標與策略

| 目標 | 策略 |
|---|---|
| 1.加速科技人才之培育、延攬及運用，增加自足性科技發展能力，以配合國家建設六年計畫之需要；<br>2.加強延攬科技領導人才及高級專才，以突破國內科技發展瓶頸，並帶動國家科技之全面發展；<br>3.有效結合及運用民間資源，落實人才培育及運用；<br>4.排除目前科技人才培育、延攬與運用之各項障礙，以利科技人力水準之全面提升。 | 1.加強推動學制彈性化、多元化，以因應社會快速變遷以及科技高速發展；<br>2.加強各級學校科技師資之培育及訓練，落實科技人才培育之紮根；<br>3.突破現有法規制度之限制，改善待遇及放寬經費運用彈性，以加速科技領導人才及海外、大陸高級科技專才之延攬；<br>4.妥善規劃增闢國內高級科技人才之留用管道，配合改善相關工作環境並採行必要之激勵措施；<br>5.研擬適當之獎勵措施以鼓勵民間企業從事研究發展，並加強學校、研究單位及企業之交流與整合，提高企業界延攬高級人才之誘因；<br>6.人才供需資訊之掌握，以期能規劃科技人才之培育。 |

資料來源：許健智，〈科技人才培育、延攬與運用方案之規劃〉，《科學發展月刊》，20：10。頁1383。

增加80名（海外）資深專才，陸續移轉到民間企業；⑷財團法人研究機構配合產業發展需要，進行產業技術合作研發，建立博士後研究人員制度，以培訓博士畢業生工業實務經驗，作為轉入產業界服務之先期培養工作，每年延攬人員為100名。「加強運用高級科技人才方案」相較於已往的延攬政策最大不同處為目標設定的迥異，此方案之目的是延攬人才至公部門進行業界所需的技能培訓後，將一部分人才移轉至企業，這是對之前以延攬師資至公部門任教和研發為主的延攬政策思惟，所進行的一大修正[36]。

---

36 黃美珠，〈從國內就業趨勢談個人就業規畫〉，取自：http://www.saec.edu.tw/chinese. nyjournal/011/25.txt。（2005年5月點閱）林基興，〈中與以人才為本〉，取自 http://sci.edu.tw/ index.php?now=comment&page=show.php&article_id=10。（2005年4月點閱）孫文秀，〈工研院院長史欽泰：適度的人才流動有助產業發展〉，《技術尖兵》15（1996），頁6。孫文秀，〈經濟部次長李樹久：透過培育、訓練、延攬建立研發環境〉，《技術尖兵》15（1996）。頁1-2。連亮森，〈「加強延攬與運用高級科技人才四年計畫」開鑼！〉，《技術尖兵》24（1996）。頁1。

　　1996年9月舉行「第五次全國科技會議」，所採取之12項重要策略已不復見「延攬科技人才」之強調，取而代之的是「加強國際合作，推動兩岸科技交流」，可推知此乃面臨中國興起所做的政策調整[37]。海外學人返臺人數隨著臺灣資訊科技產業發展逐年攀升，在1994年達到最高峰，有6,510人回國就業，特別自1992年之後，每年回國服務人數超過5,000人[38]。此時期人才呈現大量奔騰回流的狀態，特別是竹科的回流人數更是大幅攀升，顯示此階段人才延攬主要得力於臺灣資訊科技產業所提供的就業發展。

　　在此，我們可藉由「培育延攬與運用科技人才方案」中的第三項策略討論美、臺、中學習型區域的形成：1992年之前，臺灣科技人才延攬策略在海外科技人才部份多以延攬在美學人為主，日本次之，但在中國發展資訊科技產業之後有了改變。長期以來由於政治因素，中、臺人士交流並未開放，但囿於在臺之中外廠商及經濟發展需求，「培育延攬與運用科技人才方案」明訂突破現有法規制度，加速延攬中國高級科技專才，於是原本雙邊的美、臺人才流通，逐漸轉向美、臺、中的矽三角流動。值得注意的是，美、臺與臺、中人才流動有著規範上的差異，特別是臺灣政府不承認中國學籍造成人才流動動機上的差異；臺灣與中國間因求學而產生的科技人才流動鮮少，取而代之的是另一種做中學（learning by doing）的技術取得流動，因此吸引兩岸科技人才流動的學習因素將是更貼近產業層面的技術學習。美、臺、中的學習型區域流動在下個階段更加顯著。

　　在「加強培育延攬高級科技人才方案」、「培育延攬與運用科技人才方案」及「加強運用高級科技人才方案」的既定策略下，各政府部門單位承接相關方案，並制定各辦法做為執行之依據，以下簡述各單位在此階段的延攬辦法。

---

37 行政院國家科學委員會，《中華民國科學統計年鑑1996》（臺北：行政院國家科學委員會，1996）。

38 行政院國家科學委員會，《中華民國科學統計年鑑1983》（臺北：行政院國家科學委員會，1983）。

## 貳、科技人才延攬辦法

### 一、教育部

　　教育部為提高國內各公立大專校院師資水準，1989年5月訂定「教育部擴大延攬旅外學人回國任教處理要點」，旅外學人之延攬以副教授、教授二級為限，1991年修訂為「擴大延攬海外學人返國任教案」，執行至2000年停辦該項業務，其間於1994年11月29日修訂刪減補助項目，僅保留薪資補助，補助以1學年為原則，如有必要得申請續聘1年，並由各學術單位自行辦理[39]。1983至1999年延攬人數如圖5.5。

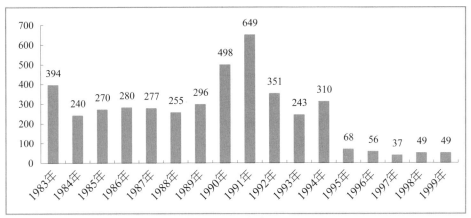

圖5.5　教育部延攬科技人才數（1983-1999年）
資料來源：行政院國家科學委員會，《中華民國科學技術年鑑2003》（2003a），臺北：
　　　　　行政院國科會。

　　當整體回流人數呈逐漸上升的趨勢時，教育部延攬人才數卻在1991年後開始下降，甚而在2000年停辦此項業務探究造成海外人才申請此項辦法意願下降之原因，除該業務與國科會有所重疊外（見下述國科會所屬辦法），臺灣資訊科技產業穩定發展也是導致科技人才返臺

39 教育部，〈教育部擴大延攬旅外學人回國任教處理要點〉，取自：http://www.high.edu.tw。（2005年5月點閱）蔡青龍、戴伯芬，〈臺灣人才回流的趨勢與影響——高科技產業為例〉，《人力資源與臺灣高科技產業發展》（中壢：中央大學臺灣經濟發展研究中心出版，2001），頁21-50。行政院國家科學委員會，《中華民國科學統計年鑑2004》（臺北：行政院國家科學委員會，2004）。

任教意願下降的原因之一。此時期竹科的海外員工數大幅增加（見圖5.6），可推知此階段的海外人才回流多以進入產業界謀職為主，相較之下顯然教育部所提供的教職吸引力不足。

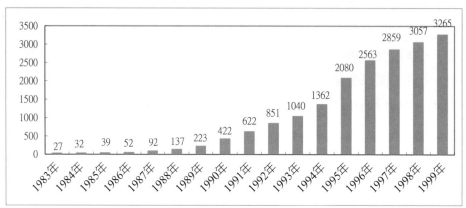

圖5.6　竹科海外學人員工數（1983-1999年）
資料來源：蔡青龍，戴伯芬，〈臺灣人才回流的趨勢——高科技產業為例〉，《人力資源
　　　　　與臺灣高科技產業發展》（中壢：中央大學臺灣經濟發展研究中心，2001），
　　　　　頁29。

　　教育部在2000年後傾向做為海外留學生連繫的協助單位，以關注留學趨勢為主，特別是當出國留學人數呈現逐年下降的情況時，鼓勵學生出國留學便取代了教育部原有的延攬業務；在美華裔的科技人才，具15年以上經驗者，來自臺灣的佔80%；5至15年經驗者，臺灣佔50%；而5年以下者，臺灣佔20-25%，這顯示一則以喜一則以憂的情況，喜的是許多海外科技人才學成即歸國服務，憂的是當海外人才庫不斷減少時，將來具有資深經驗的優質海外科技人才也就減少了[40]。出國留學生人數減少是近年來頻被提出的危機之一，因此積極鼓勵臺灣學生至國外求學為近年教育部的重點項目。教育部在延攬人才業務上所處的位置屬於先期投資階段，必須藉由教育部強力鼓勵臺灣學生出國留學，方能有他日之回流人才。

---

[40] 李漢銘，〈科技產業人才引進策略〉，發表於「臺灣經濟戰略研討會」。

## 二、國科會（今科技部）

　　國科會在實施各項補助措施多年後，爲擴大延聘國外高級科技人才，認爲延攬辦法有必要分別訂定，經檢討後乃於1985年1月修訂「延攬國外人才回國服務處理要點」，同年3月增訂「延聘特約講座處理要點」[41]。此兩項要點並於10月修正，將延聘單位擴及私立大學及獨立學院，皆納入補助對象。國科會爲鼓勵大學院校及研究機構參加該會規劃推動之重要科技研究計畫及科技研究工作，以提升基礎及應用科學研究水準，改以「研究」爲主要措施，而刪除教學項目。1990年廢止「設置博士後副研究員處理要點」[42]。

　　1993年10月國科會因實施「獎」、「助」分離制度，故在1994年7月廢止1991年7月訂立之「補助學人新任教學研究處理要點」，此要點共計補助2,300次，自1993年至94年7月宣布廢止之間申請該要點的海外學人回國旅費則是統一向青輔會申請，國科會不再補助[43]。這種同一批回流人才補助必須向不同單位申請經費的情形，除造成延攬人才手續的繁複外，亦使延攬人才統計出現重疊的情況。

　　1993年10月1日復基於簡化作業及協助各大學校院、公立研究機構與國家實驗室延攬科技人才之考量，及因應現階段科技人才之實際需要，國科會綜合各界意見，將「延攬國外人才回國服務處理要點」、「補助海外國人回國教學研究處理要點」和「延聘特約講座處理要點」合併爲單一之補助辦法，名稱修訂爲「補助延攬研究人才處理要點」，原三項補助要點同時廢止；補助延聘類別有「研究講座」、「特案研究員」、「特案副研究員」及「博士後研究」，延聘單位擴大爲大學院

41 黃玉蘭，〈國科會延攬人才工作之革新與展望〉，《科學發展月刊》22：9（1994），頁1058-1064。

42 韓伯鴻，〈國科會延攬科技人才概況及展望〉，《科學發展月刊》28：7（2000），頁515-522。

43 行政院國家科學委員會，《中華民國科學統計年鑑1993》（臺北：行政院國家科學委員會，1993）。行政院國家科學委員會，〈會務報導〉，《科學發展月刊》21：10（1993），頁1145。行政院國家科學委員會，《中華民國科學統計年鑑1994》（臺北：行政院國家科學委員會，1994）。

校、研究機構及國家實驗室[44]。

　　1995年國科會配合行政院推動「加強運用高科技人才方案」之實施，以及綜合學術界之意見，大幅變革所屬延攬辦法，並將「博士後研究人才」單獨訂定為「補助延攬『博士後研究』暨高科技人力移轉作業須知」[45]。1996年11月7日將前項單一「補助延攬研究人才處理要點」修訂為「補助延攬科技人才處理要點」，將「補助延攬研究人才處理要點」的「博士後研究」部分及原「補助延攬『博士後研究』暨高科技人力移轉作業須知」合併修訂為「補助延攬博士後研究人才處理要點」[46]。除增列「教學人才不足領域」一項外，補助延聘類別修訂為「研究講座」、「客座教授（客座研究員）」、「客座副教授（客座副研究員）」、「客座助理教授（客座助研究員）」、「客座專家」等類，並將補助延聘單位擴及科技研發及管理單位[47]。

　　1997年國科會重新修訂「補助邀請國際重要科技人士作業要點」，將每年邀訪名額由35名增為40名，但將邀訪諾貝爾獎得主由不超過10名，減為不超過8名[48]。此階段因應國家發展及培育師資需求，大幅頻繁地更刪修訂延攬政策（見圖5.7），漸將多種散亂之延聘類別統一，也因類別互引比照，致使後續延攬之人才無法依其延聘類別區辨為依何項延聘要點申請，1983至1997年執行成果如表5.6。

---

44 行政院國家科學委員會，《行政院國家科學委員會八十六年年報》（臺北：行政院國家科學委員會，1997）。丁錫鏞主編，《臺灣的科技人才培訓、延攬與獎助政策》（臺北：嵐德出版社，2001）。

45 行政院國家科學委員會，《中華民國科學統計年鑑1995》（臺北：行政院國家科學委員會1995）。行政院國家科學委員會，〈會務報導〉，《科學發展月刊》23：12（1995），頁1191-1192。

46 行政院國家科學委員會，《行政院國家科學委員會八十六年年報》（臺北：行政院國家科學委員會，1997）。行政院國家科學委員會，〈國科會會務報導〉，《科學發展月刊》25：8（1997），頁633-635。丁錫鏞主編，《臺灣的科技人才培訓、延攬與獎助政策》（臺北：嵐德出版社，2001）。

47 韓伯鴻，〈國科會延攬科技人才概況及展望〉，《科學發展月刊》，28：7（2000），頁515-522。

48 行政院國家科學委員會，《中華民國科學技術統計要覽》（臺北：行政院國家科學委員會，1997）。

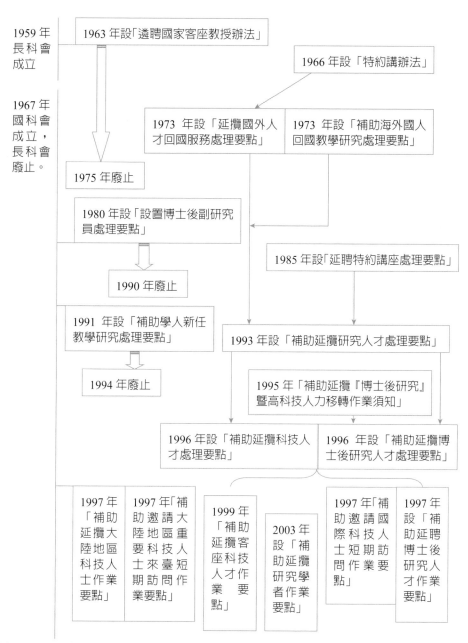

圖5.7　國科會所屬人才延攬辦法之脈絡圖
資料來源：本研究繪製。

表5.6 國科會歷年延攬類別及人數（1983-1996年） 單位：人

| 延攬人數＼職稱＼年度 | 國家客座教授 | 特約講座 | 客座研究正教授、副教授 | 客座專家 | 教授（研究員）、副教授（副研究員） | 研究講座 | 特案研究員 | 特案副研究員 | 博士後研究 | 合計 |
|---|---|---|---|---|---|---|---|---|---|---|
| 1983 | -- | 21 | 47 | 80 | 103 | -- | -- | -- | -- | 251 |
| 1984 | -- | 15 | 36 | 60 | 99 | -- | -- | -- | -- | 210 |
| 1985 | -- | 10 | 50 | 55 | 74 | -- | -- | -- | -- | 189 |
| 1986 | -- | 8 | 78 | 49 | 54 | -- | -- | -- | -- | 189 |
| 1987 | -- | 9 | 81 | 69 | 73 | -- | -- | -- | -- | 232 |
| 1988 | -- | 9 | 114 | 53 | 119 | -- | -- | -- | -- | 295 |
| 1989 | -- | 9 | 131 | 63 | 146 | -- | -- | -- | -- | 287 |
| 1990 | -- | 11 | 108 | 52 | 161 | -- | -- | -- | -- | 332 |
| 1991 | -- | 16 | 126 | 53 | 190 | -- | -- | -- | -- | 484 |
| 1992 | -- | 14 | 76 | 54 | 231 | -- | -- | -- | -- | 375 |
| 1993 | -- | 7 | 134 | 70 | 373 | -- | -- | -- | -- | 584 |
| 1994 | -- | 2 | 7 | 10 | -- | 26 | 42 | 26 | 218 | 331 |
| 1995 | -- | -- | 3 | 6 | -- | 28 | 56 | 22 | 365 | 480 |
| 1996 | -- | -- | -- | -- | -- | 17 | 47 | 22 | 424 | 510 |
| 合計 | 0 | 131 | 991 | 674 | 1,623 | 71 | 145 | 70 | 1,007 | 4,749 |

資料來源：行政院國家科學委員會網站。（2006年2月點閱）吳淑真，〈從延攬人才談人文司博士後研究人員之變革與推動〉，《人文與社會科學簡訊》16：2（2015），頁5-21。

　　為加強兩岸科技人才交流、合作及促進雙邊互信了解，1997年國科會分別於6月及9月訂定「補助邀請大陸重要科技人士來臺短期訪問作業要點」和「補助延攬大陸地區科技人士處理要點」，至97年底，前者

補助12人來臺短期訪問，後者補助38人[49]。國科會在此階段漸成爲延攬人才的核心單位，除審定所屬辦法之申請案外，亦接受陸委會之請託對中國人士來臺進行審查，此與國科會1997年設置之兩項要點不同[50]。中國科技人士來臺審定手續較一般他籍科技人才來臺更爲繁瑣，等候時間亦較長，造成中國科技人才來臺交流之不便。這是一種政治干預，然這僅規範至學術研發單位，民間資訊科技廠商受到政治力干預程度較低，而是受技術發展影響較大，因此倘若中國科技人才具有競爭力之知識，那麼臺灣政府所設之重重關卡是無法阻礙民間廠商對中國科技人才之需求，僅能對學術研發機關形成制約，反而成爲近年學術研發機關頗有微詞之處[51]。

## 三、青輔會（今青年署）

青輔會在此階段仍專職於「輔導」海外學人及留學生回國服務之業務（見表5.7），在經費有限的情況下，以扮演媒合者爲主要角色，成立「碩士以上人才服務中心」，提供求職者與求才者一個官方管道，並以旅費補助作爲鼓勵海外學人至青輔會登記的誘因，但隨著1996年青輔會取消旅費補助後，至青輔會登記求職人數明顯減少（見圖5.8）[52]。1996年之後，青輔會除法規的薪資補助保留外，亦提供創業貸款、廠房廠地及投資服務等3項協助，並編印「海外學人回國創業手冊」提供學人參考，且與政府其他有關部會組成「聯合工作小組」，以推動與海外

---

49 行政院國家科學委員會，《行政院國家科學委員會八十六年年報》（臺北：行政院國家科學委員會，1997）。

50 配合「兩岸人民關係條例」第十條第三項規定，内政部於1993年5月31日發布實施「大陸地區科技人士來臺從事研究許可辦法」，並交由國科會進行審查，至1997年共審定大陸科技人士85名來臺。行政院國家科學委員會，《中華民國科學統計年鑑1993》（臺北：行政院國家科學委員會，1993）。行政院國家科學委員會，《中華民國科學統計年鑑1997》（臺北：行政院國家科學委員會，1997）。

51 張苙雲、譚康榮，〈形構產業網絡〉，載於張苙雲（主編）《網絡臺灣：企業的人情關係與經濟理性》（臺北：遠流，1999），頁17-58。

52 蔡青龍、戴伯芬，〈臺灣人才回流的趨勢與影響──高科技產業為例〉，《人力資源與臺灣高科技產業發展》（中壢：中央大學臺灣經濟發展研究中心出版，2001），頁21-50。

表5.7　青輔會提供薪資職位補助之相關辦法

| 名稱 | 沿革 |
|---|---|
| 協助國內外碩士以上人才短期研究工作實施要點 | 「行政院青年輔導委員會協助旅外學人回國從事短期研究工作實施要點」在1992年8月25日改為對國內外碩士以上人才補助，名額為100名，至1994年停止該項辦法。1996年修訂成「協助國內外碩士以上人才短期研究工作實施要點」，但此計畫至2000年因預算因素且已達階段性任務，故於1999年10月1日不再核准新申請案。此要點從開始至結束共核定1,333人次，使用經費約3億2,300餘萬元。 |
| 設置博士後短期研究人員實施要點 | 為培養建構臺灣為亞太營運中心等國家建設計畫所需之人才，與促進高級人力資源之運用、提升民間機構人力素質及競爭力，1995年7月26日訂定「設置博士後短期研究人員實施要點」，1996年8月16日進行修訂，每年50名預算額度循環運用，且每月定期審查1次，補助期限最長以1年為限，民間機構於同一期間僅能延聘1名研究人員為限，每人亦以申請1次為限。但此計畫至2000年因預算因素及已達階段性任務，便與「協助國內外碩士以上人才短期研究工作實施要點」一同宣告中止。此要點從開始至結束共核定165人次，使用經費約7,200餘萬元。 |

資料來源：http://web1.nyc.gove.tw/html/no5/b4.asp

　　　　http://www.bioharm.org.tw/promoption_program/doc/20010523/nyc.htm

　　　　http://www.tw.org/cd/d47.txt。丁錫鏞主編，《臺灣的科技人才培訓、延攬與獎助政策》（2001），臺北：嵐德。頁237-241。

學人之連繫[53]。

　　1995年青輔會設置「加強運用高級科技人才方案」服務窗口，提供此方案之介紹及國內各機構之需求資訊。同年籌組「延攬海外產業專家暨高科技人才返國服務宣導訪問團」，於1995年10月20日至11月3日與國科會及經濟部共同辦理，計有10家民營企業隨團參與，提供248個工作機會，赴美加五大地區宣導訪問，吸引海外專家542位與會[54]。此海外人才召募團隨著青輔會工作職掌的轉變，1997年第二次舉行時改由

---

[53] 行政院國家科學委員會，《中華民國科學統計年鑑1993》（臺北：行政院國家科學委員會，1993）。

[54] 行政院國家科學委員會，《中華民國科學統計年鑑1995》（臺北：行政院國家科學委員會，1995）。

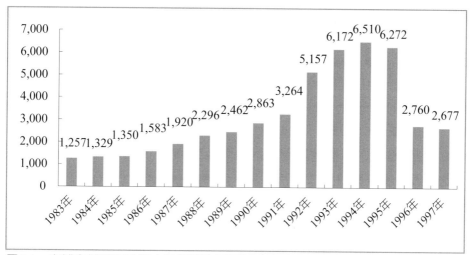

圖5.8　青輔會輔導海外學人及留學生回國服務人數（1983-1997年）
資料來源：蔡青龍，戴伯芬，〈臺灣人才回流的趨勢——高科技產業為例〉，《人力資源與
　　　　臺灣高科技產業發展》（中壢：中央大學臺灣經濟發展研究中心，2001），頁22。
註：此人數統計為回國學人向青輔會登記的資料，僅能做為回流人數的參考，並不代表為
　　實際受補助延攬回國任職的人數。

經濟部與國科會主辦。在此之前，政府如需召募優質海外人才多以自行
前往為主，如交通部即在1988年自行赴美8間大學進行宣導延攬制度，
並在結案報告中說明透過青輔會推介、國防部訂定「研究所畢業役男志
願服務國防工業科技機構訓儲為預備軍官案」和各式求才廣告所延攬之
人才，僅能補足基本人才之缺額，對於專案計畫主持人職缺等需具有豐
富經驗之高級人才，則無法取得[55]。

　　除了上述赴海外召募活動外，青輔會亦辦理國內廠商參訪活動，藉
此將國內產業發展動向介紹予海外人才以吸引人才回流。1996年7月至
12月由青輔會及經濟部共同辦理「海外高級專業人才返國服務參訪團」
兩梯次，計有海外專家103人返國與國內55家廠商直接進行面談[56]。

---

55 袁頌西，《赴美宣導中華民國電信科技研究發展概況及延聘科技人才制度報告》（臺北：行政院
　　交通部，1988）。
56 行政院國家科學委員會，《中華民國科學統計年鑑1996》（臺北：行政院國家科學委員會，
　　1996）。

1997年舉辦3梯次共有71位有意返國發展之海外科技人才返臺參觀15家國內廠商[57]。青輔會可說與教育部同樣在此階段功成身退，1997年後的延攬人才僅存有工作介紹性窗口的活動，實質補助延攬業務已不復存在。

## 四、經濟部

1995年1月17日經濟部為加速國內產業升級，協助國內民營企業擴大延攬海外產業科技人才，特訂定「經濟部協助國內民營企業延攬海外產業專家返國服務作業要點」，主要延攬居住海外且具有中華民國國籍者。每人補助薪資期限累計不得超過三年，並對第二年、第三年之補助以第一年原補助金額之70%、40%逐年遞減方式補助。該要點原訂辦理至2001年6月30日止，後經行政院核准延長之[58]，但1995年僅補助27人次，1996年16人次[59]。

1995年的角色轉變讓經濟部延攬人才不再如以往僅為所屬單位延攬科技人才，而是以民間企業為服務對象，這項轉變主要是對應於國科會的主要服務對象為公私立學術研發機構。臺灣在經濟體質為中小企業的限制下，無法提供優渥的延攬條件予優質資訊科技人才，故藉由政府的補助力量做為民間企業延攬科技人才的後盾。臺灣延攬科技人才能動者在經濟部的角色轉變後，服務對象兼具公私部門兩者。

## 五、國防部

國防工業訓儲役（以下簡稱國防役）是政府為吸引科技人才、發展臺灣工業和增進國力所實施的兵役制度。起因於1978年中美斷交，為自主發展國防工業，但礙於國營機構之研發人才不足，國防部乃依據行政

57 行政院國家科學委員會，《中華民國科學統計年鑑1997》（臺北：行政院國家科學委員會，1997）。

58 丁錫鏞主編，《臺灣的科技人才培訓、延攬與獎助政策》（臺北：嵐德出版社，2001）。

59 行政院國家科學委員會，《中華民國科學統計年鑑1995》（臺北：行政院國家科學委員會，1995）。行政院國家科學委員會，《中華民國科學統計年鑑1996》（臺北：行政院國家科學委員會，1996）。

院「積極羅致科技人才，自立發展國防工業，增進國力，強化戰備」之指示，自1980年起開始實施「研究所畢業役男志願服務國防工業訓儲爲預備軍官作業規定」，「國防工業訓儲役制度」因而產生，實施初期選定政府單位及財團法人單位共10個服役單位，1983年後陸續增加其他不同單位，但性質仍屬軍、公、財團法人等研究單位，而以理、工學院役男並已錄取爲預備軍官者爲甄選對象，以4年科技預官制度吸引大專畢業生服務國防工業，而以6年訓儲預官制度吸引碩士畢業生留在國內服務[60]。1980至1997年國防役碩、博士員額數每年平均約200名（見表5.8）。

表5.8　國防役員額分配（1980-1997年）　　　　　單位：人

| 單位＼年度 | 三軍單位 | 公營單位（含財團法人） | 教育單位 | 民營單位 | 博士人數 | 碩士人數 | 總計 |
|---|---|---|---|---|---|---|---|
| 1980-1991 | 1,054 | 1,147 | -- | -- | 79 | 2,122 | 2,201 |
| 1992 | 34 | 232 | -- | -- | 30 | 236 | 266 |
| 1993 | 0 | 159 | -- | -- | 29 | 130 | 159 |
| 1994 | 0 | 142 | -- | -- | 31 | 111 | 142 |
| 1995 | 0 | 179 | -- | -- | 64 | 115 | 179 |
| 1996 | 0 | 274 | -- | -- | 93 | 181 | 274 |
| 1997 | 19 | 140 | -- | -- | 70 | 89 | 159 |
| 合計 | 1,107 | 2,273 | -- | -- | 396 | 2,984 | 3,380 |

資料來源：國防部網站。（2004年1月點閱）

　　政策推動期的人才回流雖延續前期特徵，也有些許不同，除回流量增加的差異外，在回流特質上也有些微轉變，1990年後回流人才的服務領域已明顯趨向在產業界發展（見圖4.2），這可說是政府發展經濟政

[60] 行政院國家科學委員會，《中華民國科學統計年鑑1983》（臺北：行政院國家科學委員會，1983）。錢思敏，〈養成研發科技人才的另一搖籃──探究國防工業訓儲役實施成效〉，《臺灣經濟研究月刊》25：10（2002），頁59-63。孫明志，〈臺灣高科技產業大未來－超越與創新〉（臺北：天下，2004）。

策邏輯所推衍產生的，也或許是政府在薪資誘因薄弱下，已無力延攬資訊科技人才至學術研發單位任職的結果。資訊科技人才回流後的穩定性雖與前期相同，但穩定因素卻不盡相同，前期以任教爲主，此階段則是追求創業成果。

相較之下，下階段的回流資訊科技人才多屬剛取得學位的海外留學生，返臺求職並不代表是終點站，如果有其他更好的發展或基於知識的取得，則可能出現再遷移的現象。他們遷移的區域對照於全球資訊科技產業的發展，呈現下個「政策推動期」的亞太區域流動景觀。政策推動期的科技人才延攬政策隨著國內外情勢轉變而演進，對由勞力密集轉向技術密集的臺灣而言，人才延攬政策是一項新的摸索與學習，在不斷協商討論後，逐漸在下個階段確立一個永續型的科技人才延攬政策。

1997年國科會制定「補助延攬大陸地區科技人士作業要點」及「補助邀請大陸地區重要科技人士來臺短期訪問作業要點」，說明臺灣與中國科技人才流動的需求至97年已是不容政府忽視，據此，美臺中矽三角的學習型區域於是成型。當然，此學習型區域流動並非政策干預形成，而是產業變遷所促使，然臺灣科技人才延攬政策最早不就是爲了發展經濟而制定的嗎？由於廠商西進連帶牽引臺灣科技人才遷移，而留在臺灣的廠商冀於中國優質且較低的薪資，頻頻希望政府大幅開放中國科技人士來臺。那麼下個階段臺灣的科技人才延攬政策是否已跟上學習型區域流動的需求，則是接續要探討的。

其次，科技人才延攬政策的海外延攬對象以美國回流者居多，這個結果也反證多數留學生選擇美國爲其留學、就業國，並且多數科技人才選擇矽谷爲其落腳地，1996至2002年有59.2%的臺灣科技人才移至矽谷，這些外移的人才成爲矽谷豐富的人力庫，並組成各式的華人社團，如灣區中國工程師學會（Chinese American Institute of Engineers, CIE）、亞美製造協會（Asian American Manufacturers Association）、矽谷亞洲商業聯盟（Asian Bussiness League）、美西玉山科技協會和美華半導體協會等，這些華人社團除舉辦演講、座談會、研討會及出版刊物等，這些例行性的交流活動不僅提供專業訊息，另一方面也促進人

才網絡的連繫，有助於華人的求才、求職及回臺發展資訊的取得[61]。

　　這些大量的人力網展露出一個口耳相傳及人情家譜的交流模式，1980年代的創業階段，以整個團隊回臺創業爲主要網絡方式，畢竟一個科技團隊中每個人各司其職，個人的專長領域都有著高難度的門檻，造成每個成員的不可取代性，當領導者傾向回臺創業時，則容易擴散這氛圍讓海外科技人才「成群結隊」的回流。1990年中期後，臺灣資訊科技產業版圖可謂已大致底定，所以自海外班師回臺的情形則漸被個體遷移所取代，這些科技人才可能藉由學生時期同儕或師長的引薦回臺。

　　1980年代後期的回流人才在考慮到個人專業貢獻對臺灣的重要時，多數決定回臺，若是考慮到專業知識上求發展，則多數選擇留在國外。當時促使他們返國的主要力量便是母國的吸引力和異國社會的排斥力。中生代歸國者，通常是爲了在臺灣尋找更佳的就業機會以及更好的收入，不論老、中、青三代，可以普遍確定的「家庭」是他們回流的考量要因之一[62]。

## 第三節　政策轉型期（1998-2013）

　　依據此階段國科會各項作業要點所延攬人才的總數（不含兩岸，見表5.9），可以發現延攬人才總數逐年增加，且1997年東亞金融風暴和2001年美國911事件後3年的人數更呈現劇烈成長。因國科會之申請需送件審查，較內政部入出境管理局的成長率（見圖4.2）略晚1年，竹科的外籍員工數則與國科會延攬人數呈現相似的趨勢（見圖5.9）。這些回流人才數的增減主要受國際環境效應的影響，此時期的資訊科技人才延攬在國內環境變異小的情況下，主要受到國際環境因素的牽動較

61 陳美雀，〈兩岸國家創新系統之探索性比較研究——以半導體產業爲例〉（高雄：中山大學大陸研究所碩士論文，2000）。

62 黃光國，〈臺灣留學生出國留學及返國服務之動機——附論儒家傳統的影響〉，《中央研究院民族學研究所集刊》66（1988），頁133-167。蔡青龍、戴伯芬，〈臺灣人才回流的趨勢與影響——高科技產業爲例〉，《人力資源與臺灣高科技產業發展》（中壢：中央大學臺灣經濟發展研究中心出版，2001），頁21-50。

大。換言之，當國際經濟情勢相當不穩定時，臺灣便成了科技人才的遷徙地、避風港，這些回流人才或基於學習因素，或基於國際經濟局勢，或基於家庭而返臺，但臺灣未必是他們的最終棲息地，可能只是一個知識能量的補給站，當他們無法在臺吸取新知或無一展身手之舞臺時，便可能遷移至他處，最常遷徙的場域便是亞太區域，特別是與中國間的流動。

表5.9　國科會歷年延攬類別及人數（1997-2014年，不含兩岸交流）

單位：人

| | 1997 | 1998 | 1999 | 2000 | 2001 | 2002 | 2003 | 2004 | 2005 |
|---|---|---|---|---|---|---|---|---|---|
| 特聘講座 | 23 | 23 | 24 | 9 | 10 | 14 | 12 | 12 | 9 |
| 講座教授 | -- | -- | -- | -- | -- | -- | -- | -- | 3 |
| 博士後研究 | 628 | 723 | 847 | 813 | 985 | 997 | 1010 | 1065 | 881 |
| 客座教授（客座研究員） | 48 | 62 | 80 | 63 | 76 | 98 | 70 | 66 | 64 |
| 客座副教授（客座副研究員） | 19 | 21 | 28 | 29 | 22 | 21 | 20 | 14 | 12 |
| 客座研究員（會內） | -- | -- | -- | -- | -- | -- | -- | -- | 2 |
| 客座副研究員（會內） | -- | -- | -- | -- | -- | -- | -- | -- | 4 |
| 客座專家 | 19 | 29 | 28 | 21 | 21 | 24 | 30 | 21 | 22 |
| | 1997 | 1998 | 1999 | 2000 | 2001 | 2002 | 2003 | 2004 | 2005 |
| 客座助理教授（客座助理研究員） | -- | 2 | 14 | 18 | 7 | 6 | 3 | 4 | 5 |
| 客座助理研究員（會內） | -- | -- | -- | -- | -- | -- | -- | -- | 1 |
| 特約博士後研究 | -- | -- | -- | 9 | 10 | 14 | 4 | -- | 11 |
| 國科會講座 | -- | -- | -- | -- | -- | -- | 7 | 6 | 7 |
| 正研究學者 | -- | -- | -- | -- | -- | -- | 2 | 4 | 3 |
| 副研究學者 | -- | -- | -- | -- | -- | -- | 1 | -- | 0 |
| 助理研究學者 | -- | -- | -- | -- | -- | -- | 4 | 0 | 7 |
| 特約博士後研究學者 | -- | -- | -- | 9 | 10 | 14 | 4 | -- | 11 |
| 合計 | 737 | 860 | 1,021 | 962 | 1,131 | 1,174 | 1,163 | 1,192 | 1,031 |

|  | 2006 | 2007 | 2008 | 2009 | 2010 | 2011 | 2012 | 2013 | 2014 |
|---|---|---|---|---|---|---|---|---|---|
| 特聘講座 | -- | 2 | -- | 5 | 3 | 5 | 5 | 5 | 2 |
| 講座教授 | 13 | 25 | 27 | 28 | 25 | 28 | 18 | 19 | 17 |
| 博士後研究 | 932 | 1,051 | 1,292 | 2,360 | 2,533 | 2,201 | 2,195 | 2,226 | 2,225 |
| 客座教授（客座研究員） | 59 | 64 | 65 | 74 | 85 | 65 | 55 | 71 | 56 |
| 客座副教授（客座副研究員） | 17 | 18 | 14 | 19 | 24 | 22 | 21 | 16 | 25 |
| 客座研究員（會內） | 19 | 20 | 23 | 24 | 21 | 23 | 16 | 10 | 10 |
| 客座副研究員（會內） | 3 | 5 | 5 | 9 | 6 | 11 | 7 | 7 | 3 |
| 客座專家 | 12 | 16 | 20 | 23 | 15 | 10 | 8 | 8 | 9 |
| 客座助理教授（客座助理研究員） | 3 | 8 | 7 | 5 | 5 | 9 | 5 | 1 | 8 |
| 客座助理研究員（會內） | 2 | 2 | 2 | 4 | 5 | 4 | 4 | 2 | 4 |
| 特約博士後研究 | 17 | 17 | 28 | 42 | 63 | 42 | 16 | -- | -- |
| 國科會講座 | 10 | 10 | 12 | 13 | 13 | 12 | 13 | 12 | 6 |
| 正研究學者 | 2 | 3 | 4 | 5 | 4 | 5 | 3 | 2 | 1 |
| 副研究學者 | 1 | -- | 1 | 2 | 3 | 3 | 2 | 2 | -- |
| 助理研究學者 | 4 | 3 | 6 | 7 | 21 | 39 | 66 | 56 | 57 |
| 特約博士後研究學者 | 17 | 18 | 28 | 42 | 63 | 42 | 16 | -- | -- |
| 合計 | 1,094 | 1,245 | 1,506 | 2,620 | 2,826 | 2,479 | 2,434 | 2,437 | 2,434 |

資料來源：行政院國家科學委員會網站。（2016年3月點閱）吳淑真，〈從延攬人才談人文司博士後研究人員之變革與推動〉，《人文與社會科學簡訊》16：2（2015），頁5-21。

　　在此政策轉型期，國科會成爲臺灣主要延攬科技人才的主管機關，並且爲「國家科學技術發展基金」（1999年設置）之管理機關，此基金係行政院依「科學技術基本法」第十二條之規定所設置，用以達成增進科學技術研究發展能力、鼓勵傑出科學技術研究發展人才、充實科學技術研究設施及資助研究發展成果之運用。因目的及推動業務與國科會原有之發展基金相同，故由國科會保管及運用，並依預算法第二十一條

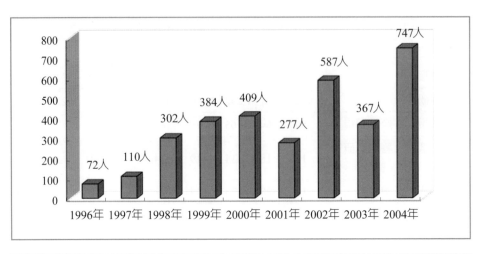

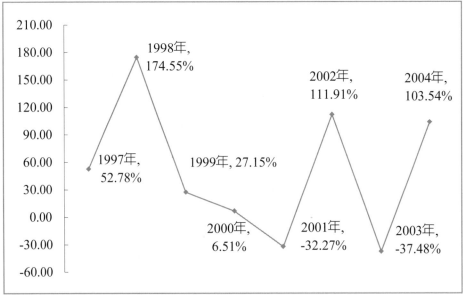

圖5.9　新竹科學工業園區外籍科技人才數及成長率（1996-2004年）
資料來源：新竹科學工業園區管理局網站。（2005年7月點閱）

修定「行政院國家科學委員會國家科學技術發展基金收支保管及運用辦法」。此基金在1998年後重新編列科目，共分為4項科目預算：⑴推動整體科技發展；⑵培育、延攬及獎助科技人才；⑶改善研究發展環境；⑷總務及管理支出。1998至2014年培育、延攬及獎助科技人才的預算

金額及所佔百分比如表5.10[63]。

　　1998至2002年的培育、延攬及獎助科技人才科目預算雖維持約14億元上下，但以整體總金額成長率來看，該科目預算配額成長率並未跟上總金額逐漸上升的步伐，相反地呈現波段減少，決算佔總金額之比例可謂節節下降：1998年預算佔總金額13.45%，2001年預算佔總金額15.13%，決算13.71億，2002年預算佔總金額雖達16.29%，但決算金額僅8.07億，2003年預算更是較前一年減少近50%，決算為歷年新低，僅7.97億元，這與該年度政府歲入減少有所關聯[64]。之後該科目決算雖逐年增加，但所佔總金額約在4-6%，這樣的轉變原因需從其延攬政策究其因果，可想見的是這階段的政府角色已從初期積極補助人才延攬，降低其主導人才延攬的轉型策略。

## 壹、科技人才延攬政策

　　在臺灣產業結構轉型、學校培育人才無法與產業需求銜接和國際經濟產業環境改變的種種聲浪下，行政院在1998年8月檢討業已執行3年

---

63 行政院國家科學委員會，《行政院國家科學委員會八十八年年報》（臺北：行政院國家科學委員會，1999）、《行政院國家科學委員會八十九年年報》（臺北：行政院國家科學委員會，2000）、《行政院國家科學委員會九十年年報》（臺北：行政院國家科學委員會，2001）、《行政院國家科學委員會九十一年年報》（臺北：行政院國家科學委員會，2002）、《行政院國家科學委員會九十二年年報》（臺北：行政院國家科學委員會，2003）、《行政院國家科學委員會九十三年年報》（臺北：行政院國家科學委員會，2004）、《行政院國家科學委員會九十四年年報》（臺北：行政院國家科學委員會，2005）、《行政院國家科學委員會九十五年年報》（臺北：行政院國家科學委員會，2006）、《行政院國家科學委員會九十六年年報》（臺北：行政院國家科學委員會，2007）、《行政院國家科學委員會九十七年年報》（臺北：行政院國家科學委員會，2008）、《行政院國家科學委員會九十八年年報》（臺北：行政院國家科學委員會，2009）、《行政院國家科學委員會九十九年年報》（臺北：行政院國家科學委員會，2010）、《行政院國家科學委員會一百年年報》（臺北：行政院國家科學委員會，2011）、《行政院國家科學委員會一百零一年年報》（臺北：行政院國家科學委員會，2012）、《行政院國家科學委員會一百零二年年報》（臺北：行政院國家科學委員會，2013）、《行政院國家科學委員會一百零三年年報》（臺北：行政院國家科學委員會，2014）、《行政院國家科學委員會一百零四年年報》（臺北：行政院國家科學委員會，2015）。

64 行政院主計處網站。（2020年8月點閱）

表5.10 國家科學技術發展基金之培育、延攬及獎助科技人才科目
預算及決算 　　　　　　　　　　　　　　　　　　　　　　單位：億元

| 年代 | 1998 | 1999 | 2000 | 2001 | 2002 | 2003 | 2004 | 2005 |
|---|---|---|---|---|---|---|---|---|
| 總金額 | 102.58 | 118.60 | 130.83 | 144.63 | 195.67 | 189.89 | 221.11 | 240.44 |
| 成長率% | -- | 15.62 | 10.31 | 10.55 | 35.29 | 7.6 | 16.44 | 8.74 |
| 預算 | 13.80 | 14.71 | 15.08 | 15.13 | 16.29 | 8.22 | 8.12 | 8.80 |
| 所佔總金額% | 13.45 | 12.40 | 11.53 | 10.46 | 8.33 | 4.33 | 3.67 | 3.66 |
| 增加額 | -- | 2.31 | 0.37 | 0.05 | 1.16 | -49.54 | 0.1 | 0.68 |
| 成長率% | -- | 14.33 | 2.52 | 0.33 | 7.67 | -1.24 | -1.22 | 8.37 |
| 決算 | -- | -- | -- | 13.71 | 8.07 | 7.97 | 8.58 | 10.89 |
| 較預算數增減 | -- | -- | -- | -1.42 | -8.22 | -0.25 | 0.46 | 2.09 |

| 年代 | 2006 | 2007 | 2008 | 2009 | 2010 | 2011 | 2012 |
|---|---|---|---|---|---|---|---|
| 總金額 | 254.18 | 288.56 | 288.48 | 296.52 | 312.31 | 318 | 346.41 |
| 成長率% | 5.71 | 13.53 | -0.03 | 2.79 | 5.33 | 1.82 | 8.93 |
| 預算 | 12.39 | 13.28 | 15.56 | 17.07 | 18.38 | 17.53 | 22.41 |
| 所佔總金額% | 4.87 | 4.60 | 5.39 | 5.76 | 5.89 | 5.51 | 6.47 |
| 增加額 | 3.59 | 0.89 | 2.28 | 1.51 | 1.31 | -0.85 | 4.88 |
| 成長率% | 40.80 | 7.18 | 17.17 | 9.70 | 7.67 | -4.62 | 27.84 |
| 決算 | 11.17 | 12.21 | 14.33 | 18.29 | 22.48 | 22.19 | 21.72 |
| 較預算數增減 | -1.22 | -1.07 | -1.23 | 1.22 | 4.10 | 4.66 | -0.69 |

| 年代 | 2013 | 2014 |
|---|---|---|
| 總金額 | 359.72 | 343.64 |
| 成長率% | 3.84 | -4.47 |
| 預算 | 23.91 | 22.34 |
| 所佔總金額% | 6.65 | 6.50 |
| 增加額 | 1.50 | -1.57 |
| 成長率% | 6.69 | -6.57 |
| 決算 | 23.00 | 21.89 |
| 較預算數增減 | -0.912 | -0.45 |

資料來源：行政院國家科學委員會，1999b、2000b、2001c、2002b、2003b、2004d、
2005、2006、2007、2008、2009、2010、2011、2012、2013、2014。

的「加強運用高級科技人才方案」，並配合「科技化國家推動方案」發展重點產業之人力需求，調整修訂爲「科技人才培訓及運用方案」[65]。時序近入21世紀，臺灣政府對於科技發展有較多元的計畫，在這些計畫中或多或少提及科技人才培訓、延攬與獎助之基本策略[66]，但在科技人才延攬部分，仍以「科技人才培訓及運用方案」爲主要基本策略。該方案之策略有5，其中延攬人才即佔3項：⑴加強延攬科技專業人才，以強化民間企業、研究機構及大學之研發工作；⑵加強各研究機構建立博士後研究員制度，延攬國內外人才參與前瞻性研究，以提升創新能力；⑶擴大國防訓儲研究人力應用範圍與名額，厚植國家發展實力[67]。

　　2001年召開第六次全國科技會議，會後經行政院通過「國家科學技術發展計畫（民國90至93年）」提出現階段之科技政策規劃，同時爲達成「綠色矽島」國家建設新願景，及配合「知識經濟發展方案」的願景，進行「中華民國新世紀國家建設第一期四年計畫（民國90至93年）暨長期展望（民國90至100年）」，以「知識化」新經濟、「公義化」新社會及「永續化」新發展的規劃理念，提出「新世紀人力發展方案」。

　　在「新世紀人力發展方案」的6項目標及各項策略中，可明確得知科技人才延攬的議題並不包括在內，即便對高科技人力、人力供需及增補人力有所討論，但卻未見科技人才延攬的討論，特別是在高科技人力的缺口上主要以提升教育體系培育爲主，而人力增補則是以外籍勞力爲特別討論對象，在這出現的弔詭現象是：如果此人力發展方案僅討論「人力培育」那何以又特論「外籍勞工引進」？若兼論人力引進，則何以在講求知識經濟發展時獨獨缺漏「科技人才延攬」[68]？顯示出政府在

───────────

65 行政院，《科技人才培訓及運用方案》（臺北：行政院，1998）。

66 丁錫鏞主編，《臺灣的科技人才培訓、延攬與獎助政策》（臺北：嵐德出版社，2001）。丁錫鏞主編，《臺灣的科技人才獎勵、補助與資源管理政策》（臺北：嵐德出版社，2004）。

67 行政院，《科技人才培訓及運用方案》（臺北：行政院，1998）。

68 行政院經濟建設委員會，《新世紀人力發展方案民國90年至93年》（臺北：行政院經濟建設委員會，2001）。

討論人力發展時不盡周全之處。

　　可推論的合理解釋為新世紀的「科技人才延攬」仍依循「科技人才培訓及運用方案」，並未如同人力培育及外籍勞工有新的檢視與討論，然而科技人才延攬業務與日俱增的迫切，終使得行政院在2002年11月召開第一次科技人才引進及培訓會報，2003年共召開5次會議，其中以「引進海外人才相關法規」鬆綁案的研議[69]，對科技人才延攬的影響最大[70]。另自2003年起，發展臺灣成為綠色矽島是政府的施政目標，並且在兼顧環境永續與經濟發展下，施行「挑戰2008：國家發展重點計畫」，此計畫成為臺灣現階段最高科技政策指導原則，各項科技政策的規劃發展均需配合實行，其中「挑戰2008之國際創新研發基地計畫」即是最新的人才積極引進政策[71]。

　　在「挑戰2008」計畫中，2003年國科會建立海外科技人才資料庫、國科會及經濟部等相關政府單位建置「延攬海外科技人才英文網站」，是臺灣延攬科技人才業務的一大突破。同年「挑戰2008之國際創新研發基地計畫」在科技人才延攬之投入與產出部分挹注經費達7.2億元，透過各權責單位共延攬產業研發人才865人，學術研究人才1004人。第二次的遠景、策略及現況，則是在2004年〈中華民國科學技術白皮書〉中提出。在達成上述國家科技發展總目標與遠景的期許下，衡酌臺灣科技發展現況並擬訂未來努力方向，進而確立6項整體科技發展策略，其策略一即加強科技人力資源的培育、培訓、延攬及運用（見圖5.10）[72]。

---

69 由經濟部蒐集外籍人士在臺遇到法規限制的實際案例等的重要決議。

70 行政院國家科學委員會，《中華民國科學統計年鑑2004》（臺北：行政院國家科學委員會，2004）。

71 張峰源，〈「國際創新研發基地計畫」產出績效檢討〉，《今日會計季刊》96（2004）。頁13-32。

72 行政院國家科學委員會，《中華民國科學統計年鑑2004》（臺北：行政院國家科學委員會，2004）。龔明鑫，〈建構專技移民及投資移民適當環境之策略〉，發表於「廿一世紀臺灣新移民政策研討會」。臺北：行政院研究發展考核委員會主辦。（2005年1月點閱）

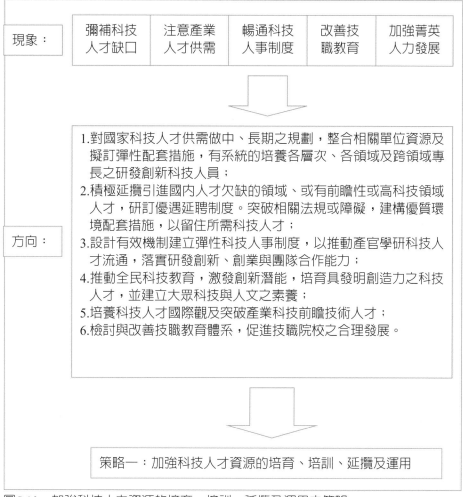

圖5.10　加強科技人力資源的培育、培訓、延攬及運用之策略

資料來源：行政院國家科學委員會，《中華民國科學統計年鑑2004》（臺北：行政院國科
　　　　　會，2004b），頁62。

## 貳、科技人才延攬辦法

### 一、教育部

　　教育部參與「補助」延攬科技人才的業務至2000年終告結束，造成教育部從主導延攬角色退位的原因有：⑴臺灣資訊科技產業興起，回流至大專學術研發機構的人數比例下降；⑵與國科會角色重疊，功能角

色未能突顯。其進一步在政策演化上所代表的意涵是政策邏輯由培育國內人才庫轉向協助產業發展爲主，促使人才延攬與產業技術發展的掛鉤更加緊密，所以負責學術延攬的教育部便在延攬人才戰役中退下，轉戰延攬人才的前端來源部分：鼓勵出國留學，改由技術發展取向的國科會主導科技人才爭奪策略。教育部與國科會在業務上的整合是臺灣延攬科技人才能動者角色的一種演化，透過制度的廢止達到事權移轉的合併。不可否認，教育部的貢獻在於奠定早期地理空間負載的可信度；早期臺灣雖無發展資訊科技產業之自有廠商，但教育部補助人才回流至學術研發單位，厚實學術研發部門的創新能力，成就得以取信於他人的技術成果。

## 二、國科會（今科技部）

國科會在此階段已將規劃培訓及延攬高科技人才列爲重點，政策內容包括：⑴提供優厚工作酬金及研究環境延攬海外科技專業人才，以強化民間企業、研究機構及大學之研發工作；⑵加強各研究機構延聘國內外優秀博士後研究人員人才參與前瞻性研究，以提升創新能力[73]。在此延攬人才政策下的執行辦法歷經政策推動期的多次增刪修訂後，國科會大致延續前期6項辦法，而爲促使中長期研究計畫之執行，於2003年訂定「補助延攬研究學者作業要點」[74]。此外，國科會延聘之博士後研究人才除依「補助延聘博士後研究人才作業要點」之常設性辦法外，亦有依國家發展需要提出專案申請之個案，如2003年首度延聘SARS專案之博士後研究人員15名、國家型博士後研究有30名，到2004年SARS專案之博士後研究人員有9名、國家型博士後研究有146名及卓越計畫博士後研究學者36名等。各項辦法沿革及成果見表5.11至表5.14。

---

[73] 行政院國家科學委員會，《行政院國家科學委員會九十年年報》（臺北：行政院國家科學委員會，2001）。

[74] 行政院，《科技人才培訓及運用方案》（臺北：行政院，1998）。

表5.11　政策轉型期國科會主要延攬科技人才辦法

| 名稱 | 沿革 |
|---|---|
| 補助延攬客座科技人才作業要點 | 自2000年訂定後至2014年歷經14次修訂，此要點係主要延續1993年「補助延攬研究人才處理要點」及1996年「補助延攬科技人才處理要點」，而於1999年修訂為今日之「補助延攬客座科技人才作業要點」，主要延攬對象分為3類，如表5.12，客座的定義則是聘期低於1年以下，這些延聘人才多至。1998至2014年之延攬成果為核定2,514件，總金額約達276億9,330萬元，如表5.14，2014年因應國家科學委員會升等為科技部，易名為科技部「補助延攬客座科技人才作業要點」。 |
| 補助延聘博士後研究人才作業要點 | 「補助延聘博士後研究人才作業要點」自1996年11月7日通過至2004年歷經4次修訂（註1），主要延攬對象為具博士學位之本國籍人才，或其專長為國內所欠缺之外國籍人士。聘期最短不得少於3個月，最長以1年為1期，總聘期以4年為原則。但研究發展成果績效良好，繼續延長將產生更大績效者，得敘明具體理由申請續聘。延聘博士後研究人才主要目的在培養高級研發人才，提升科技研究水準，並落實學術研究於產業發展，故經國科會認可之研究機關及政府機關之科技研發與管理單位，皆可申請延聘博士後研究人才，參與科技研究計畫或從事前瞻研究工作，2004年與「補助延攬客座科技人才作業要點」合併。 |
| 補助延攬大陸地區科技人士處理要點 | 自1997年4月17日通過至2004年共修訂3次，該處理要點之延聘對象分為3類別，如表5.12。總計在1998至2004年延攬人才共計611件，總金額約達3億6,800萬元，如表5.14。 |
| 補助邀請大陸地區重要科技人士來臺短期訪問作業要點 | 此要點於1997年6月24日公布實施，為達到邀請居住大陸地區之科技人才，故於要點中明定，大陸地區人民旅居國外者，以適用「補助邀請國際科技人士短期訪問作業要點」為限，每人同會計年度以補助來臺訪問1次為原則。雖在1997年訂定，但實際被提出申請則是至1998年，故仍歸於此階段之延攬政策。總計在1998至2014年延攬人才共計641件，總金額約達3,150萬元。 |
| 補助邀請國際科技人士短期訪問作業要點 | 1997年6月26日修訂之「邀請國際重要科技人士作業要點」，於同年7月修訂為「補助邀請國際科技人士短期訪問作業要點」，此作業要點為於2003年4月25日再度修訂，以邀請海外學者專家來臺演講或指導科學技術，以引進科學新知，促進國際科技及學術交流為目的，邀請對象有3類：諾貝爾獎得主、院士級國際知名學者、大學或學術 |

| 名稱 | 沿革 |
|---|---|
| | 機構之專家學者。因為短期來訪，故以研討會、學術演講、技術指導及諮詢顧問為主要形式，並且補助以7天以內為原則，如有特殊需要，最多以14天為限。此項作業要點之補助人數列入「補助延攬客座科技人才作業要點」一併計算之，至2012共修訂二次，2014年因應國家科學委員會升格為科技部，易名為科技部補助邀請國際科技人士短期訪問作業要點，2015年修訂，將邀請對象除諾貝爾獎外，還增列唐獎得主（Tang Prize）、沃爾夫獎得主（Wolf Prize）、費爾茲獎得主（Fields Medals）或其他相當資格之國際獎項得主。 |
| 補助延攬研究學者作業要點 | 此作業要點之設立主要立基於補助延攬研究學者在臺執行中長期重大研究計畫，有別於客座教授之短暫性，故在2003年3月12日訂定此作業要點以充實公私立大專院校及學術研究機構之學術研究人力，提升學術研究水準，也因此申請機構以公私立大專院校及公立研究機構或經國科會認可得申請之財團法人學術研究機構。且因已有「補助延攬大陸科技人才處理要點」和「補助邀請大陸地區重要科技人士來臺短期訪問作業要點」，故大陸地區或由大陸地區前往第三地區之人士不得依此項申請。「補助延攬研究學者作業要點」之延攬對象分為5類：國科會講座、正研究學者、副研究學者、助理研究學者和特約博士後研究學者。總計在2003至2014年延攬人才共計718件，總金額約達9億5,936萬元，如表5.14。 |

註1：分別為1999年2月11、2000年8月16日、2001年1月10日、2001年4月18日等4次。

資料來源：丁錫鏞，《臺灣的科技人才獎勵、補助與資源管理政策》（2001）。丁錫鏞主編，《臺灣的科技人才培訓、延攬與獎助政策》（2004）。行政院國家科學委員會，《行政院國家科學委員會八十七年年報》（1998c）。行政院國家科學委員會，「補助延聘博士後研究人才作業要點」（2000a）。行政院國家科學委員會，《行政院國家科學委員會八十九年年報》（2000b）。行政院國家科學委員會，「補助延攬大陸科技人才處理要點」（2001c）。行政院國家科學委員會，「補助邀請國際科技人士短期訪問作業要點」（2003c）。行政院國家科學委員會，「補助延攬客座科技人才作業要點」（2005）。

表5.12　補助延攬客座科技人才與補助延攬大陸地區科技人士處理
要點作業要點之修訂時程及延攬對象

| | 修訂時程 | 延攬對象 | 補助期限 |
|---|---|---|---|
| 補助延攬客座科技人才作業要點 | 2000.08.16 2001.01.10 2001.04.18 2002.05.02 2003.04.17 2004.12.15 2006.09.13 2009.02.05 2010.08.14 2010.09.30 201012.15 2010.12.23 2011.06.29 | 講座人員：（限國外科技人才）<br>特聘講座：<br>諾貝爾獎得主；<br>國家科學院院士；<br>講座教授：<br>曾主持國際大型研究計畫，並有重要貢獻者。 | 以1個月至1年為限，得續聘，總補助期間最長為3年。申請短期來臺講學、指導研究或擔任諮詢顧問；每年以不超過2次為原則，每次至少10個工作天。 |
| | | 客座人員：（限國外科技人才）<br>客座教授（客座研究員）；<br>客座副教授（客座副研究員）；<br>客座助理教授（客座助研究員）；<br>客座專家。 | 以3個月至1年為限，補助期滿得續聘，總補助期間最長為3年。 |
| | | 博士後研究人員：<br>具有博士學位，且有發展潛力之本國籍或其專長為國內所欠缺之國外人才。 | 以3個月至1年為期，補助期滿得續聘。 |
| 補助延攬大陸地區科技人士處理要點 | 1997.09.01 1999.02.11 2001.05.23 | 研究講座 | 1個月至1年，得申請繼續延攬，前後不得超過3年。 |
| | | 客座人員：<br>客座教授（客座研究員）；<br>客座副教授（客座副研究員）；<br>客座助理教授（客座助研究員）。<br>客座專家 | 3個月至1年，得申請繼續延攬。情形特殊者得提出具體理由，可少於3個但不得低於1個月。 |
| | | 博士後研究 | 3個月至1年，總延攬期間以4年為原則。但得敘明具體理由，申請繼續延攬，最多可再延長2年。 |

資料來源：行政院國家科學委員會，「補助延攬客座科技人才作業要點」（2011）。丁錫
鏞，《臺灣的科技人才獎勵、補助與資源管理政策》（2001）。行政院國家科
學委員會，「補助延攬大陸科技才作業要點」（2001）。

表5.13　補助延攬客座科技人才、補助延聘博士後研究人才與補助
　　　　延攬研究學者作業要點作業要點之成果（1998-2014年）

| 年度 | 補助延攬客座科技人才作業要點 | | 補助延聘博士後研究人才作業要點 | | 補助延攬研究學者作業要點 | |
|---|---|---|---|---|---|---|
| | 核定件數（件） | 核定金額（百萬元） | 核定件數（件） | 核定金額（百萬元） | 核定件數（件） | 核定金額（百萬元） |
| 1998 | 137 | 113.31 | 723 | 449.17 | -- | -- |
| 1999 | 174 | 150.67 | 847 | 566.52 | -- | -- |
| 2000 | 140 | 104.40 | 813 | 539.96 | 9 | 7.59 |
| 2001 | 136 | 110.70 | 985 | 696.49 | 10 | 8.83 |
| 2002 | 163 | 144.96 | 997 | 739.48 | 14 | 12.35 |
| 2003 | 135 | 112.45 | 1010 | 748.78 | 18 | 28.23 |
| 2004 | 117 | 99.67 | 1065 | 795.60 | 10 | 19.00 |
| 2005 | 122 | 96.13 | -- | -- | 28 | 37.95 |
| 2006 | 128 | 104.11 | -- | -- | 34 | 53.10 |
| 2007 | 160 | 135.51 | -- | -- | 34 | 62.54 |
| 2008 | 163 | 140.07 | -- | -- | 51 | 77.40 |
| 2009 | 191 | 172.60 | -- | -- | 69 | 101.75 |
| 2010 | 189 | 158.50 | -- | -- | 104 | 126.13 |
| 2011 | 177 | 139.79 | -- | -- | 101 | 123.26 |
| 2012 | 139 | 105.28 | -- | -- | 100 | 127.96 |
| 2013 | 139 | 110.18 | -- | -- | 72 | 99.56 |
| 2014 | 134 | 101.80 | -- | -- | 64 | 73.71 |
| 總計 | 2,514 | 2,769.33 | 6,440 | 4,536 | 718 | 959.36 |

資料來源：行政院國家科學委員會網站。（2016年10月點閱）

表5.14　補助延攬大陸地區科技人士及邀請大陸地區重要科技人士
　　　　來臺短期訪問處理要點之成果（1998-2014年）

| 年度 | 補助延攬大陸地區科技人士處理要點 | | 補助邀請大陸地區重要科技人士來臺短期訪問處理要點 | |
|---|---|---|---|---|
| | 核定件數（件） | 核定金額（百萬元） | 核定件數（件） | 核定金額（百萬元） |
| 1998 | 4 | 2.04 | 17 | 0 |
| 1999 | 71 | 37.45 | 28 | 1.38 |
| 2000 | 137 | 84.48 | 31 | 1.75 |
| 2001 | 101 | 59.97 | 22 | 1.14 |
| 2002 | 116 | 67.13 | 23 | 1.30 |
| 2003 | 104 | 61.65 | 12 | 0.51 |
| 2004 | 78 | 55.55 | 24 | 1.17 |
| 2005 | -- | -- | 26 | 1.09 |
| 2006 | -- | -- | 23 | 1.04 |
| 2007 | -- | -- | 24 | 1.05 |
| 2008 | -- | -- | 33 | 1.73 |
| 2009 | -- | -- | 31 | 1.40 |
| 2010 | -- | -- | 42 | 2.09 |
| 2011 | -- | -- | 89 | 4.05 |
| 2012 | -- | -- | 47 | 2.48 |
| 2013 | -- | -- | 82 | 4.51 |
| 2014 | -- | -- | 87 | 4.85 |
| 總計 | 611 | 368.3 | 641 | 31.5 |

資料來源：行政院國家科學委員會網站。（2016年10月點閱）


## 二、青輔會

　　青輔會設置「博士後短期研究人員要點」，主要係為協助獲得博士學位人才前往民間機構任職，提升民間機構人力素質及競爭力，但

因經費縮編，青輔會自1996年起不再提供旅費補助，致使海外人才多自行返臺就業，尤其是1996年後取消各項補助之後，自行就業的比例明顯更高[75]。故此階段青輔會僅延續1996年開辦的參訪活動，1998年舉辦「國內高科技企業參觀訪問團」共3梯次，有71位海外科技人才參與，參觀18家國內廠商，已協助海外專家31人返國服務[76]。此項活動在1999年亦舉辦3梯次，有83位海外科技人才參與，參觀21家國內廠商，已協助海外專家11人返國服務[77]。但後來在廠商自行宣傳活動日趨活躍及青輔會職掌調整的情況下，在1999年後便不再舉辦相關活動。

　　當教育部的延攬不盡理想時，青輔會也面臨著同樣的困境，更一度面臨行政院精簡組織而遭裁撤的危機。這除了說明過去青輔會在1997年後的成效不彰外，也意味著青輔會在延攬科技人才業務上的可取代性高。因此，青輔會歷經幾度組織變革調整後，以新的樣貌維持下來，將其職掌轉向學生輔導、非政府組織等，過去補助延攬的角色已不復見，其抽離的程度較教育部來的深。但在各項科技會議上仍可見青輔會名列攬才協辦單位之列，仔細分析其主要因素為該單位協助青年就業，特別是校園徵才的活動更是補助各大專院校協助畢業生謀職的重要活動之一。

## 三、經濟部

　　在「科技人才培訓及運用方案」中說明經濟部、青輔會與陸委會分工繼續推動並加強國內企業、研究機構與海外產業專家之連繫、媒介相關活動，以協助臺灣企業、研究機構延攬海外專才返國服務。此外，「公民營事業聘僱外國專門性技術性工作人員暨僑外事業主管許可及管

---

[75] 蔡青龍、戴伯芬，〈臺灣人才回流的趨勢與影響──高科技產業為例〉，《人力資源與臺灣高科技產業發展》（中壢：中央大學臺灣經濟發展研究中心出版，2001），頁21-50。

[76] 行政院國家科學委員會，《中華民國科學統計年鑑1998》（臺北：行政院國家科學委員會，1998）。

[77] 行政院國家科學委員會，《中華民國科學統計年鑑1999》（臺北：行政院國家科學委員會，1999）。

理辦法」之審議原則，亦考量聘僱外國籍專門性、技術性工作人員及產業環境變動而有所調整。此辦法之運用層面較廣，故由經濟部投資審議委員會、國科會科學園區管理局、勞委會職訓局共同協商調整[78]。

　　2003年5月9日修訂「經濟部協助國內民營企業延攬海外產業專家返國服務作業要點」為「經濟部協助延攬海外產業科技人才來臺服務作業要點」，此要點自1995年核定至2015年廢止共歷經5次修訂[79]。2003年的修訂不僅將延攬對象擴大至現居住海外並具有中華民國籍、外籍人士或中國旅居海外人士，更將薪資補助單項的優惠措施擴大至差旅費補助及仲介補助。薪資補助也從最多3年縮短成2年，並對第二年之補助以第一年原補助金額之50%遞減方式補助[80]。該項辦法每年申請人數約略十數個，對於科技人才延攬的助益尚不如經濟部辦理的海外攬才團。

　　有鑑於過去海外科技人才延攬成效卓著，2000至2014年經濟部每年均延續赴海外延攬高科技人才業務，2003年為達到整合資源、擴大攬才的目的，經濟部投資貿易處委託中華經濟研究院負責統籌辦理。2003年攬才團由經濟部、國科會主辦，科學工業園區管理局（竹科、南科、中部籌備處）、國防部協辦，中華經濟研究院執行，並由各地駐外單位結合海外社團共同參與執行，活動到場人數達3,000人左右，計收到回臺工作意向調查表1,593份，已直接間接吸引600位海外科技人才回臺工作。2004年的海外攬才團在成員、經費、到場人數及來臺工作意向調查表之回收都較2003年減少，但直間接吸引回臺工作者略增50位（見表5.15）[81]。2006年海外攬才團僅至4個地區舉辦，致使參加人數遽減，2007年起攬才團增加一對一洽談方式，隨著國際情勢改變及企業

---

78 行政院，《科技人才培訓及運用方案》（臺北：行政院，1998）。

79 1995年11月10日、1996年10月24日、1998年5月13日、2001年2月14日、2003年5月9日等5次。

80 經濟部投資業務處，《「經濟部協助延攬海外產業科技人才來臺服務作業要點」為民服務白皮書》（臺北：經濟部投資業務處，2003）。丁錫鏞主編，《臺灣的科技人才獎勵、補助與資源管理政策》（臺北：嵐德出版社，2004）。

81 張景森，〈「挑戰2008：國家發展重點計畫」規劃與執行〉，《國家政策季刊》3：2（2004），頁149-150。

海外徵才管道穩健，2011-2014年每年參與政府海外攬才活動人數不到千人。[82]

表5.15　海外攬才團各地海外科技人才參加情形（2003-2014）[83]

| | | 2003 | 2004 | 2005 | 2006 | 2007 | 2008 | 2009 |
|---|---|---|---|---|---|---|---|---|
| 舊金山 | 參加企業數 | 41 | 38 | 31 | - | - | - | - |
| | 到場人才數 | 1,500 | 600 | 620 | - | - | - | - |
| | 回收意向調查表 | 832 | 356 | 263 | - | - | - | - |
| | 一對一洽談人數 | - | - | - | - | - | - | - |
| 洛杉磯 | 參加企業數 | 35 | 33 | 23 | 19 | 12 | - | - |
| | 到場人才數 | 600 | 400 | 380 | 360 | 130 | - | - |
| | 回收意向調查表 | 350 | 267 | 209 | 145 | - | - | - |
| | 一對一洽談人數 | - | - | - | - | 247 | - | - |
| 波士頓 | 參加企業數 | 20 | - | - | 17 | - | 16 | 12 |
| | 到場人才數 | 200 | - | - | 210 | - | 290 | 265 |
| | 回收意向調查表 | 96 | - | - | 79 | - | 102 | 132 |
| | 一對一洽談人數 | - | - | - | - | - | 241 | 270 |
| 華盛頓D.C. | 參加企業數 | 20 | - | - | - | 12 | - | - |
| | 到場人才數 | 250 | - | - | - | 90 | - | - |
| | 回收意向調查表 | 136 | - | - | - | 58 | - | - |
| | 一對一洽談人數 | - | - | - | - | 100 | - | - |
| 東京 | 參加企業數 | 22 | 16 | 19 | - | - | - | - |
| | 到場人才數 | 250 | 200 | 210 | - | - | - | - |
| | 回收意向調查表 | 101 | 105 | 93 | - | - | - | - |
| | 一對一洽談人數 | - | - | - | - | - | - | - |

[82] 爾後政府海外攬才團在攬才對象和國家上都有所改變；除增加科技專業以外的人才延攬，並且至歐亞各國進行攬才。

[83] 2005-2014年經費未記載，2006、2008-2014吸引回臺工作人數未載。

| | | 2003 | 2004 | 2005 | 2006 | 2007 | 2008 | 2009 |
|---|---|---|---|---|---|---|---|---|
| 大阪 | 參加企業數 | 18 | - | - | - | - | - | - |
| | 到場人才數 | 120 | - | - | - | - | - | - |
| | 回收意向調查表 | 78 | - | - | - | - | - | - |
| | 一對一洽談人數 | - | - | - | - | - | - | - |
| 達拉斯 | 參加企業數 | - | 18 | - | - | - | - | 11 |
| | 到場人才數 | - | 250 | - | - | - | - | 240 |
| | 回收意向調查表 | - | 123 | - | - | - | - | 85 |
| | 一對一洽談人數 | - | - | - | - | - | - | 177 |
| 芝加哥 | 參加企業數 | - | 14 | - | - | - | - | 11 |
| | 到場人才數 | - | 150 | - | - | - | - | 144 |
| | 回收意向調查表 | - | 101 | - | - | - | - | 75 |
| | 一對一洽談人數 | - | - | - | - | - | - | 147 |
| 矽谷 | 參加企業數 | - | - | - | 26 | 28 | 28 | 20 |
| | 到場人才數 | - | - | - | 280 | 500 | 720 | 863 |
| | 回收意向調查表 | - | - | - | 133 | 366 | 259 | 381 |
| | 一對一洽談人數 | - | - | - | - | 461 | 740 | 910 |
| 紐約 | 參加企業數 | - | 14 | - | 18 | - | - | - |
| | 到場人才數 | - | 250 | - | 250 | - | - | - |
| | 回收意向調查表 | - | 198 | - | 54 | - | - | - |
| | 一對一洽談人數 | - | - | - | - | - | - | - |
| 聖地牙哥 | 參加企業數 | - | - | 23 | - | - | - | - |
| | 到場人才數 | - | - | 200 | - | - | - | - |
| | 回收意向調查表 | - | - | 117 | - | - | - | - |
| | 一對一洽談人數 | - | - | - | - | - | - | - |
| 西雅圖 | 參加企業數 | - | - | 18 | - | - | 11 | - |
| | 到場人才數 | - | - | 450 | - | - | 110 | - |
| | 回收意向調查表 | - | - | 185 | - | - | 40 | - |
| | 一對一洽談人數 | - | - | - | - | - | 104 | - |

| | | 2003 | 2004 | 2005 | 2006 | 2007 | 2008 | 2009 |
|---|---|---|---|---|---|---|---|---|
| 溫哥華 | 參加企業數 | - | - | 17 | - | - | - | - |
| | 到場人才數 | - | - | 730 | - | - | - | - |
| | 回收意向調查表 | - | - | 363 | - | - | - | - |
| | 一對一洽談人數 | - | - | - | - | - | - | - |
| 休士頓 | 參加企業數 | - | - | - | - | 12 | - | - |
| | 到場人才數 | - | - | - | - | 130 | - | - |
| | 回收意向調查表 | - | - | - | - | 60 | - | - |
| | 一對一洽談人數 | - | - | - | - | 103 | - | - |
| 多倫多 | 參加企業數 | - | - | - | - | 12 | 14 | - |
| | 到場人才數 | - | - | - | - | 350 | 320 | - |
| | 回收意向調查表 | - | - | - | - | 220 | 120 | - |
| | 一對一洽談人數 | - | - | - | - | 194 | 212 | - |
| 北卡 Raleigh | 參加企業數 | - | - | - | - | - | 11 | - |
| | 到場人才數 | - | - | - | - | - | 140 | - |
| | 回收意向調查表 | - | - | - | - | - | 32 | - |
| | 一對一洽談人數 | - | - | - | - | - | 98 | - |
| 總數 | 參加企業數 | 47 | 43 | 38 | 28 | 31 | 37 | 33 |
| | 到場人才數 | 2,920 | 1,850 | 2,590 | 1,100 | 1,295 | 1,580 | 1,512 |
| | 回收意向調查表 | 1,593 | 1,150 | 1230 | 411 | 832 | 553 | 673 |
| | 一對一洽談人數 | - | - | - | - | 1,105 | 1,395 | 1,504 |

表5.15　（續）海外攬才團各地海外科技人才參加情形

| | | 2010 | 2011 | 2012 | 2013 | 2014 |
|---|---|---|---|---|---|---|
| 矽谷 | 參加徵才企業數 | - | - | - | 10 | 11 |
| | 到場人數 | - | - | 213 | 131 | 110 |
| | 一對一洽談人數 | 735 | 562 | 609 | 430 | 590 |
| | 一對一洽談參加企業數 | 23 | 21 | 27 | 20 | 24 |

| | | 2010 | 2011 | 2012 | 2013 | 2014 |
|---|---|---|---|---|---|---|
| 波士頓 | 參加徵才企業數 | - | - | - | - | - |
| | 到場人數 | - | - | - | - | - |
| | 一對一洽談人數 | 148 | 160 | - | - | - |
| | 一對一洽談參加企業數 | 16 | 18 | - | - | - |
| 奧斯汀 | 參加徵才企業數 | - | - | - | - | - |
| | 到場人數 | - | - | - | - | - |
| | 一對一洽談人數 | 73 | - | - | - | - |
| | 一對一洽談參加企業數 | 12 | - | - | - | - |
| 多倫多 | 參加徵才企業數 | - | - | - | - | - |
| | 到場人數 | - | - | - | - | - |
| | 一對一洽談人數 | 120 | - | - | - | - |
| | 一對一洽談參加企業數 | 11 | - | - | - | - |
| 紐約 | 參加徵才企業數 | - | - | - | - | - |
| | 到場人數 | - | - | 82 | - | - |
| | 一對一洽談人數 | - | - | 86 | - | - |
| | 一對一洽談參加企業數 | - | - | 12 | - | - |
| 洛杉磯 | 參加徵才企業數 | - | - | - | 6 | 8 |
| | 到場人數 | - | - | - | 23 | 91 |
| | 一對一洽談人數 | - | - | - | 182 | 118 |
| | 一對一洽談參加企業數 | - | - | - | 11 | 11 |
| 總數 | 參加徵才企業數 | - | - | - | 16 | 19 |
| | 到場人數 | - | - | 295 | 154 | 201 |
| | 一對一洽談人數 | 1,076 | 722 | 695 | 612 | 708 |
| | 一對一洽談參加企業數 | 30 | 30 | 32 | 31 | 35 |

資料來源：經濟部投資業務處，http://hirecruit.nat.gov.tw/chinese/html/message_02_03.htm。
（2016年10月點閱）

## 四、國防部

1997年修訂「研究所畢業役男志願服務國防工業訓儲爲預備軍官作業規定」爲「國防工業訓儲制度」，修改內容包括：(1)開放大學、政府各部門之科技研發單位及相關部會署認定之公民營重要科技事業研發部門，皆得應用此一國防訓儲研究人力；(2)服務期限由6年縮短爲4年；(3)開放未錄取預官者，可以預備士官申請甄選；(4)甄選範圍亦擴大至醫學院、農學院及資訊工程等相關學系博、碩士役男[84]。

1998年立法院建請行政院「對民營公司在參與國防工業技術轉移時若有人力不足時應全力協助」，中央研究院院士會議亦提案建議政府擴大國防工業範圍，故同年行政院院會通過「科技人才培訓及運用方案」，擴大辦理國防工業訓儲預備軍（士）官之運用，1999年修訂「國防工業訓儲制度」，鼓勵海外小留學生返國參加甄選服務，並提供多項獎勵補助措施及生活與子女教育綜合服務，以擴大科技研發人力及鼓勵海外科技人才來臺服務。同年也是國防訓儲役正式進入產業界的里程碑，開放民營企業及各大學博士後研究單位申請分發訓儲人員，自此國防部與高科技產業高度互動，就某種程度而言，國防部也參與了臺灣與全球的資訊科技產業大戰[85]。

臺灣經濟研究院「國防工業訓儲役員額擴增之可行性研究」的報告中說明：國防役之研發成效佔總研發件數比重而言，爲新產品產出最高，達28.26%，其次是技術移轉佔27.23%，可見國防役之役男對各用人單位之貢獻以新產品產出及研發技術之成效最佳，就國防役役男佔一般研發人員比與國防役有關之研發件數佔一般研發人員平均件數來看，雖佔一般研發人員比重僅有3%至5%，但是所產出之研發成果比重卻達到11%至29%[86]。

---

84 行政院國家科學委員會，《中華民國科學統計年鑑1998》（臺北：行政院國家科學委員會，1998）。張峰源，〈國防訓儲人力運用及國防資源釋商對產業科技發展之影響〉，《臺灣科協月刊》18（2003），頁13-17。

85 孫明志，〈臺灣高科技產業大未來──超越與創新〉（臺北：天下，2004）。

86 莊水榮，〈國內民營企業創新、升級、轉型及突破的契機－加強延攬高級科技人才及資深的產業專家〉，《電工資訊》，7（2001），頁34-37。

　　2000年國防役雖大幅增加民間企業的申請，但尚不能滿足民間單位對科技人才之需求，國防部特別在2001年8月舉辦的經濟發展諮詢會議中，與民間企業組成的產業組討論達成共識，包含擴大民間企業運用國防役人數由總員額的40%提高至60%，以滿足高科技產業對人才需求的共識，由此顯見產業界對人才的需求若渴，仍寄望藉由國防役來解決[87]。換言之，民間企業獲得的研發人力整整提高150%，致使2004年的人數達3,352人。2005年國防役員額大幅投入半導體、電腦、光電等業者的研發單位，總人數已達18,026人（見表5.16），而業界對國防役男的滿意度平均都在95%以上[88]。

　　然而，國防役於1980年開始實施後，許多問題也開始浮現，如法律的依據並不充足等，受到監察院的二次糾正，另也有鑒於徵兵制愈往募兵制的時代趨勢，政府機管乃思考國防役制度的改良。爲此，2003

表5.16　國防訓儲役員額統計（1998-2005）　　　　　　　單位：人

| 單位<br>年度 | 三軍<br>單位 | 公營單位<br>（含財團法人） | 教育<br>單位 | 民營<br>單位 | 博士<br>人數 | 碩士<br>人數 | 總計 |
|---|---|---|---|---|---|---|---|
| 1998 | 59 | 257 | 0 | 0 | 133 | 183 | 316 |
| 1999 | 93 | 774 | 46 | 138 | 151 | 900 | 1,051 |
| 2000 | 50 | 804 | 60 | 638 | 159 | 1,393 | 1,552 |
| 2001 | 282 | 956 | 66 | 995 | 193 | 2,106 | 2,299 |
| 2002 | 223 | 914 | 59 | 1,816 | 340 | 2,672 | 3,012 |
| 2003 | 166 | 816 | 74 | 2,166 | -- | -- | 3,222 |
| 2004 | 79 | 657 | 76 | 2,540 | -- | -- | 3,352 |
| 2005 | -- | -- | -- | -- | -- | -- | 3,222 |
| 合計 | 952 | 5,178 | 381 | 8,293 | 976 | 7,254 | 18,026 |

資料來源：國防部人力司，2005。

---

87 錢思敏，〈養成研發科技人才的另一搖籃——探究國防工業訓儲役實施成效〉，《臺灣經濟研究月刊》25：10（2002），頁59-63。

88 孫明志，〈臺灣高科技產業大未來——超越與創新〉（臺北：天下，2004）。

年行政院提出成立「行政院兵役制度全面檢討改進小組」，但卻於隔年才正式成立此小組，小組中包含各部會相關人士，2005年改進小組在行政院第2925次會議中提出成立研發替代役制度，最終在會議也通過此報告，立法院至2007年通過「替代役實施條例」修正條文，並於2008年開始實施研發替代役（以下簡稱研發役），員額見表5.17。研發役於2008年推出旨在應因政府多項人力發展計畫，如配合行政院於2002年所提出「挑戰2008：國家發展重點計畫」，其計畫中也規劃要對海外科技人才加以延攬[89]。

表5.17　研發替代役員額統計（2008-2015）

| 年度 | 2008 | 2009 | 2010 | 2011 | 2012 | 2013 | 2014 | 2015 |
|---|---|---|---|---|---|---|---|---|
| 報名人數 | 5,269 | 5,673 | 6,024 | 5,940 | 7,374 | 7,095 | 6,228 | 6,527 |
| 錄取人數 | 3,089 | 2,378 | 3,033 | 3,792 | 4,765 | 5,305 | 4,839 | 5,493 |
| 錄取率（%） | 57.95 | 40.41 | 46.05 | 63.84 | 64.62 | 74.77 | 77.70 | 84.16 |
| 實際報到人數 | 2,891 | 2,214 | 2,820 | 3,495 | 4,274 | 4,856 | 4,395 | 2,454 |
| 報到率（%） | 93.59 | 93.10 | 92.98 | 92.17 | 89.70 | 91.54 | 90.82 | 44.68 |

資料來源：內政部役政署，2016。

　　除上述延攬政策外，工研院及中央研究院（以下簡稱中研院）以身為臺灣首席研發及研究單位，在延攬人才上亦不遺餘力，分別設置延攬人才的規章。工研院在1989年便訂有「工業技術研究院聘用海外國人來院服務補助辦法」，且在1997年配合行政院「加強運用高級人才方案」執行為期4年的「加強延攬與運用高級科技人才計畫」，共延攬34位高級科技專才，計畫結束後，12名科技菁選擇返美，其餘則任職臺灣，高比例的返美率顯示2001年的攬才方案不論在薪資、整體環境適應的提升仍有待加強[90]。2002及2003年海外歸國人才佔總人才延攬

89 丁瑞峰，〈國防工業訓儲制度與研發替代役制度之比較研究（1979-2011）〉（臺北：臺灣大學政治學系碩士論文，2012），頁49-57。

90 林慧蘭，〈我國海外高級科技人才返國工作動機與適應之研究——以工研院為例〉（臺北：政治大學勞工研究所碩士論文，2001）。

之14%及13%，1999至2003年所延攬之海外碩博士人力情況見表5.18、5.19[91]。

表5.18　工研院延攬海外碩博士專業年資分布（1999-2003）　單位：%

| 項目 | 0-4年 | 5-9年 | 10-14年 | 15-19年 | 20-24年 | 25-30年 |
|------|-------|-------|---------|---------|---------|---------|
| 碩士 | 56% | 24% | 14% | 3% | 3% | 1% |
| 博士 | 46% | 32% | 11% | 5% | 4% | 2% |

資料來源：工研院院人力室。（2005年提供）

表5.19　工研院延攬海外碩、博士人員進用人數（1999-2003）　單位：人

| 項目 | 1999年 | 2000年 | 2001年 | 2002年 | 2003年 | 合計 |
|------|--------|--------|--------|--------|--------|------|
| 碩士 | 41 | 33 | 34 | 63 | 14 | 185 |
| 博士 | 42 | 31 | 33 | 36 | 30 | 172 |
| 合計 | 83 | 64 | 67 | 99 | 44 | 357 |

資料來源：工研院院人力室。（2005年提供）

　　中研院在1992年3月5日訂定「延聘國外顧問、專家及學者作業注意事項」，至2014年已修正7次[92]，依該要點2002至2004年分別延聘19、9、11人[93]。1995年3月7日更核定「延聘博士後研究人員作業要點」，至2004年已修正8次[94]，1995年核定至2014年已延攬2,392人（見

91 工研院院人力室。（2005年提供）

92 行政院國家科學委員會，《中華民國科學統計年鑑1993》（臺北：行政院國家科學委員會，1993）。中央研究院網址。（2016年7月點閱）

93 行政院國家科學委員會，《中華民國科學統計年鑑2000》（臺北：行政院國家科學委員會，2000）。行政院國家科學委員會，《中華民國科學統計年鑑2002》（臺北：行政院國家科學委員會，2002）。行政院國家科學委員會，《中華民國科學統計年鑑2003》（臺北：行政院國家科學委員會，2003）。行政院國家科學委員會，《中華民國科學統計年鑑2004》（臺北：行政院國家科學委員會，2004）。
中央研究院，〈延聘國外顧問、專家及學者作業注意事項〉，取自：http://daais.sinica.edu.tw/download/regulation/pro_ass_guideline_c.pdf。（2017年2月點閱）

94 中央研究院，〈延聘博士後研究人員作業要點〉，取自：http://www.sinica.edu.tw/as/law/as-affair.html。（2017年2月點閱）

表5.20與圖5.11）。除了既有博士後研究人員的延攬外，「科技人才培訓及運用方案」特給予中研院5年內每年增加20名延聘高級科技研究人員的員額，期能增強研究陣容，加速國際學術地位之提升[95]。

表5.20　中研院延聘博士後研究成果（1995-2014年）　　　單位：人

| 年度 | 數理類 | 生命類 | 人文社會類 | 總計 | 年度 | 數理類 | 生命類 | 人文社會類 | 總計 |
|---|---|---|---|---|---|---|---|---|---|
| 1995 | 12 | 12 | 1 | 25 | 2006(1) | 30 | 36 | 12 | 78 |
| 1996 | 26 | 21 | 7 | 54 | 2006(2) | 23 | 20 | 9 | 52 |
| 1997 | 3 | 2 | 1 | 6 | 2007(1) | 24 | 30 | 10 | 64 |
| 1998(1) | 17 | 18 | 7 | 42 | 2007(2) | 24 | 26 | 10 | 60 |
| 1998(2) | 14 | 15 | 7 | 36 | 2008(1) | 34 | 38 | 15 | 87 |
| 1999(1) | 28 | 27 | 6 | 61 | 2008(2) | 33 | 36 | 15 | 84 |
| 1999(2) | 28 | 28 | 13 | 69 | 2009(1) | 23 | 30 | 17 | 70 |
| 1999(3) | 32 | 31 | 3 | 66 | 2009(2) | 28 | 33 | 17 | 78 |
| 2000(1) | 26 | 19 | 9 | 54 | 2010(1) | 25 | 23 | 11 | 59 |
| 2001(1) | 19 | 27 | 4 | 50 | 2010(2) | 25 | 31 | 24 | 80 |
| 2001(2) | 30 | 35 | 8 | 73 | 2011(1) | 26 | 38 | 24 | 88 |
| 2002(1) | 32 | 30 | 4 | 66 | 2011(2) | 22 | 27 | 19 | 68 |
| 2002(2) | 36 | 25 | 9 | 70 | 2012(1) | 19 | 26 | 17 | 62 |
| 2003(1) | 24 | 25 | 8 | 57 | 2012(2) | 17 | 21 | 15 | 53 |
| 2003(2) | 35 | 32 | 9 | 76 | 2013(1) | 26 | 25 | 24 | 75 |
| 2004(1) | 33 | 35 | 8 | 76 | 2013(2) | 26 | 24 | 20 | 70 |
| 2004(2) | 29 | 32 | 10 | 71 | 2014(1) | 27 | 27 | 25 | 79 |
| 2005(1) | 18 | 29 | 5 | 52 | 2014(2) | 19 | 22 | 19 | 60 |
| 2005(2) | 19 | 23 | 11 | 53 | 總計 | 945 | 1,009 | 438 | 2,392 |

資料來源：中央研究院網站。（2017年2月點閱）

---

95 行政院，《科技人才培訓及運用方案》（臺北：行政院，1998）。

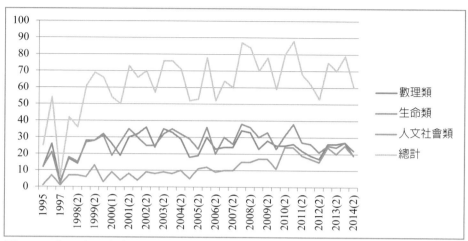

圖5.11　中研院延聘博士後研究成果（1995-2014）
資料來源：中央研究院網站。（2017年2月點閱）

　　1955年「留學生輔導回國服務方案」展現臺灣開始有人才回流的意識，但並未成為重要政策之一，1959年「國家長期發展科學綱領」的實行，確立臺灣發展科技學門的意識，1970年代半導體產業成為臺灣進入科技產業之前鋒產業，1983年「加強培育及延攬高級科技人才方案」是積極延攬海外人才的開幕，1997年制定邀請中國重要科技人士來臺的相關要點，說明兩岸交流的勢不可擋，到「挑戰2008：國家發展重點計畫」一連串政策演化、組織變革突顯出臺灣資訊科技人才延攬業務由陌生到熟悉，由一般通用性政策到特別量身訂製的延攬政策，除了說明資訊科技人才延攬之獨特性外，也證實這群科技候鳥對臺灣經濟發展的重要性。這個階段的流動趨勢及因素可看出美、臺、中學習型區域的形成，由於臺灣未承認中國的學籍，造成在中國取得學歷之資訊科技人才多傾向留在中國發展，導致美臺網絡關係強於中臺網絡關係，這是未來必需面對並解決的挑戰之一。當臺灣政府政策及預算的市場競爭力較弱（薪資較低）之際，臺灣用的是既有的社會資本來支撐科技人才回流，一但社會資本用罄或不具競爭力，那麼資訊科技人才將快速流失。
　　在這些政策的努力下，歷年回流人才數據顯示：過去由政府部門代

爲安排的海外回流人才，一直以進入大專院校就業者最多，在1975年以前有50%以上的回流人才選擇進入大專院校工作，之後則逐年下降，從1971年的52.2%下降到1998年的2.5%，一方面由於原來大專院校的工作職缺已經大幅減少，另一方面則是因爲高科技產業的發展，帶動了進入產業界工作的趨勢；回流人才進入政府機關者略多於10%，研究機構也約佔10%，進入公、民營企業服務者合計約佔30%左右，其餘50%皆自行創業，顯示海外人才回流的就業選擇，從早期進入臺灣學術界與政府部門，逐漸轉向進入產業界就業，亦顯示自海外回國就業者多富有積極創業的精神。隨著竹科的設立和高科技產業時代的來臨，歷年回流人數已經高達76,022人，2004年竹科的海外學人員工人數已佔總員工數之8.8%[96]。

　　早期科技菁英以經世報國之心回臺貢獻所學，投入學術教育行列，爾後的回流則是基於可預期利益的信任才回臺發展，並以裙帶及舉家遷移的方式，將在海外的公司或團隊搬回臺灣創業，在團隊奔騰回流創立臺灣資訊科技產業版圖後，政策永續期的回流特徵則以個人單槍匹馬返臺居多。不同的回流特徵影響著制度變遷，1990年前當回流以創業傾向爲主時，人才延攬政策的作用小於創業補助及獎勵措施，進入單槍匹馬的政策永續時，攬才活動就產生重要效果。

　　臺灣現行的資訊科技人才延攬辦法，以國科會、經濟部、國防部三者爲主要機關；國科會主要負責公私立大專院校及學術研發機構的人才延攬，而經濟部的延攬海外產業技術人才辦法係爲解決國內產業升級所面臨關鍵性技術、研發管理及市場經營等問題，以補助方式協助民間企業網羅海外人才爲主，國防部之「研究所畢業役男志願服務國防工業訓儲爲預備軍官實施規定」，直接將役男轉介至申請單位，可使人盡其才，避免科技人才的脫軌，也大量解決產業的人才荒，成爲國內注重研

---

96 蔡青龍、戴伯芬，〈臺灣人才回流的趨勢與影響——高科技產業爲例〉，《人力資源與臺灣高科技產業發展》（中壢：中央大學臺灣經濟發展研究中心出版，2001），頁21-5。竹科管理局網站。（2005年7月點閱）

發的廠商每年必爭的人力來源。但這3個延攬資訊科技人才單位在政策推動期的辦法修訂仍未將學習型區域的概念置於辦法中，即便「挑戰2008之國際創新研發基地計畫」中可見學習型區域之鑲嵌，但在整體科技人才延攬政策仍無法展現，各單位所面臨的挑戰各有不同，於下章論之。

綜觀上述說明，國科會對延攬科技人才之補助措施，主要係承襲1963年之舊制，茲將國科會訂定補助延攬（聘）科技人才辦法之沿革動態（見圖5.7），摘要整理如附件3。臺灣現行各類延攬及引進人才之辦法，因業務職掌及政策不同，僅就與國科會延攬人才辦法之宗旨及相異處，加以彙整如附件4。這些零零散散的政策，似乎什麼都做了但卻也讓人感覺不到這些努力，每一項政策意涵看來都了解臺灣的病症及需改善的地方在哪，但卻也都沒有在實際上有所改善[97]。

臺灣60年來資訊科技人才延攬辦法變革繁雜，雖有一完整科技政策體系表，但內容職掌卻是紛亂無章，唯一不變的是對資訊科技人才延攬業務的偶發性宣導，臺灣資訊科技產業的群聚效果成就了地理空間的負載，得以吸引更多跨國企業來臺設立研發或營運部門，並且迫使全球不得忽視臺灣這一資訊科技產業樞紐。但臺灣資訊科技人才延攬政策卻未在地理空間上留下深刻的國際形象，仍停留在傳統的官僚作業，就如同臺灣的資訊科技產業停留在傳統製造業的代工微利是一樣的，都忽略了行銷臺灣，當臺灣的資訊科技產業尚未有全球承認的知名品牌時，臺灣政府應該讓自己成為資訊科技人才居留地的知名品牌，這樣的自我行銷無關乎政治角力，而在於是否實踐了。

這些資訊科技人才延攬辦法在過去曾是臺灣科技產業人才來源的重要提供者，未來現行辦法是否能為臺灣引入更多的科技人才以維持臺灣的科技優勢，則需視未來產業趨勢及政策方向而定。此外，延攬海外人

---

97 吳思華，〈推薦序：蓄積臺灣產業知識〉，載於葉珣霧（著），《下一個科技盟主》（臺北：經典，2003），頁9-11。

才除能取得技術交流外，文化差異的相互影響，更可替長期欠缺創新能力的臺灣科技產業注入一股活力，並且其所負載的人際關係網絡亦是重要的資產。因此不論臺灣教育體系是否已能培育出足夠的科技人才，延攬海外人才仍是一項不可取代的政策。為促使臺灣科技產業的永續發展及前瞻性，臺灣的科技人才延攬政策亦需隨著國內外情勢有所調整，本研究即在此前提下，以學習型區域的觀點在下章分析未來臺灣科技人才延攬政策將面臨的機會與困境。

第六章

# 臺灣資訊科技人才延攬政策走進全球思路

　　前述半導體產業與科技人才延攬政策的歷史結構發展，對未來資訊科技人才延攬政策形成一種路徑相依的制約。此外，政策制度的變遷有其內生因素，並非外部力量可全然調控；也就是說，即便以人為力量強制將政策修訂至完善，但若與已然存在之社會文化互不銜接，亦忽略政策與原有環境互依互存的生命，那麼也只是事倍功半而已。尤其是資訊科技人才延攬政策，它是一項在地關聯至全球的合成物，特別是與亞太地區的關係，其思維必須立基於區域樞紐，從臺灣在地主體分析亞太場域下既有優勢的機會與將面臨的挑戰。

　　科技人才延攬政策與科技政策一直是緊密相關的，科技人才特別是海外資訊科技人才對臺灣資訊科技產業發展有著不可取代的重要性[1]。臺灣自1970年代開始發展資訊科技產業，憑藉著政府干預、海外資訊科技人才的知識與網絡關係打穩基底，這些海外人才成為日後竹科的首批創業廠商[2]。80年代竹科成立提供大量就業機會，對人才回流釋放強烈的拉力，開始打造臺灣資訊科技王國，竹科378家廠商中有118家為海外回流人才所創設，佔整體31.2%[3]。90年代臺灣資訊科技產業打出名號，躍上全球市場，除了海外人才持續大量回流就業外，資訊科技產業的成功不僅降低了投資意願的躊躇，更吸引大量臺灣學生選讀電子電機

---

1　Lee-in Chiu Chen & Jen-yi Hou, "Determinants of Highly-Skilled Migration – Taiwan's Experiences." *Workig Paper Series* No. 2007-1. Chung-Hua Institution for Economic Research.

2　蔡青龍、戴伯芬，〈臺灣人才回流的趨勢與影響——高科技產業為例〉，《人力資源與臺灣高科技產業發展》（中壢：中央大學臺灣經濟發展研究中心出版，2001），頁21-50。

3　行政院國家科學委員會，《中華民國科技白皮書——科技化國家宏圖》（臺北：行政院國家科學委員會，1997）。Lee-in Chiu Chen & Jen-yi Hou, "Determinants of Highly-Skilled Migration – Taiwan's Experiences." *Workig Paper Series* No. 2007-1. Chung-Hua Institution for Economic Research.

相關科系，再加上海外學人回臺任教，使得臺灣培育資訊科技人才已達一定水平，訓練出臺灣資訊科技王國的優質軍隊[4]。

　　21世紀臺灣的資訊科技產業面臨全球分工體系及國內經濟結構改變而必須轉型，資訊科技產業政策在國家發展的立基下數次適時調整，並且履次強調科技人才的重要性，2004年更喊出「人才外交」的口號希望能延攬更多科技人才來臺就業，做為產業轉型的動能，產官學各界也對科技人才延攬政策展開另一波的檢視，特別是對於中國科技人才的引進與審核。這是由於中國1978年實施經濟改革，其成果對臺灣產生巨大的衝擊，2001年中國已躍居為全球第二大的資訊產品生產國，並建設53個國家級高科技產業開發區（簡稱高新區），以吸引科技人才到高新區創辦企業[5]。

　　世界500大跨國企業中有62家企業在中國設有148個研發機構，其中有23家為美籍廠商、16家為日系、德國與韓國分別為5家等[6]，這些都可說是中國積極發展「科教興國」的成果。另一項經濟效益外的重點是外商除了帶入資金和技術，也為中國引入外籍科技人才，在全球優質科技人力數量一定的情況下，中國這個新興場域勢必成為臺灣延攬資訊科技人才的競爭對手，並且是快速追趕上的對手。全球資訊科技產業形塑出一個矽谷－新竹－上海的矽三角，資訊科技產業在此矽三角區域中關聯密切，也是腦力流動的高頻區域，人才流動在此矽三角中並非如同資訊產品般流暢互通，也就是說當資訊科技產業呈現多邊流動時，腦力流動仍維持美臺、美中的雙邊腦力流動路徑，將此雙邊腦力流動轉變成美臺中的多邊腦力流動，將是臺灣科技人才延攬政策的新興重要議題[7]。因為唯有如此，臺灣的腦力流動才能避免單一及封閉的危機。從

4　蔡青龍、戴伯芬，〈臺灣人才回流的趨勢與影響——高科技產業為例〉，《人力資源與臺灣高科技產業發展》（中壢：中央大學臺灣經濟發展研究中心出版，2001），頁21-50。

5　經濟部研發會，《大陸經濟情勢評估（2002）》（臺北：經濟部，2003）。

6　經濟部研發會，《大陸經濟情勢評估（2002）》（臺北：經濟部，2003）。

7　Tse-kang Leng, "Economic Globalization and IT Talent Flows Across the Taiwan Strait." *Asian Survey* 42:2 (2002). pp. 230-250.

學習型區域理論的觀點分析，腦力流動並非全然不利於流出國，單一及封閉的防堵才是不利的關鍵。

　　因此，本章將以學習型區域理論論述臺灣資訊科技人才延攬政策如何走進全球思路，首先從亞太資訊科技產業形成的學習型區域說明未來臺灣資訊科技產業的趨勢，再依循學習型區域時代資訊科技人才延攬政策指出本身既有的機會及面臨的困境，最後提出學習型區域觀點的延攬策略。

## 第一節　立足全球思路的節點

　　雖然中國的快速崛起不斷衝擊臺灣的資訊科技產業，但臺灣「挑戰2008國家發展重點計畫」至2004年已成功地引進20家跨國企業在臺設立23個創新研發中心、65家臺灣指標性企業設立48個研發中心，179家國外企業在臺灣設立營運總部，以及8家外商在臺設置國際物流配銷中心[8]。產業在區域層次的競爭力可藉由設立產業服務中心來維持，且這些服務中心直接關聯到資訊科技人才的回流，並可鼓勵企業與技術人才間資訊的有效流通。臺灣與中國間彼此競爭調整，編織出隱形卻無法忽視的社會網絡，在中國逐步成為全球工廠的磁吸效應下，亞太資訊科技產業重新展開分工布局，使得矽谷、新竹、上海的矽三角學習型區域形成，這個學習型區域並非藉由有形的邊界所區劃，而是隱形的社會網絡所交織而成[9]。

　　臺灣資訊科技產業的社會網絡過去主要連結至美國矽谷，矽谷旅美學人成立的技術社群在1980年後陸續回臺創業，將腦力流失轉向成腦力循環（brain circulation），提供知識跨國流動的機制並創造及提升臺灣

---

8　張景森，〈「挑戰2008：國家發展重點計畫」規劃與執行〉，《國家政策季刊》3：2（2004），頁149-150。張峰源，〈「國際創新研發基地計畫」產出績效檢討〉，《今日會計季刊》96（2004），頁13-32。孫明志，〈臺灣高科技產業大未來——超越與創新〉（臺北：天下，2004）。

9　Michael Storper and Allen J Scott, "The Wealth of Regions." *Futures* 27:5 (1995). pp. 505-526.

資訊科技產業的能力。這些回流的人才刺激跨國社群網絡的持續成長，並藉由他們提供的新知識，使臺灣得以確保在全球市場中高附加價值及設計密集的位置[10]。相對於未從事研發的外商，研發外商較為肯定臺灣研發資源的各項優勢，其中尤以完整的中衛體系[11]與產、學、研三者合作關係最為凸顯，臺灣目前已建立有140餘個中衛體系（財團法人中衛發展中心，無年代）。這些中衛體系成為臺灣得以與中國抗衡的主要力量，也是臺灣不致成為亞太資訊科技產業消失節點的原因。隨著學習型區域的形成，本書所關切的臺灣資訊科技人才延攬政策，也必須擺脫以往討論臺灣資訊科技產業的困境與機會，而改以學習型區域理論探討臺灣資訊科技產業在矽三角中的發展機會與挑戰。

　　臺灣半導體業者獲利空間因晶片價格快速下跌而減少是不爭的事實，「微利時代」的來臨意謂著廠商營收雖仍持續成長，但獲利卻是原地踏步，甚至衰退，這樣的情形已涵蓋量大且成熟性的電子產品，如：桌上型電腦、主機板、筆記型電腦……等。就個別廠商而言，半導體產業是否進入微利時代，關鍵在於能否提供差異化產品，或是更佳的製程服務品質，工研院在綜合考量良率、及時上市和整體服務品質的評估後，認為臺灣半導體業者仍具有厚實的競爭力；在外商評比臺灣資訊科技產業的競爭優劣勢中，外商認為臺灣有累積豐富之生產經驗與管理技能等優勢（見圖6.1），但也有7項主要研發劣勢（見圖6.2），這些劣勢中僅有「欠缺深厚之科學基礎」和「智慧財產權保護與相關法令人才不足」與人才延攬政策屬於較間接關係，其餘皆直接為延攬政策所需努力或加強的。[12]這些優劣勢將成為臺灣持續發展資訊科技產業的挑戰與

---

10 Annalee Saxenian, "Transnational Communities and the Evolution of Global Production Networks: The Cases of Taiwan, China and India." *Industry and Innovation* 9:3 (2002). pp. 183-202.

11 意指中心廠與衛星廠的合作體系，中衛體系之運作目標係追求生產同步、管理同步、經營同步。中衛關係是在既有的傳統基礎上，尋求快速反應，創造價值的合作關係，藉由如同星際網路狀的新分工模式，並配合不同的產業特性，發展出新一代的合作體系關係。（陳振昌，無年代，http://www.eb-online.com.tw/m1.htm。點閱日期2005年2月。）

12 工研院經資中心，《2003半導體工業年鑑》（臺北：經濟部技術處，2003）。經濟部研發會，《大陸經濟情勢評估(2002)》（臺北：經濟部，2003）。

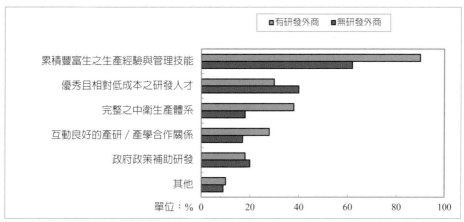

圖6.1 外商眼中臺灣的研發優勢

資料來源：經濟部研發會，《大陸經濟情勢評估（2002）》（臺北：經濟部，2003），頁158。

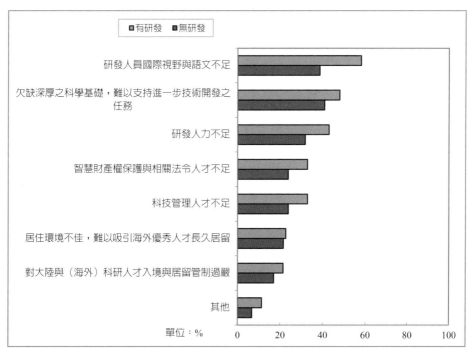

圖6.2 外商眼中臺灣的研發劣勢

資料來源：經濟部研發會，《大陸經濟情勢評估（2002）》（臺北：經濟部，2003），頁158。

機會基礎，也是臺灣資訊科技人才延攬政策應努力的方向之一。

　　產、官、學各界在臺灣的經驗積累、社會網絡的信任連繫及制度文化的修正演進，已造就享譽國際的臺灣經濟奇蹟，然而在全球資訊科技產業變遷及日新月異的技術發展情況下，也使得臺灣必需面對全球化來臨的各項挑戰。臺灣資訊科技產業目前的困境在於新興產業不多，必須要有夠多的新興產業不斷產生，或夠多既有產業升級、轉型，才能維持臺灣資訊科技產業的競爭力[13]。在各界高喊升級、創新的同時，臺灣究竟有哪些存在成功背後的障礙需待突破？這些障礙與臺灣資訊科技人才延攬政策的關聯又爲何？簡單來說，臺灣現階段資訊科技產業的挑戰必須從口號式的創新往下深入檢視核心的知識載體。本節試圖論述在學習型區域中臺灣資訊科技產業未來的挑戰與機會。

## 壹、亞太學習型區域中臺灣資訊科技產業之優勢

　　長期以來政府的計畫經濟、干預角色及科技菁英的技術規劃是臺灣在制度上的一種優勢，自由民主和政治穩定的社會文化環境更是臺灣有別於其他東亞後進國的特色，成爲外商考慮在臺成立海外據點的一項要素，畢竟政治因素與經濟發展仍是無法完全切割，外商也認爲臺灣最大的優勢是有豐富生產經驗與管理技能的積累[14]。在經濟結構中，臺灣則是善用中小企業的特性做爲與國外大財團抗衡的機制，由於中小企業富有彈性且容易成立，也才造就臺灣IC設計公司蓬勃的發展。當民間企業已建立協同設計、系統整合及全球供應鏈的優勢能量，國防資源的釋商，使國防部與臺灣資訊科技產業有更密切牽連，特別是1999年國防訓儲役改制後，國防資源與這些新發展出來的社會網絡優勢結合，提供臺灣資訊科技產業發展的機會並加強資訊科技產業的研發力[15]。

---

13 孫明志，〈臺灣高科技產業大未來──超越與創新〉（臺北：天下，2004）。

14 經濟部研發會，《大陸經濟情勢評估（2002）》（臺北：經濟部，2003）。葉珣霏，《下一個科技盟主》（臺北：經典傳訊，2003）。

15 張峰源，〈國防訓儲人力運用及國防資源釋商對產業科技發展之影響〉，《臺灣科協月刊》18（2003），頁13-17。

　　日趨緊密的兩岸分工關係，隨著技術移轉和資金挹注，中國半導體產業快速的發展及蛙跳式的學習，將使臺灣半導體產業受到新的挑戰，但臺灣也因將部分附加價值較低的區段移至中國而釋放出更多人力，這些釋出的人力可投入新的創新領域使臺灣擁有新的機會；政府開放八吋晶圓的舊廠外移中國，可將釋放出的資訊科技人才投注於12吋廠發展，並配合矽導計畫SoC研發投入科專計畫寬頻有線、無線通訊、微機電系統、奈米與生物晶片等應用研發，反而可望帶起臺灣朝產品多元化的方向發展，客觀而論是利大於弊，並且臺灣與中國的經濟緊密度亦與日俱增，何不換個角度思考，讓臺灣的經濟發展思惟擺脫小國、脫離製造代工角色，轉而成為引領後進國經濟成長的先進國角色[16]？

　　1990年後臺灣成功地發展資訊科技產業，使臺灣整體社會文化已然接受資訊化國家的發展遠景，且因臺灣整體人力素質和政府透明度較高，無形中讓企業經營的不確定性風險降低[17]。以上結果反映出臺灣資訊科技產業過去以代工模式進行經濟發展，所累積的能量已形成今日研發的優勢，而社會文化所受的潛移默化更顯示臺灣整體資訊社會的水平[18]。

　　未來中國將成為半導體產業發展重心是全球資訊工業化國家一致的看法，臺灣以多年來辛苦建立半導體的地理區位及社會網絡優勢，雖與之有技術差距，但許多廠商因市場考量紛紛進行西進，企圖以市場卡位來阻絕後進者之威脅。若以全球資訊電子產業發展生態和企業全球化布局來考量，企業赴中國投資不但是拓展其經營市場，亦是國家經濟實力之延伸，中國學習竹科的經營模式正在快速的複製追趕，其資訊科技產業發展處處可見臺灣的影子，有人說這是一個危機，但轉個彎想這不

16 工研院經資中心，《2002半導體工業年鑑》（臺北：經濟部技術處，2002）。葉珂麐，《下一個科技盟主》（臺北：經典傳訊，2003）。

17 陳鉅盛，〈兩岸半導體產業合作可行性分析〉（新竹：交通大學科技管理研究所碩士論文，1999）。王宗彤，〈引進高科技人才　為當務之急〉，《中國時報》，臺北，2004年09月01日，A15版。

18 經濟部研發會，《大陸經濟情勢評估（2002）》（臺北：經濟部，2003）。

就是臺灣制度文化的移植，藉由制度文化與中國社會各層面的連接，以「習而不覺」的文化影響將是臺灣日後成為資訊科技產業巨人的優勢[19]。

在臺灣活動的能動者不僅賦予地理區域的優勢，也創造、發展社會網絡及制度文化，在這些層面中都可以看到能動者的作用，在資訊科技產業發展中的能動者多以科技人才為主，對外商而言，臺灣的科技人才既優秀又具有相對低成本的特性，因此，美籍跨國企業漸將研發單位外移來臺。這些優秀的資訊科技人才成為臺灣附著在外商企業的吸盤，運用學習途徑取得知名大廠的技術和管理，讓這些跨國企業凡走過必留下知識痕跡[20]。

## 貳、亞太學習型區域中臺灣資訊科技產業之不足

學習型區域觀點的地理空間負載除強調基礎公共建設之有形物體外，亦講求無形社會資本的能量，過去臺灣半導體產業的群聚效應使臺灣成為全球資訊科技產業重要的節點，今日臺灣資訊科技產業的發展企圖在歷史軌跡中尋找「創新」做為出路，並在中國快速追趕下，以「競合」取代「防堵」，這似乎替未來找到遠景，但卻有可能因長期演化而造成日後的困境；也就是說臺灣在既有的硬體優勢下，繼續發展前瞻技術，但是反觀在中國所布署的軟體、基礎研究，卻是高附加價值及創新的基石，這樣著利於眼前的競合布局，將可能成為日後臺灣地理空間不再具有優勢的危機。此外，雖然臺灣持續開發各具特色的中部科學工業園區（以下簡稱中科）和南部科學工業園區（以下簡稱南科），試圖以竹科、中科及南科打造西部資訊科技走廊，但卻因諸多原因，未如預期發展卓越，反觀新加坡的裕廊島及中國高新區則頻傳佳績，再度說明臺灣地理空間負載的優勢正在他國異軍突起下受到挑戰。

臺灣資訊科技產業的群聚效應雖已舉世聞名，但因內需市場較小而

---

19 工研院經資中心，《2002半導體工業年鑑》（臺北：經濟部技術處，2002）。

20 葉珀霖，《下一個科技盟主》（臺北：經典傳訊，2003）。

需積極向外拓展，當亞洲兩大新興市場中國及印度成為全球資訊科技廠商日漸轉移之處時，臺灣廠商也不落人後的積極布署中。然而，除了政治因素限制臺灣廠商西進外，廠商彼此間的競爭也造成另一股兩難。如IBM積極進入晶圓代工業務後，已多少在先進製程上與臺灣晶圓代工訂單上造成排擠效應，若未來客戶端由此「第二供應商」取得更多實質上的好處，則將使得轉單效應持續發酵，因此臺灣晶圓代工業者應持續提升先進製程產能、良率以滿足客戶需求、鞏固客戶關係，並拉開技術差距，藉由更密切地社會網絡支援互助以共創實質雙贏[21]。

　　特別是資訊科技產業是一項沒有國界的產業，講求知識密集、資本密集，若將社會網絡封閉而忽略國際之產品、價格、技術、規格、應用……之轉變，勢必將被區隔在全球市場之外，失去生存發展的契機，因此社會網絡必需保持開放流暢，並藉由國際化來提升臺灣在全球市場的競爭力[22]。今日臺灣正是享有早期至美求學、任職後回臺架建技術社群網絡的得利者，自20世紀中葉至21世紀初共有4大波回流浪潮，這將如同長江後浪推前浪的持續著。這些流動的人才除了引領知識的擴散外，亦促進該服務單位與外部網絡的連繫更加緊密通暢。宏碁電腦董事長施振榮指出，21世紀是全球超分工整合時代，臺灣將成為全球科技分工的重要基地。現在的電腦產業已經轉型，產業本身由注重有形的產業形體，轉為重視無形的智慧財產。在全球分工整合的年代，臺灣不必爭取勉強成為世界最重要資訊國家，但要當所有廠商的朋友，扮演其他國家不可取代的地位[23]。也就是說，臺灣應維持社會網絡的開放與綿密，在既有的網絡優勢上努力將網絡觸及新興地區，如金磚（BRIC）四國：巴西、俄羅斯、印度、中國。

　　即便是長期以來臺灣引以為傲的矽谷－竹科連結，在中國開始延攬海外人才回流試圖成立「硅谷」後同樣倍受挑戰，中國自1978年恢復

---

21 工研院經資中心，《2003半導體工業年鑑》（臺北：經濟部技術處，2003）。

22 工研院經資中心，《2002半導體工業年鑑》（臺北：經濟部技術處，2002）。

23 海外學人編輯，〈延攬人才提升科技發展〉，《海外學人》（1998），頁26-27。

派遣留學生出國至2001年已有38萬名海外學人，主要集中在美國、歐洲。1990年前的海外學人多傾向學成後繼續在留學國就業，直至1990年代中葉後中國資訊科技產業發展具一定成果，才開始第一波回流。2000年受美國經濟衰退才出現第二波人才大量回流的情況[24]。這些海外回流人才在上海創立了1,300多家企業，佔全中國一半以上。中國政府在體認到海外科技人才的重要之後，釋出多項優惠政策希望可以延攬更多海外人才回國服務，這些海外人才除了背負重要的知識外，更重要的是中國留學生人數仍持續上升，甚至超越臺灣留學生，他們與矽谷的連結也將更穩健，使臺灣在留學生人數逐漸下降時面臨與矽谷網絡連繫開放度及信任強度被取代的挑戰[25]。

　　社會網絡的另一個危機是印度的崛起，雖然印度國內的資訊科技產業尚未興盛，人才回流率也低，但其儲存在海外人才庫的人力資本卻是亞太地區僅次於中國的富有國家，1999年美國發出的H-1B簽證中，65%是發給印度籍，6.8%發給中國籍[26]。印度在美取得博士學位的留學生從1996年開始便超越臺灣，且與中國相同的是這兩國的留學生都傾向待在美國工作，1996年87%的中國籍和84%的印度籍博士學人計畫完成學業後待在美國就業，而僅有48%的臺灣博士學人有此打算。1999年一些在矽谷的成功印度企業家開始建立與母國的連結，這與1990年代末印度發展軟體產業有關，現在印度與中國已列入金磚4國，想必是未來亞太地區的閃亮之星，除了現有的低勞動成本外，逐漸進軍印度的低附加價值區段亦可促使印度本地的經驗和學習積累，同時其積極編織的社會

---

24 Annalee Saxenian, "Transnational Communities and the Evolution of Global Production Networks: The Cases of Taiwan, China and India." *Industry and Innovation* 9:3 (2002). pp. 183-202.

25 林克，〈只要高科技人才。其餘免談〉，《商業周刊》60（2001）。Annalee Saxenian, "Transnational Communities and the Evolution of Global Production Networks: The Cases of Taiwan, China and India." *Industry and Innovation* 9:3 (2002). pp. 183-202.費國禎，〈臺灣科技人才出現斷層危機〉，《商業周刊》（2003），頁122-123。

26 龔明鑫，〈建構專技移民及投資移民適當環境之策略〉，發表於「廿一世紀臺灣新移民政策研討會」。臺北：行政院研究發展考核委員會主辦。

網絡亦是對臺灣資訊科技產業的一大威脅[27]。

　　由過去政策歷史演變看來，臺灣的科技政策可說是以技術政策為主，科學政策並未受到重視，早期長科會及科導會在1958年提出之「國家長期發展科學綱領」與1968年擬訂之12年「國家科學發展計畫」雖可說是科學政策，然而根據吳大猷先生所言，其經費只佔當時政府科技支出之五分之一（其後降低至六分之一）。故整體而言，臺灣的科技政策是以技術引進為主的應用路線，這對過去經濟快速成長有著重要貢獻，但若以長期發展願景而言，仍應採基礎科學與應用科學並重的策略，才是最有利於臺灣資訊科技產業發展，才能提高臺灣自身的研發能力，正如外商所認為的，臺灣基礎科學積累較弱，無法負荷更高階創新所需的動能，達到創新的目標[28]。

　　「挑戰2008國家發展重點計畫」是臺灣目前最高的科技政策指導藍圖，其核心目標雖是創新及高附加價值區段的發展，但臺灣整體培育出來的科技人才是否有能力達成，則是一個普遍受質疑的問題，討論到最終仍是回到教育層面，認為臺灣缺乏自主創意的文化涵養，培育出來的科技人才亦侷限在既有的規格上，也因此臺灣雖為全球第二多設計廠商聚集的場域[29]，但卻以「改良」為主要研發路線，至為可惜，這也成為臺灣在制度文化層面極需改善之處。

　　就臺灣研發資源之缺點而言[30]，除了上述「創意能力」有待加強外，外商普遍認為，研發人員國際視野不足且語文能力弱，加上欠缺深厚的科技基礎，難以支持進一步的技術開發，是主要的弱點。臺灣資訊科技人才英文能力普遍不足的狀況是業界主管普遍同意的，這也是海外留學生回臺求職的優勢之一。

---

27 Annalee Saxenian, "Transnational Communities and the Evolution of Global Production Networks: The Cases of Taiwan, China and India." *Industry and Innovation* 9:3 (2002). pp. 183-202.

28 吳慧瑛，〈科技政策與人力發展〉，《政策月刊》48（1999），頁10-14。

29 游煥中，〈兩岸積體電路產業之比較分析〉（新竹：交通大學科技管理研究所碩士論文，2000）。

30 經濟部研發會，《大陸經濟情勢評估（2002）》（臺北：經濟部，2003）。

　　吳榮義指出長期來看臺灣是否能成為世界科技產業中心的挑戰在於經濟體制，臺灣過去60年的經濟主幹是中小企業，全部工作人口中有80%是在中小企業，中小企業的營收佔臺灣全部公司營收的30%，過去中小企業靠單打獨鬥闖出一片天，但如果臺灣想成為高科技產業的中心，就必須幫助這些中小企業升級，幫助他們取得更新的核心技術，因此政府給中小企業許多補助，以維持他們與大集團的競爭。但是，臺灣是一個2,300萬人口的經濟體，無法支持多個產業在全世界有絕對的競爭力，這是先天的限制，當產業大到一定程度，就會發生找不到人才的必然趨勢。因此中小企業的經濟體制是否需要稍做調整是個有待討論的議題。如南韓便是以大財團的成功聞名全球，當然這會有陣痛期，臺灣雖自認為中小企業體制可以更靈活，但一個可以享譽國際的品牌，絕不是中小企業可以創辦的，因此臺灣是否能走向品牌管理的高附加價值則有待經濟體制的調整[31]。

　　臺灣原引以為傲的群聚效應，正被快速的複製在其他亞洲國家，並且隨著產業外移，原先的市場規模更形縮小，故臺灣在地產業以「創新」做為維持競爭力的一條出路，但這只是一條每個科技化國家必走的路，臺灣目前真正的挑戰在於下一個具高附加價值的新興產業為何？當臺灣無法明確說出下一個優勢領域時，同樣在延攬人才上便會輸給其他已追趕上來的後進國，因為臺灣無法給這些追求願景的高科技人才一個藍圖。臺灣的資訊科技產業發展唯有再開創新興領域，才能創造下一波產業的生存空間。由於過去半導體產業成功的光芒使官學各界忘了尋找下一個階段的新秀，資訊科技產業的多元性是一個重要的切入點，就像30年前，以個人電腦取代電子計算器、電玩機臺一樣，臺灣必需在高附加價值區段中找到一個相對優勢才有未來，這是臺灣企業所要努力的[32]。

---

31 王宗彤，〈引進高科技人才　為當務之急〉，《中國時報》，臺北，2004年09月01日，A15版。

32 孫明志，〈臺灣高科技產業大未來──超越與創新〉（臺北：天下，2004）。王宗彤，〈引進高科技人才為當務之急〉，《中國時報》，臺北，2004年09月01日，A15版。

　　1985至1998年間全國研究發展經費投入皆呈現年成長率大於9%的大幅成長趨勢，其中民間部門研究發展經費的投入更是大幅成長，並在1989年首度短暫地超過政府部門，到1993年民間部門的研發經費開始穩定成長地持續超越政府部門（見表6.1）。然而1999年開始全臺研究發展經費投入出現成長減緩的趨勢，由1998年的12.9%降至1999年的8.0%，2000及2001年則是近20年來成長率最低的年度。政府與民間部門的投入經費雖年年增加，但研究發展經費投入的成長率卻呈現大幅減緩趨勢。1998至2001年研究發展經費支出結構變化爲民間及政府在支出成長率都減少的情況下，政府部門減少幅度大於民間企業[33]。

表6.1　臺灣研究發展經費（1994-2014年）　　　　　單位：百萬元

| 項目年度 | 研究發展經費 | 成長率(%) | 政府投入經費 | 比率(%) | 成長率(%) | 民間投入經費 | 比率(%) | 成長率(%) |
|---|---|---|---|---|---|---|---|---|
| 1985 | 25,397 | 13.2 | 16,141 | 63.6 | -- | 9,256 | 36.4 | -- |
| 1986 | 28,701 | 13.0 | 17,252 | 60.1 | 6.88 | 11,449 | 39.9 | 23.69 |
| 1987 | 36,780 | 28.1 | 18,701 | 50.8 | 8.40 | 18,079 | 49.2 | 57.91 |
| 1988 | 43,839 | 19.2 | 24,793 | 56.6 | 32.58 | 19,046 | 43.4 | 5.35 |
| 1989 | 54,789 | 25.0 | 26,127 | 47.7 | 5.38 | 28,662 | 52.3 | 50.49 |
| 1990 | 71,548 | 30.6 | 32,772 | 45.8 | 25.43 | 38,776 | 54.2 | 35.29 |
| 1991 | 81,765 | 14.3 | 42,574 | 52.1 | 29.91 | 39,191 | 47.9 | 1.07 |
| 1992 | 94,828 | 16.0 | 49,509 | 52.2 | 16.29 | 45,319 | 47.8 | 15.64 |
| 1993 | 103,617 | 9.3 | 51,292 | 49.5 | 3.60 | 52,325 | 50.5 | 15.46 |
| 1994 | 114,682 | 10.7 | 54,386 | 47.4 | 6.03 | 60,296 | 52.6 | 15.23 |
| 1995 | 125,031 | 9.0 | 54,694 | 43.7 | 0.57 | 70,337 | 56.3 | 16.65 |

[33] 行政院國家科學委員會，《中華民國科學統計年鑑1987》（臺北：行政院國家科學委員會，1987）。張峰源，〈我國科學及技術之關聯〉，《臺灣科協月刊》18（2003），頁7-10。行政院國家科學委員會，《中華民國科學技術統計要覽》（臺北：行政院國家科學委員會，2004）。

| 年度＼項目 | 研究發展經費 | 成長率（%） | 政府投入經費 | 比率（%） | 成長率（%） | 民間投入經費 | 比率（%） | 成長率（%） |
|---|---|---|---|---|---|---|---|---|
| 1996 | 137,955 | 10.3 | 57,386 | 41.6 | 4.92 | 80,569 | 58.4 | 14.55 |
| 1997 | 156,321 | 13.3 | 62,830 | 40.2 | 9.49 | 93,491 | 59.8 | 16.04 |
| 1998 | 176,455 | 12.9 | 67,581 | 38.3 | 7.56 | 108,874 | 61.7 | 16.45 |
| 1999 | 190,520 | 8.0 | 72,127 | 37.9 | 6.73 | 118,394 | 62.1 | 8.74 |
| 2000 | 197,631 | 3.7 | 74,167 | 37.5 | 2.83 | 123,464 | 62.5 | 4.28 |
| 2001 | 204,974 | 3.7 | 75,790 | 37.0 | 2.19 | 129,184 | 63.0 | 4.63 |
| 2002 | 224,428 | 9.5 | 85,464 | 38.1 | 12.76 | 138,964 | 61.9 | 7.57 |
| 2003 | 242,942 | 8.2 | 91,707 | 38.1 | 7.30 | 149,114 | 61.9 | 7.30 |
| 2004 | 263,271 | 8.4 | - | - | - | - | - | - |
| 2005 | 280,980 | 6.7 | 59,143 | 21.0 | - | 221,839 | 79.0 | |
| 2006 | 307,037 | 9.3 | 60,965 | 19.9 | 3.08 | 246,072 | 80.1 | 10.92 |
| 2007 | 331,777 | 8.1 | 60,643 | 18.3 | -0.52 | 271,134 | 81.7 | 10.18 |
| 2008 | 351,911 | 6.1 | 58,928 | 16.7 | -2.83 | 292,983 | 83.3 | 8.06 |
| 2009 | 367,808 | 4.5 | 61,587 | 16.7 | 4.51 | 306,221 | 83.3 | 4.52 |
| 2010 | 395,835 | 7.6 | 63,020 | 15.9 | 2.33 | 332,815 | 84.1 | 8.68 |
| 2011 | 414,412 | 4.7 | 62,546 | 15.1 | -0.75 | 351,866 | 84.9 | 5.72 |
| 2012 | 433,502 | 4.6 | 61,172 | 14.1 | -2.20 | 372,330 | 85.9 | 5.82 |
| 2013 | 457,641 | 5.6 | 60,993 | 13.3 | -0.29 | 396,648 | 86.7 | 6.53 |
| 2014 | 483,492 | 5.6 | 60,734 | 12.6 | -0.42 | 422,758 | 87.4 | 6.58 |

資料來源：行政院國科會，《中華民國科學技術統計要覽》1987-2004，臺北：行政院國家科學委員會。科技部統計資料庫。

## 第二節　活絡全球思路的流量

　　行政院科技顧問組及經建會的調查報告均顯示，臺灣每年在半導體、顯示器、數位內容、通訊產業等的高科技人才缺口達千人以上。為了彌補產業界人才缺口，除了加強教育體制、企業培育和透過政府修正

適當的人力資源分配外，自國外延攬高科技人才是快速且成本最低的方式之一。一般說來，人才流失的現象多為後進國流向先進國，經過十數年便出現人才流失的反轉——人才回流，而這些人才具備著母國最極需的國外技術與知識，可產生知識外溢的效果（spillover effect of knowledge）。特別是科技人才對母國的科技產業及科技工業園區的成立有直接幫助，臺灣竹科有三分之一的廠商是由回流人才所創立，其中有18家企業引進外資投注竹科，不過回流人數的增加並未造成竹科國內畢業者的工作人數下降，取而代之的是存在著兩種不同文化背景的交流[34]。

因此在學習型區域中，研發、創新成為臺灣資訊科技產業不分上、中、下游的主要業務，知識密集是研發、創新的動能，科技人才是形成知識密集的元素，臺灣自60年代發展科技開始，即重視人才的延攬及培育，也正因為自矽谷歸國的科技菁英才有今日的臺灣資訊科技產業。隨著臺灣資訊科技產業的蓬勃發展，一般性的科技人才延攬政策已不敷使用，每個科技產業都有其個別發展特性，唯對人才的需求是一致的，因此，在資訊科技產業位居臺灣經濟發展主角的同時，特定資訊科技人才政策的制定成為臺灣資訊科技產業朝向研發創新階段的關鍵。

這也是為何臺灣致力延攬人才卻仍有人才不足的吶喊，的確，臺灣必須重新審視既有的資訊科技人才延攬政策，但亦不能忘卻過去與現在紮下的根是未來的修正的磐石。在此認知下，本節先從學習型區域理論的觀點提出過去60年來臺灣資訊科技人才延攬政策已孕育的優勢機會與挑戰，並於下節提出因應策略。

## 壹、臺灣資訊科技人才延攬政策已孕育的優勢

首先，臺灣目前應擔心的是高科技人才供給不足的問題，絕非高科技人才的失業問題，8吋晶圓廠外移在解決高中級人才供需不均衡問題

---

[34] Lee-in Chiu Chen & Jen-yi Hou, "Determinants of Highly-Skilled Migration-Taiwan's Experiences." *Workig Paper Series No.* 2007-1. Chung-Hua Institution for Economic Research.

上，應是正面因素，而非負面因素，留住8吋晶圓廠對產業結構轉型所造成的失業問題於事無補，但8吋晶圓廠外移後，若兩岸產業分工規劃得宜，則可釋放出多餘的中級人才到其他領域。而高級人才仍不足的問題則須仰賴自先進國家引進或運用中國留學人才與中國當地專才[35]。當亞太地區的優質人力均以美國矽谷為優先就業地時，臺灣並非毫無優勢與機會。

臺灣竹科的成立可說是借力於海外學人，但竹科的成立卻也促使更多海外科技人才返國，臺灣資訊科技產業在這些自美返臺科技人才的引領下，除了成功發展資訊科技產業外，更重要的是將臺灣放在亞太區域的樞紐，臺灣資訊科人才延攬政策在此中心點上，有著取得資訊流通、產業經驗、市場鄰近、較穩定的政經環境等優勢做為延攬科技人才的籌碼，並且臺灣這塊土地相較於一些歐、亞洲國家有著更完整的資訊科技產業鏈，這是一項重要的寶貴資產，因為它提供了完整的學習網絡及整體產業的未來動向，這項重要的學習也是科技人才在遷移時考量的要因[36]。

此外臺灣的社會環境及不斷提升的公共建設相較於東南亞國家可說是較受歐美企業所能接受者，這些歐美跨國企業在臺設立分部，所帶來的並非只有單純的經濟獲利，更重要的是他們也將臺灣介紹給外籍科技人才，以工程師身分入境的外籍人士中，約有20~25%在竹科上班，並且多在外籍或外資企業任職，即便是高附加價值區段的本土IC設計公司仍少見外籍科技人才的蹤影，因此這些外商的座落將是臺灣延攬海外科技人才的一大機會。2003年「挑戰2008之國際創新研發基地計畫」促使十家跨國企業在臺設立研發中心，這些研發中心引進170位海外科技人才，增聘453位研發人才，外商不僅是替臺灣延攬外籍科技人才的機

---

35 工研院經資中心，《2002半導體工業年鑑》（臺北：經濟部技術處，2002）。

36 刊欣，〈全球搶人大戰。亞洲高科技人才炙手可熱〉，《商業周刊》678（2000），頁172-174。
　　Tse-Kang Leng, "Economic Globalization and IT Talent Flows Across the Taiwan Strait." *Asian Survey* 42:2 (2002), pp. 230-250.

制，更是促進本土與海外科技人才交流的重要能動者[37]。

　　再者，在既定的科技人才延攬政策外，2002年由行政院政務委員兼科技顧問組副召集人蔡清彥和交通大學校長張俊彥一同與人事行政局溝通，取得一年增加85名研究所師資給國立大學，此「八五四專案」預計在4年中每年爲5大新興產業[38]引進85名師資，並且每名教授每年要收5名研究生，4年後一年就可以增加培育1,700百名高級研究人力。由於該項專案限定於延攬海外資深學者，故共計將有320名海外人才進入臺灣學術領域，這是政府人員精簡政策下的一大創新性的做法[39]。在臺灣教育體系的不斷擴張下，未來本土培育的科技人才可望達成供需平衡的狀態，甚至供過於求[40]，但這並不意味著延攬外籍科技人才及海外學人不再重要，相反地，目前業界反應出的科技人才質量不等即是一個尚待解決的問題，也因此出現「科技人才並沒有短缺而是素質不足」的說法。

　　除了「八五四專案」的增訂外，與學界相關的延攬政策也有部分修訂。2004年2月9日的行政院科技會報確立了另一項重要的制度修正——「公教分離」的原則，並擬定5項策略及時程，這是教育人員和公務人員首度適用不同的人事、會計法規。5項策略分述如下[41]：

1. 各大學的學雜費與外界捐贈所得等收入，可以用來支應教師的薪水，且授權各大學自行決定教師績效獎金的額度。如此一來，只要學校有辦法請到最好的研究人才，待遇多寡可自行決定；
2. 各大學可新增「特聘教授」的進用，特聘教授除了本薪、學術研究費之外，可以另有研究獎助費，額度也由大學自訂；

---

37 張峰源，〈「國際創新研發基地計畫」產出績效檢討〉，《今日會計季刊》96（2004），頁13-32。

38 2000年，科技顧問們在討論行政院科技顧問組完成的研究報告後，建議選擇電子（包括半導體及影像顯示）、通訊（包括光通訊及無線通訊）、資訊服務、生物科技及奈米科技為五大新興產業。

39 孫明志，〈臺灣高科技產業大未來——超越與創新〉（臺北：天下，2004）。

40 中時新聞報，〈科技人才培育及延攬產業論壇〉，《臺灣科協月刊》018（2003），頁2-6。

41 孫明志，〈臺灣高科技產業大未來——超越與創新〉，（臺北：天下，2004）。

3. 大學裡同一職等的教授，個人所領學術研究費可以依實際需要分級支給。打破一直存在的「齊頭式」假平等現象；

4. 直接影響大學教授到產業界協助技術創新的誘因，放寬大學教授至多兩項兼職且合計不得超過15,000元的規定，改為一個月最多可以支領約103,000元；

5. 進行長期的修法工作。上述各項辦法都是在不涉及法律修訂而屬行政裁量的情形下進行，而根本解決定之道還是要回到公務員法和教師法的的修訂。

　　前3項為短期策略，目的是增加大學延攬傑出學者以培育更多科技人才的籌碼，並使自1982年實行以來的平頭主義得以改制，第四、五項則分別為中、長期的未來規劃。這些策略直接作用在薪資的給付上，這使得臺灣延攬資訊科技人才時，得以有更優渥的條件與他國競爭，而未來放寬兼職薪酬的上限，也是促使產學交流的一大有利機制。

　　臺灣移民者到美國的主要職業為技術專業人才[42]，這些移民者成為未來重要的社會網絡，而在臺灣設立分部的外商企業也同樣扮演引介臺灣的一條延攬管道。此外，中研院、工研院與各大學院校在臺灣延攬資訊科技人才時亦是重要的一環。由於臺灣現行的資訊科技人才延攬政策以國科會相關辦法為主要辦法，所以延攬來臺的資訊科技人才多以進入學術研究單位為主，因此各學術研究單位的研發能量和網絡關係自然左右了資訊科技人才在臺發展的意願。

## 貳、臺灣資訊科技人才延攬政策將面臨的挑戰

　　臺灣資訊科技人才延攬政策要在全球化時代具有競爭優勢需先找到自身在全球產業分工的位置，及應具備的能力，進而相對規劃因應之策略並執行，才能促使臺灣展現強烈的產業拉力，以吸引資訊科技人才來臺，當亞太資訊科技產業已成長為學習型區域時，臺灣現有的科技人才

---

42 Lee-in Chiu Chen & Jen-yi Hou, "Determinants of Highly-Skilled Migration-Taiwan's Experiences." *Workig Paper Series* No. 2007-1. Chung-Hua Institution for Economic Research.

延攬政策是否足以因應？換言之，臺灣資訊科技人才延攬政策面臨學習型區域的挑戰爲：是否能確保延攬人才之多元及開放性？除了公部門之資訊科技人才延攬外，私部門是否能引進高級科技人才以厚實臺灣之創新能力？

　　社會網絡在資訊科技人才延攬政策中的重要性不在於既有的認知互動，而是基於未知信任的互動，透過親友間網絡及想像認知的投射，認爲臺灣是一個值得信任的發展地，並以一種「期待今日的協助將獲取他日回饋的信任」互介回臺發展[43]。資訊科技人才的延攬可依公私部門區分出二種網絡，公部門引薦回臺主要係透過師長和學術社群網絡；而私部門則以親友網絡及人力仲介公司爲主。當臺灣的資訊科技人才延攬政策主要以延攬人才至公部門爲主，師長、學術社群的網絡就益顯重要，但是臺灣的留學人數雖持續遞增（見圖6.3），但留學人數成長率卻明顯降低（見圖6.4），這將造成在海外社會網絡點的減少，因此今日低留學成長率可能隨時間演化成未來的社群網絡薄弱的危機。

　　在研發人力素質的部分，2001年相較於2000年增加1,131名博士級研究人員，其分布爲大學78.3%、科技研究機構9%、企業12.7%。可見大學等學術研究機構仍是高級研究人力從事研究的第一選擇處所，而業界尚無足夠之研究發展誘因吸引高級研究人力至業界進行研究發展，造成業界高級研發人力所佔比例偏低[44]。所以臺灣除已具備之公部門資訊科技人才延攬政策外，應積極建立具競爭力的民間資訊科技人才延攬政策，以協助業界研發人力之儲備，並且得以加強將廠商留在臺灣的拉力。以下就現行資訊科技人才延攬辦法提出不足之處。

## 一、延攬政策突出性不足

　　2003年美國實施一項爲期3年的專案，（即增加外國高科技工作者的簽證名額），計劃每年引進60萬名技術性外籍人士，其中有24萬人將

---

43 張苙雲，〈制度信任及行為的信任意涵〉，《臺灣社會學刊》23（2000），頁179-223。

44 張峰源，〈國防訓儲人力運用及國防資源釋商對產業科技發展之影響〉，《臺灣科協月刊》018（2003），頁13-17。

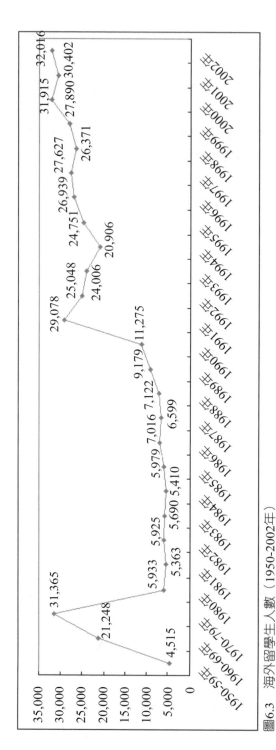

圖6.3 海外留學生人數（1950-2002年）

資料來源：Chiu Chen Lee-in & Jen-yi Hou, "Highly-Skilled Migration: China, Taiwan and the United States." 2004b. 行政院國家科學委員會，《中華民國科學統計年鑑1983》（1983），頁51。蔡青龍、戴伯芬，〈臺灣人人才回流的趨勢與影響——高科技產業為例〉，《人力資源與臺灣高科技產業發展》（2001），頁20。

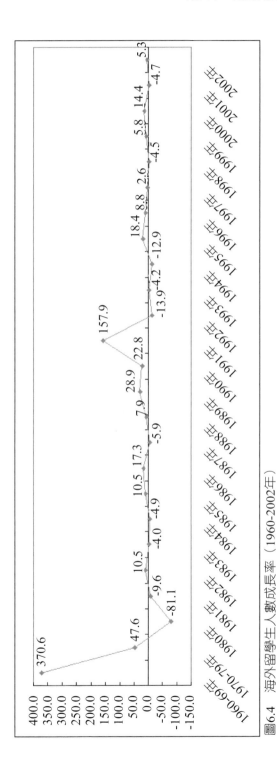

圖6.4　海外留學生人數成長率（1960-2002年）

資料來源：Chiu Chen Lee-in & Jen-yi Hou, "Highly-Skilled Migration: China, Taiwan and the United States." 2004b. 行政院國家科學委員會，《中華民國科學統計年鑑1983》（1983），頁51。蔡青龍、戴伯芬，〈臺灣人人才回流的趨勢與影響——高科技產業為例〉，《人力資源與臺灣高科技產業發展》（2001），頁20。

來自印度，這項政策再度加劇亞太地區高級科技人力的爭奪，《遠東經濟評論》指出亞洲地區的科技人力已有不足的跡象，包括生產力下降、競爭力下滑、高科技產業薪資顯著提升等。爲因應亞太地區科技人力流向美國，發展資訊科技產業的亞太各國也積極訂定各項延攬及移民策略以網羅優質人力，其中最積極者當屬日本、新加坡與韓國[45]。

　　日本政府在2001年展開「e-Japan」計劃，並公布2005年應吸引3萬名傑出資訊科技人才。新加坡則採取與美國相同的策略，新加坡預計每年新增一萬人左右的人力，其中有一半爲外籍人力，2002年8月更與印度高科技人力培訓公司NIIT簽約，由其協助新加坡每年在亞洲召募1,000名高科技人才。韓國在2000年以「金卡制度」展現延攬優質科技人才的積極態度，至2004年依此制度已延聘272位海外科技人才，並且頻頻調降稅制，與新加坡的減稅延攬政策抗衡[46]。

　　這些國家的延攬政策當然成爲臺灣延攬政策的競爭對手，他們積極運用、維護官、學、研網絡的開放性，並且與私部門的人力公司連結，擴大科技人才延攬政策的社會網絡，反觀臺灣資訊科技人才延攬政策的社會網絡仍以公部門爲主，與民間人力公司的合作幾乎沒有，經濟部辦理的海外人才延攬會所委託者也是臺灣經濟研究院，屬於非營利組織。所以雖然臺灣資訊科技人才延攬政策的社會網絡保持著開放性，但多元性（僅著重公部門之延攬）卻明顯不足，這對資訊科技人才延攬是一大挑戰。

　　臺灣總體人才庫小是先天限制[47]，制度文化上的偏限則是後天失調。臺灣在資訊科技人才延攬政策方面，一向都採取消極獎勵及補助

45 刊欣，〈全球搶人大戰。亞洲高科技人才炙手可熱〉，《商業周刊》678（2000），頁172-174。龔明鑫，〈建構專技移民及投資移民適當環境之策略〉，發表於「廿一世紀臺灣新移民政策研討會」。臺北：行政院研究發展考核委員會主辦。

46 刊欣，〈全球搶人大戰。亞洲高科技人才炙手可熱〉，《商業周刊》678（2000），頁172-174。龔明鑫，〈建構專技移民及投資移民適當環境之策略〉，發表於「廿一世紀臺灣新移民政策研討會」。臺北：行政院研究發展考核委員會主辦。

47 王宗彤，〈引進高科技人才　為當務之急〉，《中國時報》，臺北，2004年09月01日，A15版。

的方式，致使成效不彰，像經濟部的「協助國內民營企業延攬海外產業專家返國服務作業要點」自1995年實施至今，每年補助不逾30人次，2004年首度達40人次，但也僅是因為補助計算方式的改變而造成人次增加，並非實際上補助的人數。所以臺灣資訊科技人才延攬政策在制度文化層面的首要挑戰，即是改以積極地引進各國人才及大幅開放人才在公私部門交流[48]。

除了私部門的延攬人才政策不彰外，大學或研究機構延攬海外人才時，僵化的待遇與管理辦法也是最大的障礙。此障礙不僅發生在學術研究機構與海外資訊科技人才的交流上，也發生在臺灣產、學、研的交流上，臺灣資訊科技產業現已面臨技術成熟，需要尋找更上一層的研發技術與成果，而需向學術界借將，但現行的管理辦法也成為阻礙。透過經由美國矽谷的經驗，我們可以證實學界與業界人才互通已經成為產業發展、刺激學術研究與產業結合的必然機制。但臺灣長期以來卻實行軍公教同一套制度、管理辦法，這近乎齊頭式的待遇制度無法有效激勵產學互通，也無法提供優渥的條件吸引大量海外人才回臺服務。臺灣約有八成的博士人力在大專院校，但受限於公務人員的規定，無法與產業界流形成暢通的流用管道，這些公務員的聘用、待遇制度無法吸引高級科技人才。這種種限制在歷年各界的大聲撻伐及努力下，於2004年2月開始實際打破「齊頭式」平等，放寬薪資限制。

但面對香港、新加坡大學這幾年採重金禮聘策略來全力加強延攬海外高級人才，延攬的薪資是臺灣的4、5倍，甚至中國的重點大學都提供一個月幾十萬新臺幣的待遇來吸引人才流進，相形之下，臺灣雖放寬外籍人才來臺限制，但實質上卻沒有給大學款項，等於是將延攬問題丟給大學自行負責，並且大學教授至業界合作仍有月薪的最上限，[49]使得產學交流合作的成果仍是有限。

---

48 韓伯鴻，〈國科會延攬科技人才概況及展望〉，《科學發展月刊》28：7（2000），頁515-522。李漢銘，〈科技產業人才引進策略〉，發表於「臺灣經濟戰略研討會」。

49 孫明志，〈臺灣高科技產業大未來──超越與創新〉（臺北：天下，2004）。

## 二、權責機關紛雜

　　除了延攬政策鮮為人知外，權責機關的定位亦有重疊不清的窘境。臺灣資訊科技人才延攬政策目前以國科會為主要評審單位，為配合推動行政院「科技人才培訓及運用方案」，將補助延攬單位擴及財團法人工業技術研究院、資策會、生技中心、中科院、衛生署預防研究所、勞委會勞檢所及其他科技管理單位等。但國科會之原設立目的乃基於推動科技研究發展（包含學術、基礎及應用科學）為主，上述非國科會專題研究計畫等補助單位，與國科會延攬研究人才之目的及功能有所歧異，這樣的責任編屬顯出臺灣對於資訊科技人才延攬仍未明確界定該業務之劃分，如此一來不僅造成多頭馬車的資源浪費，也使得資訊科技人才入境申請耗費多時，尤以中國籍人士更為嚴重，相較於新加坡人力部的整體性，臺灣的確缺少一個總體性、跨部會的延攬人才評估及承辦單位[50]。

　　再者，辦理外籍勞工進用的勞委會，出現業務偏重低階外籍勞工管理與服務的現象，使得外籍科技人才來臺後產生心理因素的改變，也就是並未如同預期受到禮遇，而僅是藍領勞工階級，這與科技候鳥追求尊榮感及成就感的落差太大，將導致他們遷移至下一個能滿足他們成就感的地方。因此整體而言，臺灣在延攬資訊科技人才的承辦單位上面臨需重新調整的挑戰。

## 三、延攬對象之侷限及不精準

　　根據經建會統計，臺灣至2007年產業界需求的碩博士人才仍明顯不足，累計自2004至2007年高學歷人才缺口高達5,000人[51]。鎖定博士

50 韓伯鴻，〈國科會延攬科技人才概況及展望〉，《科學發展月刊》28：7（2000），頁515-522。江睿智，〈美商會：兩岸不通臺自絕於亞洲〉，《中時電子報》，取自：http://www.news.chinatimes.com。（2005年4月點閱）林安妮，〈美商會2005白皮書促鬆綁大陸人才來臺〉，《聯合新聞網》，取自：http://udn.com/NASApp/rightprt/prtnews?newsid=2707501。（2005年6月點閱）林安妮，〈陸委會：美商的抱怨需再理解〉，《聯合新聞網》，取自：http://udn.com/NASApp/rightprt/prtnews?newsid=2707504。（2005年6月點閱）

51 尤子彥、胡健蘭，〈高科技人才荒，三年缺三萬人〉，《中國時報》，南投，2004年09月01日，第A15版。

級資訊科技人才的延攬工作為一大挑戰，因為愈是優質的科技人才，愈容易在海外覓得理想的工作，在擁有多重可選擇的機會後，這些優質科技人力的回臺意願便相對降低。海外延攬的資訊科技人才大致上可分為兩類，一類是已取得碩士或博士多年，在國外已有相當成就，已步入中年，但很願意返國開創其「第二事業」（Second Career）；另一類是剛剛畢業的碩士或博士，願意返國將他們在國外經由取得學位所受到的訓練帶回國內。科技人才的延攬主要是希望延攬優質的科技人力，特別是對博士級科技人才的延攬。

　　鄭麗瑛和侯仁義對臺灣科技人才遷移的決定因素做更進一步調查的研究，其結果指出，臺灣高技術人才的回流中，女性較男性回流率高，年齡則以30歲以下為主要群體，而35歲至55歲為留在海外的主要群體，這是因為後者多半有家庭、學齡兒童等考量而不易轉換工作及居住地，並且科學、電機專業領域的回流人才數在所有領域中排名第二，尤以碩士級為回流主力，博士級則以選擇留在海外居多。雖然科學電機領域佔回流人數第二多，但多數的科學電機人才仍傾向留在國外，在鄭麗瑛和侯仁義的研究中顯示，9,259位博士人才中有71.5%為科學電機人才，近年來人文學科回流比例不斷增加，而科學、電機及醫學等領域專才則傾向在國外就業，並且高學位者（博士）在國外較易找到合適的位置，也因此留在國外的時間較長，而這將影響他們與臺灣經濟的連結，當經濟連結愈薄弱時，回國的可能性就愈低[52]。

　　在延攬人才政策內容上，韓伯鴻針對國科會現行的各項辦法提出了三項問題分析及解決改善方案，[53]其中一項為延攬（聘）外國籍科技人才應從嚴審或研訂人數上限，韓伯鴻指出外國籍科技人才及外國籍博士後研究佔國科會總延攬人數之比率各約為20至30%，有偏高現象需加以限制，並且自2000年起大學可增設聘請博士班畢業國防役人員，政府科

---

52 Lee-in Chiu Chen & Jen-yi Hou, "Determinants of Highly-Skilled Migration-Taiwan's Experiences." *Workig Paper Series* No. 2007-1. Chung-Hua Institution for Economic Research.

53 其餘兩項分別為延攬科技人才聘期三個月以上之限制應縮短至一個月、博士後研究經費應納入專題研究計畫內。

技管理單位也可聘請博士後研究人員及調高工作酬金等因素，在經費無法相對成長之際，對延聘外國籍博士後研究人才部分，實應從嚴審查或研訂人數上限[54]。

但本書基於社會網絡開放性及多元學習，認為外籍科技人才延攬不應設立上限，而是應設立一個有效鼓勵臺灣科技人才及博士後人力出國服務的機制，並積極延攬海外高級資訊科技人才回臺服務，否則設立外籍人力限制亦造成人才「自產自用」的封閉現象。更何況臺灣的外籍科技人力比例相對於美國、新加坡雇用外籍科技人力的比例上，並未特別高出；美國Stanford University和MIT University兩所學校的外籍科學及工程領域博士後研究學者佔一半以上，在矽谷的工程師也有30%是外籍人才[55]。所以臺灣政府應努力克服的挑戰不是限制外籍科技人力的比例，而是如何運用政府的角色爭取更多博士級科技人才或與各國聯盟，或人力交換，提供臺灣籍科技人才與世界接軌的機會。

## 四、法規限制

資訊科技產業人才缺口持續存在，高等教育提供的人力資源無法符合企業的期待，已使得臺灣科技人才培育時程無法跟上企業發展腳步的問題明顯浮現，其中，碩士以上人才需求大幅增加，臺灣大學、清華大學、交通大學、成功大學等名校仍是企業召募的最愛，前些年擴增的技職院校面臨經營的考驗，教育體制造成產學無法銜接的問題仍是一大挑戰[56]。當臺灣教育體系無法培育足夠產業需求的人才時，開放外籍科技產業人士來臺工作，是一條必走的路，但包括海外中國高科技人才來臺工作，目前都仍需受到5年期須離境的規範，更不必說中國科技人士來

---

54 韓伯鴻，〈國科會延攬科技人才概況及展望〉，《科學發展月刊》28：7（2000），頁515-522。

55 龔明鑫，〈建構專技移民及投資移民適當環境之策略〉，發表於「廿一世紀臺灣新移民政策研討會」。臺北：行政院研究發展考核委員會主辦。

56 黃玉珍，〈科技業人才缺口擴大〉，《經濟日報》，取自：http://udn.com/NEWS/FINANCE/FIN4/2606738.shtml。（2005年4月點閱）

臺，也遲遲未見明確的開放政策[57]。

　　臺灣另一項延攬人才的重要政策即「國防訓儲役制度」，自2002年起每年約有3,000名碩博士級國防訓儲員額可供產學研運用[58]。隨著產業各階段的不同發展衍生不同資訊科技人才的延攬需求，行政院最新的「挑戰2008計畫」無疑是在挑戰臺灣能否由「製造」型態成功轉型至「前瞻創新」型態，在這個轉型過程中，大量優質及穩定的高階人才供應是決定這條路能否走得踏實穩定之關鍵因素。1999年改制後的國防訓儲人力制度，恰好扮演臺灣轉型至「創新前瞻」狀態之穩定能量提供者角色，此制度雖然備受爭議，但不容否認的是它的確縮短畢業人才進入業界服務的空窗期。近4年來，企業獲得高階研發國防訓儲人才比例已由1999年的13.1%迅速成長至2004年的75.8%，國防訓儲人才現已為國內外企業在臺爭取高階人才之重要來源[59]。

　　但為解決未來的資訊科技人才荒，行政院著手規劃以「研發替代役」取代目前的「國防訓儲役」，人數將擴增至每年10,000人，役期擬規劃為3至4年，前一年半屬義務役期間，只能領取與一般役男相同約10,000元左右的月薪，之後才能開始支領企業薪水，待遇較現行的國防役大幅縮水[60]。這樣的改變雖然擴大員額，也因應來自非科技領域各方的不平聲浪，但卻造成科技領域碩博士畢業生加入研發替代役的躊躇，畢竟當前一年半的薪資必須與一般役男相同時，又何必要加入研發替代役讓自己未來的1年半至2年半必須綁在同一家公司，更甚者此新方案擬

57 尤子彥、胡健蘭，〈高科技人才荒，三年缺三萬人〉，《中國時報》，南投，2004年9月01日，第A15版。

58 張峰源，〈國防訓儲人力運用及國防資源釋商對產業科技發展之影響〉，《臺灣科協月刊》018（2003），頁13-17。

59 張峰源，〈國防訓儲人力運用及國防資源釋商對產業科技發展之影響〉，《臺灣科協月刊》018（2003），頁13-17。中時新聞報，〈科技人才培育及延攬產業論壇〉，《臺灣科協月刊》018（2003），頁2-6。孫明志，〈臺灣高科技產業大未來－超越與創新〉（臺北：天下，2004）。

60 李宗祐、尤子彥，〈三年五萬個缺 科技業挖角戰〉。《中國時報》，取自：http://news.chinatimes.com/Chinatimes/newslist/newslistcontent/0,3546,110519+112005040800374,00.html。（2005年4月點閱）

要求各廠商提供宿舍和交通車予研發替代役者，這也造成兩極的看法。所以原方案的3,000人國防役雖有不敷使用的現象，但新制10,000人的研發替代役是否能繼續吸引優質科技人才加入，抑或者淪為質量不均的另一管道，則是另一個延攬資訊科技人才的新挑戰。

## 五、居住環境不佳

在地理空間上臺灣雖有產業聚集、資金、技術、冒險精神及民主自由繁榮等條件，但是多項決定國際人才流動因素的條件，如教育、生活品質、環境、語言與文化條件、基礎建設以及政府效率等非經濟因素條件，臺灣不僅不如先進國家，甚至有部份也不如某些開發中國家，使得臺灣吸引科技人才的優勢持續流失[61]。如果臺灣的經濟環境下降或不變時，海外科技人才便會傾向留在國外，這與地理空間的軟硬體負載有著直接相關[62]。

在制度層面之外，文化的包容性亦是臺灣成為亞洲國家中較容易為西方所接受的遷移地，臺灣為了能進軍世界舞臺，除了不斷提倡英語教學，在公共建設等多樣軟硬體設施都標示英語翻譯，為的就是讓外籍科技人才能更容易融入臺灣的生活，增加其留在臺灣的意願，特別是當臺灣並非英語系國家的同時，這些便捷性讓臺灣得以與其他亞洲國家競爭，雙語小學的設立亦是臺灣政府為了降低外籍人士家眷來臺就學疑慮的措施。臺灣目前雖已有多所外語學校，但所費不貲，對於任職學術研究機構的外籍人士子女是一大負擔，所以教育部在特定學區小學設有雙語班，但美語師資的不穩定常是小學的困境，並且雙語班僅設立在國小階段，國中階段尚未有雙語班，是一項尚待解決的制度[63]。

臺灣發展資訊科技產業至今已逾40年，依照社會資本積累的進度而

---

61 李漢銘，〈科技產業人才引進策略〉，發表於「臺灣經濟戰略研討會」。

62 Lee-in Chiu Chen & Jen-yi Hou, "Determinants of Highly-Skilled Migration-Taiwan's Experiences." *Workig Paper Series* No. 2007-1. Chung-Hua Institution for Economic Research.

63 龔明鑫，〈建構專技移民及投資移民適當環境之策略〉，發表於「廿一世紀臺灣新移民政策研討會」。臺北：行政院研究發展考核委員會主辦。

言，臺灣延攬資訊科技人才的拉力雖不能與美國匹敵，至少在亞太地區應可與其他亞洲四小龍較勁，但民間企業持續的人才荒及官方的人才缺口統計，都讓本書思考究竟是哪裡錯失了良機，更貼切的說，臺灣為何無法建立吸引高級資訊科技人才的魅力？抑或者臺灣的確具有吸引高級科技人才的誘因，卻為何留不住這些菁英？從勞動力遷移理論和吉木的研究結果論述中，我們可以得知遷移拉力如經濟（所得與就業機會）、個人的特質、心理成本、資訊的取得、環境、生活品質、語言與文化條件、基礎建設成果及該國所具有之技術優勢等因素，是吸引國際人才資源的主要誘因。

　　本研究以學習型區域理論探討臺灣資訊科技人才延攬政策所遇到機會與挑戰，已如前述。當時空改變時，制度也該有所修訂以配合環境變遷的需求，綜觀臺灣資訊科技人才延攬政策的困境，乃不合時宜的辦法都因層層關卡而未能與時並進的改善，不夠彈性成為臺灣資訊科技人才延攬政策在演化上的一大挑戰。正所謂有挑戰必定有機會，本研究在比較分析前述機會與挑戰後，基於對臺灣資訊科技人才延攬政策未來發展的期許，提出從學習型區域觀點出發的各項改善建議，期以本研究之論述提供臺灣資訊科技人才延攬政策另一個宏觀的視野。

## 壹、權責機關的重組

　　臺灣資訊科技人才延攬政策一直存在著多頭馬車的困境，這導致延攬資源無法集中運用，也造成回流或來臺服務之資訊科技人才產生無所適從的窘境。首先資源的不集中使得各單位皆無法取得誘人的籌碼延攬優秀人才，並且政府制定各項優惠措施也因利益不多但手續繁雜，無法獲得民間企業的青睞，結果是有優惠政策但無用武之地，不僅扼殺了政府的美意也降低民間廠商對政府的信任。其次，臺灣資訊科技人才延攬政策的與時俱進多以疊床架構的方式為主，為真正重新審視整體延攬機制的適宜與否，造成各執行單位事權的劃分不清或者彼此業務的了解不足，徒增入境科技人才的困擾，因此臺灣延攬人才之各政府部會有重新調整的必要性。

　　和臺灣一樣爲海島國家且天生人才庫小的新加坡，在人力規劃、人力發展及人力管理的業務上，也是長期由不同部會及機關負責，以致於在政策制訂上缺乏統一性。有鑑於此，新加坡政府在1998年將勞動部（Ministry of Labour）更名爲人力部（Ministry of Manpower），以全國性宏觀的角度，藉由人力規劃、人力管理事務及勞資政府3方合作，爲該國打造一支具知識經濟的人力隊伍。並從國家觀點採取結合及綜合性策略，預測和因應國家勞動力的需求。故新加坡人力部的核心目標爲：策劃人力的需求，以保持該國的競爭優勢；不斷提升勞動者的技能，使他們一直是科技人才且具備全球競爭力，並以此吸引國際人才以擴大新加坡的人才資源。這對臺灣無疑是一個值得效法的借鏡，讓人力規劃有一整體統籌的機制，而不是科技人才供需評估由各機關委託相關單位執行，或者沒有相關單位從培育、延攬、離職層面全面了解臺灣的情勢與所需，變成一個臺灣多份供需報告，最後沒有一個單位專責承辦，也沒有整體完善的科技人才追蹤機制。

## 貳、配套措施的加強

　　臺灣高科技產業近年來有輝煌之成果，惟仍面臨部分領域資深人才引進不易，以及高科技產業研發人才不足的潛在阻礙，如何繼續延攬傑出資訊科技人才協助資訊科技產業保持競爭優勢，係今日全球競爭的重要議題。資訊科技人才延攬最大的挑戰在於產業環境變遷急速，造成人力素質需求高優質及多樣性的，臺灣地理空間的負載可說憑藉竹科厚實了社會資本，但隨著產業多元化的成長，臺灣借鏡竹科的設立模式，再規劃南港軟體園區、中部科學工業園區及南部科學工業園區，目前此3個園區都已進入2期開發，臺灣西部資訊走廊已漸成形[64]。地理空間的不斷加值也帶動資訊科技人才的流動，如能善用西部資訊科技走廊的產業誘因延攬資訊科技人才，將可以彌補高科技產業人才培養不易和技術

---

64 南港軟體工業園區網站，http://www.nksp.com.tw/。（2005年5月點閱）。中部科學工業園區網站，http://www.ctsp.gov.tw/CTSP/index.jsp。（2005年5月點閱）南部科學工業園區網站，http://www.stsipa.gov.tw/web/。（2005年5月點閱）。

斷層的問題。

　　資訊科技產業和竹科已儼然成爲臺灣向外宣傳的首要標誌，當我們以此做爲可被信任的評估機制後，接下來應適宜的將西部資訊走廊推上全球競爭市場，取代單一的竹科效應，畢竟單一科學園區的效應已被後進國仿效而失去競爭優勢。其次，配合掌握所需資訊科技人才的來源地，進而依其固有之文化背景，配合臺灣所具有的優點加以宣傳。行政院科技顧問組的調查結果顯示，臺灣資訊科技產業主要的科技人才供應地爲美國與日本，因此可配合這兩國特有的國情宣傳臺灣與之相似處，減少外籍科技人才來臺不適應之疑慮。另爲吸引高科技人才回流，對於高科技產業發展的必要基礎建設應加以提升，如交通、生活環境、教育與文化方面。好的居住環境是留住全球高科技人才重要的因素，特別是園區周圍各級雙語學校的配合，因爲臺灣極需的科技人才爲在海外具資深工作經驗的優質人力，這些科技人才多爲35歲以上，因此要讓這些人才無後顧之憂的舉家遷移，優質的教育環境是一個重要的施力點。亦即建構臺灣具有吸引資訊科技人才長期居住的軟、硬體環境。

## 參、完善人力庫的運用

　　全球化加速了科技人才的流動，而科技人才的流動起因於人才的缺乏，科技人才成爲各國競相爭奪的目標，無非都是爲了促進國內的經濟發展，全球化打破了疆界的束縛，不論是地理形勢或是語言文化等限制，因此科技人才的流動成爲全球化現象中一個顯著的問題，知識的宿主在面對拉力與推力的抉擇時，各自有一把天平在衡量孰重孰輕，臺灣唯有做好全方面的準備才能對科技人才形成拉力，然而我們無法在短期內全面改革投資環境及非貿易面的拉力因素，所以應在既有的基礎上，加深研發創新能力，拉大與其他競爭國家的差距，以技術優勢及發展潛力成爲吸引科技人才來臺的主因。

　　國科會雖已建構科技人力資料庫，但並不完善及周全。科技人力資料庫可以協助產業尋找適合的創新和生產的研發人員，因此資料庫必需涵蓋國內外的科技人才，讓臺灣的資訊科技人才網絡擴大並且多元。

近年大量剛取得海外學位的資訊科技人才回流，讓臺灣的海外社會網絡相形缺乏後繼者的維護，再加上資訊科技人才著眼於業界的利益，導致願意出國留學人數減少，這也會使得社會網絡將逐漸薄弱，因此臺灣除應鼓勵學生出國留學外，更需與國外廠商、學校及研發機構建立合作機制，讓臺灣留學生得以在政府協助下在國外任職，使先進技術的學習及移轉不致斷裂。特別是當中國與印度留學生在美國的表現超越臺灣留學生之際，如何協助臺灣留學生在美國矽谷保有競爭優勢，是臺灣維持社會網絡開放及多元的一項策略。

畢竟，資訊科技人才是創新的基石，維持優質人力的來源是國家經濟發展的關鍵，美國NSF對此科技人才設有完善的資料庫，從外籍人士留學期間即加以記錄，因而可完整的推估各類別人才的來源地，並提供延攬科技人才所需的數據分析，臺灣雖已在2003年設有科技人才資料庫，但此資料庫純屬個人自願登錄，並無法確實記錄臺灣資訊科技人力，也無法提供產、官、學各界求才的媒介。所以此一善意的機制必須更有效地管理，達到臺灣人力庫的實質作用，並且人力庫除作為求才媒介外，亦需成為科技人才流動研究的有效分析樣本。

## 肆、行銷臺灣

除政府部門外，另一個對產業延攬優質資訊科技人才具關鍵因素的是跨國企業，跨國企業不論是在公司制度、文化和福利等各方面都較吸引資訊科技人才，特別是外籍人才，外籍資訊科技人才因在臺的跨國企業任職而認識臺灣，進而建立起社會網絡及信任關係，他們雖然是在外商公司工作，但其知識及技術積累仍會外溢給合作的臺灣廠商，形成一種隱形知識的傳遞，這對臺灣的社會資本及延攬海外人才有極大的加分作用。所以當外籍企業開始移出臺灣時，政府要憂慮的不是可估計的經濟損失，而是不可預估的既有人才流失和阻礙人才流入的損失，因此臺灣政府在進行海外招商時，考慮的不該只有經濟成長，還有外商的附加價值。

不僅要行銷臺灣，更要行銷臺灣的資訊科技人才延攬政策，在科技

人才延攬政策中，政府一直扮演主導的角色，所以臺灣政府對於資訊科技人才延攬政策的推動將影響到實際的政策執行成果，2005年4月經濟部開始播放該部資訊科技人才延攬補助的宣導短片，希望藉由傳播媒體的宣傳能使民間企業得知政府有此項措施，這是一個重要的政策宣導策略，但此短片僅指出有這項辦法可供企業申請，卻未將該辦法的優惠之處指出，宣傳效果大打折扣。臺灣政府一貫從上而下的施政邏輯有必要反轉，畢竟民間企業延攬資訊科技人才有其利益邏輯，除了消極的政策補助，政府政策應朝向積極與民間人力媒介公司合作，在維護個人穩私權的前提下，將公私各人力庫做一合併，使資訊科技人力庫內容更加周全。

　　以上4項宏觀的延攬人才政策建議，不以制度細節為建議主軸，而是以整體臺灣位於亞太網絡中的學習位階做論述，學習型區域理論不是分析資訊科技人才延攬政策的唯一理論，但卻是最貼近創新本質的觀點，因此本書以此展繪未來臺灣在區域上的延攬資訊科技人才策略，從強調地理空間負載、社會網絡的延續、制度文化的修正及能動者的配合等4者，說明如何延攬具全球流動力的科技菁英，期以此有別於產業思惟的資訊科技人才延攬政策藍圖，做為知識經濟時代人才爭奪戰的參考。

　　學習網絡的多元及開放性不足，是從學習型區域的角度來看臺灣資訊科技產業面臨的主要困境，地理空間負載的被取代、能動者的西進、經濟體制（中小企業為主）的束縛和社會網絡的侷限，都導致學習網絡強度的減弱，對創新目標的達成有所衝擊。據此，資訊科技人才的延攬便成為一個有形可供訴求改善的標的物，同時產出「無法創新乃因優質資訊科技人才不足」的思惟。

　　本書為契合資訊科技產業的知識經濟特質，藉由學習型區域理論檢視今日臺灣資訊科技人才延攬政策的挑戰，指出地理空間上竹科仍具有延攬人才的號召價值，面臨的挑戰則是如何在亞太區域上突破以往矽谷－竹科的雙邊連結，朝向矽谷－竹科－上海－印度的多邊連結，這目標的重要在於牽涉到社會網絡多元及開放的需求，唯有保持多元、開放

的網絡關係才能確保知識流通的順暢。鬆綁制度文化限制的用意則是致力將具高附加價值的知識留住、沉澱，以厚實臺灣無可取代的社會資本。在一連串的因果循環推動中，能動者依循各自的最大利益與最小風險評估臺灣，決定在臺服務與否，他們的決定不單單只是影響自身的未來，更牽動隱形於因果循環中的信任與人情網絡，雖說有利益不一定會有信任，但有信任的利益將會使此利益不斷成長。

　　在朝向學習型區域的演化路徑中，臺灣的資訊科技人才延攬政策有著上述的各項挑戰，或許這些挑戰不是一朝一夕可以解決的，但可以相信的是如果能有宏觀、整體的解決方式，那麼臺灣的資訊科技人才延攬政策勢必可以在全球人才爭奪戰中取得勝利。

# 參考文獻

## 中文

丁瑞峰（2012）。〈國防工業訓儲制度與研發替代役制度之比較研究（1979-2011）〉臺北：臺灣大學政治學系碩士論文，頁49-57。

丁錫鏞主編（2001）。《臺灣的科技人才培訓、延攬與獎助政策》。臺北：嵐德出版社。

丁錫鏞主編（2004）。《臺灣的科技人才獎勵、補助與資源管理政策》。臺北：嵐德出版社。

于國欽（2004/10/30）。〈彌補科技人才缺口經建會菁英留學計畫年底選才〉。工商時報，第3版焦點新聞。

工研院經資中心（1995）。《1995半導體工業年鑑》。臺北：經濟部技術處。

工研院經資中心（1996）。《1996半導體工業年鑑》。臺北：經濟部技術處。

工研院經資中心（1997）。《1997半導體工業年鑑》。臺北：經濟部技術處。

工研院經資中心（1998）。《1998半導體工業年鑑》。臺北：經濟部技術處。

工研院經資中心（1999）。《1999半導體工業年鑑》。臺北：經濟部技術處。

工研院經資中心（2000）。《2000半導體工業年鑑》。臺北：經濟部技術處。

工研院經資中心（2001）。《2001半導體工業年鑑》。臺北：經濟部技術處。

工研院經資中心（2002）。《2002半導體工業年鑑》。臺北：經濟部技術處。

工研院經資中心（2003）。《2003半導體工業年鑑》。臺北：經濟部技術處。

工研院經資中心（2004）。《2004半導體工業年鑑》。臺北：經濟部技術處。

工研院電子工業研究所（1992）。《1992半導體工業年鑑》。臺北：經濟部技術處。

工研院電子工業研究所（1993）。《1993半導體工業年鑑》。臺北：經濟部技術處。

工研院電子工業研究所（1994）。《1994半導體工業年鑑》。臺北：經濟部技術處。

中時新聞報（2003）。〈科技人才培育及延攬　產業論壇〉。《臺灣科協月刊》018：2-6。

天下雜誌編輯部（1988）。〈透視臺灣40年〉。《天下雜誌》，81，128-140。

尤子彥、胡健蘭（2004/09/01）。〈高科技人才荒　三年缺三萬人〉。《中國時報》，第A15版。

方至民、翁良杰（2004）。〈制度與制度修正：臺灣積體電路產業發展的路徑變遷（自1973至1993）〉。《人文及社會科學集刊》16(3)：351-388。

王正芬（1999）。《臺灣資訊電子產業版圖》。臺北：財訊。

王宗彤（2004/09/01）。〈引進高科技人才　為當務之急〉。中國時報，第A15版。

王振寰（1999）。〈全球化，在地化與學習型區域：理論反省與重建〉。《臺灣社會研究季刊》34：69-112。

王振寰（2003）。〈全球化與後進國家：兼論東亞的發展路徑與轉型〉。《臺灣社會學刊》31：1-45。

王惟貞（2001a）。〈全球科技人才配置與流動概況〉。《科技發展標竿竿》1(2)：17-23。

王惟貞（2002）。〈科技人才流動的時空背景概述〉。《科技發展標竿竿》2(1)：21-26。

王章豹、徐桂紅、吳挺（1995）。〈跨世紀全球秀科技人才之爭與對策〉。《毛澤東鄧小平理論研究》3：50-55。

刊欣（2000）。〈全球搶人大戰。亞洲高科技人才炙手可熱〉。《商業周刊》678：172-174。

Kate Nash，林庭瑤譯（2004）。《全球化、政治與權力：政治社會學的分析》（Comtemporary Political Spciology:Globalization, Politics, and Power）。臺北：韋伯文化。

行政院（1998）。《科技人才培訓及運用方案》。臺北：行政院。

行政院大陸委員會（2004）。《兩岸經濟統計月報》。臺北：行政院大陸委員會。

行政院國科會科學技術資料中心（2003）。《91年全國博士人力現況調查報告》。臺北：行政院國科會科學技術資料中心。

行政院國家科學委員會（1983）。《中華民國科學統計年鑑1983》。臺北：行政院國家科學委員會。

行政院國家科學委員會（1984）。《中華民國科學統計年鑑1984》。臺北：行政院國家科學委員會。

行政院國家科學委員會（1985）。《中華民國科學統計年鑑1985》。臺北：行政院國家科學委員會。

行政院國家科學委員會（1986）。《中華民國科學統計年鑑1986》。臺北：行政院國家科學委員會。

行政院國家科學委員會（1987a）。《中華民國科學統計年鑑1987》。臺北：行政院國家科學委員會。

行政院國家科學委員會（1987b）。〈國科會修訂三項與培育延攬人才有關之辦法〉。《科學發展月刊》13(6)：702。

行政院國家科學委員會（1987c）。《中華民國科學技術統計要覽》。臺北：行政院國家科學委員會。

行政院國家科學委員會（1988a）。《中華民國科學統計年鑑1988》。臺北：行政院國家科學委員會。

行政院國家科學委員會（1988b）。《中華民國科學技術統計要覽》。臺北：行政院國家科學委員會。

行政院國家科學委員會（1989a）。《中華民國科學統計年鑑1989》。臺北：行政院國家科學委員會。

行政院國家科學委員會（1989b）。《中華民國科學技術統計要覽》。臺北：行政院國家科學委員會。

行政院國家科學委員會（1990a）。《中華民國科學統計年鑑1990》。臺北：行政院國家科學委員會。

行政院國家科學委員會（1990b）。《中華民國科學技術統計要覽》。臺北：行政院國家科學委員會。

行政院國家科學委員會（1991a）。《中華民國科學統計年鑑1991》。臺北：行政院國家科學

學委員會。

行政院國家科學委員會（1991b）。《中華民國科學技術統計要覽》。臺北：行政院國家科學委員會。

行政院國家科學委員會（1992a）。《中華民國科學統計年鑑1992》。臺北：行政院國家科學委員會。

行政院國家科學委員會（1992b）。《中華民國科學技術統計要覽》。臺北：行政院國家科學委員會。

行政院國家科學委員會（1993a）。《中華民國科學統計年鑑1993》。臺北：行政院國家科學委員會。

行政院國家科學委員會（1993b）。〈會務報導〉。《科學發展月刊》21(10)：1145。

行政院國家科學委員會（1993c）。《中華民國科學技術統計要覽》。臺北：行政院國家科學委員會。

行政院國家科學委員會（1994a）。《中華民國科學統計年鑑1994》。臺北：行政院國家科學委員會。

行政院國家科學委員會（1994b）。《中華民國科學技術統計要覽》。臺北：行政院國家科學委員會。

行政院國家科學委員會（1995a）。《中華民國科學統計年鑑1995》。臺北：行政院國家科學委員會。

行政院國家科學委員會（1995b）。〈會務報導〉。《科學發展月刊》23(12)：1191-1192。

行政院國家科學委員會（1996a）。《中華民國科學統計年鑑1996》。臺北：行政院國家科學委員會。

行政院國家科學委員會（1996b）。《中華民國科學技術統計要覽》。臺北：行政院國家科學委員會。

行政院國家科學委員會（1996c）。《中華民國科學技術統計要覽》。臺北：行政院國家科學委員會。

行政院國家科學委員會（1997a）。《中華民國科學統計年鑑1997》。臺北：行政院國家科學委員會。

行政院國家科學委員會（1997b）。《行政院國家科學委員會86年年報》。臺北：行政院國家科學委員會。

行政院國家科學委員會（1997c）。〈會務報導〉。《科學發展月刊》25(1)：73-82。

行政院國家科學委員會（1997d）。〈國科會會務報導〉。《科學發展月刊》25(8)：633-635。

行政院國家科學委員會（1997e）。《中華民國科學技術統計要覽》。臺北：行政院國家科學委員會。

行政院國家科學委員會（1997f）。《中華民國科技白皮書——科技化國家宏圖》。臺北：行政院國家科學委員會。

行政院國家科學委員會（1998c）。《中華民國科學技術統計要覽》。臺北：行政院國家科學委員會。

行政院國家科學委員會（1999a）。《中華民國科學統計年鑑1999》。臺北：行政院國家科
　　學委員會。

行政院國家科學委員會（1999b）。《行政院國家科學委員會88年年報》。臺北：行政院國
　　家科學委員會。

行政院國家科學委員會（1999c）。《中華民國科學技術統計要覽》。臺北：行政院國家科
　　學委員會。

行政院國家科學委員會（2000a）。《中華民國科學統計年鑑2000》。臺北：行政院國家科
　　學委員會。

行政院國家科學委員會（2000b）。《行政院國家科學委員會89年年報》。臺北：行政院國
　　家科學委員會。

行政院國家科學委員會（2000c）。《中華民國科學技術統計要覽》。臺北：行政院國家科
　　學委員會。

行政院國家科學委員會（2000d）。《臺灣的故事：科技篇》。臺北：行政院國家科學委員
　　會。

行政院國家科學委員會（2001a）。《中華民國科學統計年鑑2001》。臺北：行政院國家科
　　學委員會。

行政院國家科學委員會（2001b）。《國家科學發展計畫2001-2004》。臺北：行政院國家科
　　學委員會。

行政院國家科學委員會（2001c）。《行政院國家科學委員會90年年報》。臺北：行政院國
　　家科學委員會。

行政院國家科學委員會（2001d）。《中華民國科學技術統計要覽》。臺北：行政院國家科
　　學委員會。

行政院國家科學委員會（2002a）。《中華民國科學統計年鑑2002》。臺北：行政院國家科
　　學委員會。

行政院國家科學委員會（2002b）。《行政院國家科學委員會91年年報》。臺北：行政院國
　　家科學委員會。

行政院國家科學委員會（2002c）。《中華民國科學技術統計要覽》。臺北：行政院國家科
　　學委員會。

行政院國家科學委員會（2003a）。《中華民國科學統計年鑑2003》。臺北：行政院國家科
　　學委員會。

行政院國家科學委員會（2003b）。《行政院國家科學委員會92年年報》。臺北：行政院國
　　家科學委員會。

行政院國家科學委員會（2003c）。《中華民國科學技術統計要覽》。臺北：行政院國家科
　　學委員會。

行政院國家科學委員會（2004a）。《中華民國科學技術白皮書——科技發展願景與策略
　　2003-2006》。臺北：行政院國家科學委員會。

行政院國家科學委員會（2004b）。《中華民國科學統計年鑑2004》。臺北：行政院國家科
　　學委員會。

行政院國家科學委員會（2004c）。《中華民國科學技術統計要覽》。臺北：行政院國家科學委員會。

行政院國家科學委員會（2004d）。《行政院國家科學委員會93年年報》。臺北：行政院國家科學委員會。

行政院國家科學委員會。1998a。《中華民國科學統計年鑑1998》。臺北：行政院國家科學委員會。

行政院國家科學委員會。1998b。《行政院國家科學委員會87年年報》。臺北：行政院國家科學委員會。

行政院經濟建設委員會（2001）。《新世紀人力發展方案　民國90年至93年》。臺北：行政院經濟建設委員會。

行政院國家科學委員會（2005）。《行政院國家科學委員會94年年報》。臺北：行政院國家科學委員會。

行政院國家科學委員會（2006）。《行政院國家科學委員會95年年報》。臺北：行政院國家科學委員會。

行政院國家科學委員會（2007）。《行政院國家科學委員會96年年報》。臺北：行政院國家科學委員會。

行政院國家科學委員會（2008）。《行政院國家科學委員會97年年報》。臺北：行政院國家科學委員會。

行政院國家科學委員會（2009）。《行政院國家科學委員會98年年報》。臺北：行政院國家科學委員會。

行政院國家科學委員會（2010）。《行政院國家科學委員會99年年報》。臺北：行政院國家科學委員會。

行政院國家科學委員會（2011）。《行政院國家科學委員會100年年報》。臺北：行政院國家科學委員會。

行政院國家科學委員會（2012）。《行政院國家科學委員會101年年報》。臺北：行政院國家科學委員會。

行政院國家科學委員會（2013）。《行政院國家科學委員會102年年報》。臺北：行政院國家科學委員會。

行政院國家科學委員會（2014）。《行政院國家科學委員會103年年報》。臺北：行政院國家科學委員會。

克雷格・艾迪生，金碧譯（2001）。《矽屏障》。臺北：商智文化。

〈努力建設一支高素質的科技人才隊伍〉。《人民日報》，D2中國共產黨。1996年11月29日。

吳玉成、何榮豐、王冠東和曾義明（2002）。《臺商赴大陸投資半導體事業之機會分析》。新竹：工研院經資中心。

吳思華（2003）。〈推薦序：蓄積臺灣產業知識〉。載於葉珀霆（著），《下一個科技盟主》。臺北：經典。頁9-11。

吳思華、沈榮欽（1999）。〈臺灣積體電路產業的形成與發展〉。《管理資本在臺灣》。

吳淑真（2015）。〈從延攬人才談人文司博士後研究人員之變革與推動〉。《人文與社會科學簡訊》16(2)：5-21。

吳慧瑛（1999）。〈科技政策與人力發展〉。《政策月刊》48：10-14。

李文志（2004）。《「外援」的政治經濟分析－重構「美援來華」的歷史圖像（1946-1948）》。臺北：憬藝。

李家豪（2002）。〈從兩岸科技人才政策看兩岸生技產業發展之競合〉。淡江大學中國大陸研究所碩士論文。

李誠（2001）。〈導論〉。載於李誠（主編），《高科技產業人力資源管理》。臺北：天下。

李漢銘（2003）。〈科技產業人才引進策略〉。發表於「臺灣經濟戰略研討會」。

李碧涵（2002）。〈勞動體制的發展：全球化下的挑戰與改革〉。《社會政策與社會工作學刊》6(1)：185-218。

狄英（1983）。〈新加坡資訊的挑戰〉。《天下雜誌》20：35-36。

貝克，孫治本譯（2001）。《全球化危機》。臺北：臺灣商務。

周志龍（1998）。〈全球化發展與臺灣科技產業政策：制度與空間觀點的檢視〉。《都市與計劃》25(2)：156-180。

拓撲產業研究所（2003/03）。《半導體產業訊息觀瞻》。臺北：拓撲科技。

拓撲產業研究所（2003/06）。《半導體產業趨勢前瞻》。臺北：拓撲科技。

林克（2001）。〈只要高科技人才。其餘免談〉。《商業周刊》：60。

林慧蘭（2001）。〈我國海外高級科技人才返國工作動機與適應之研究——以工研院為例〉。政治大學勞工研究所碩士論文。

波特（Michael E. Porter），李明軒、邱美如合譯（1996）。《國家競爭優勢》。臺北：天下。

姚柏舟（2002）。〈兩岸半導體產業發展分析〉。《第二屆兩岸經貿研習營論文集》。

孫文秀（1996）。〈工研院院長史欽泰：適度的人才流動有助產業發展〉。《技術尖兵》15：6。

孫文秀（1996）。〈經濟部次長李樹久：透過培育、訓練、延攬建立研發環境〉。《技術尖兵》15：1-2。

孫明志（2004）。《臺灣高科技產業大未來——超越與創新》。臺北：天下。

孫傳釗（2002）。〈二元經濟論到篩選理論－讀多爾的文憑病－教育、資格和發展〉。《二十一世紀》5。

徐進鈺（1997）。〈臺灣積體電路工業發展歷程之研究——高科技、政府干預與人才回流〉。《國立臺灣大學地理學系地理學報》23：33-48。

徐進鈺（2000）。〈臺灣半導體產業技術發展歷程：國家干預、跨國社會網絡與高科技發展〉。《臺灣產業技術發展史研究論文集》。高雄：國立科學工藝博物館。頁101-132。

亞當‧史密斯（Adam Smith），周憲文譯，《國富論》（臺北：臺灣銀行經濟研究室，1968）。

海外學人編輯（1998）。〈延攬人才提升科技發展〉。《海外學人》：26-27。

秦宗春（1999）。〈星馬科技發展的啓示〉。《臺灣經濟研究月刊》22(2)：68-73。

袁頌西（1988）。《赴美宣導中華民國電信科技研究發展概況及延聘科技人才制度報告》。
　　臺北：行政院交通部。

馬財專（2001）。〈論全球及區域化勞力轉移對臺灣勞動政策發展之影響──一個結構性的
　　初探〉。《臺灣社會福利學刊》2：1-38。

馬難先（2001）。〈「科技之父」對臺灣科技政策發展之影響〉。《李國鼎先生紀念文
　　集》。臺北：李國鼎科技發展基金會，頁606-617。

高長（2002）。〈科技產業全球分工與IT產業兩岸分工策略〉。《遠景季刊》3(2)：225-
　　254。

高熊飛（1998）。〈人才回流對我國高科技企業機構國際化之影響研究〉。行政院國科會專
　　題研究計畫成果報告，未出版。

曼威・克司特，夏鑄九、王志弘等譯（2000）。《網絡社會之崛起》。臺北：唐山出版社。

張俊彥、游伯龍（2001）。《活力：臺灣如何創造半導體與個人電腦產業奇蹟》。臺北：時
　　報文化。

張苙雲（2000）。〈制度信任及行為的信任意涵〉。《臺灣社會學刊》23：179-223。

張苙雲、譚康榮（1999）。〈形構產業網絡〉。載於張苙雲（主編）。《網絡臺灣：企業的
　　人情關係與經濟理性》。臺北：遠流。頁17-58。

張峰源（2003a）。〈我國科學及技術之關聯〉。《臺灣科協月刊》018：7-10。

張峰源（2003b）。〈國防訓儲人力運用及國防資源釋商對產業科技發展之影響〉。《臺灣
　　科協月刊》018：13-17。

張峰源（2004）。〈「國際創新研發基地計畫」產出績效檢討〉。《今日會計季刊》96：
　　13-32。

張景森（2004）。〈「挑戰2008：國家發展重點計畫」規劃與執行〉。《國家政策季刊》
　　3(2)：149-150。

張順教（2003）。《高科技產業經濟分析》。臺北：雙葉書廊。

莊水榮（2001）。〈國內民營企業創新、升級、轉型及突破的契機－加強延攬高級科技人才
　　及資深的產業專家〉。《電工資訊》7：34-37。

許健智（1992）。〈科技人才培育、延攬與運用方案之規劃〉。《科學發展月刊》20(10)：
　　1379-1385。

連亮森（1996）。〈「加強延攬與運用高級科技人才四年計畫」開鑼！〉。《技術尖兵》
　　24：1。

郭大玄（2001）。《產業區位空間結構與生產組織的地理學研究：以臺灣北區資訊電腦工業
　　為例》。臺南：供學。

陳以亨（1999）。〈經濟全球化下白領專業及技術人員對國家經濟發展影響之評估〉。《勞
　　工行政》129：15-25。

陳立功（2000）。〈國際間科技人力流動指標之研究〉。《科技發展月刊》28(7)：523-
　　528。

陳東升（2003）。《積體網路：臺灣高科技產業的社會學分析》。臺北：群學。

陳冠甫（1991）。〈臺灣高科技工業的依賴發展與空間結構〉。《臺灣社會研究季刊》
　　3(1)：113-149。

陳美雀（2000）。〈兩岸國家創新系統之探索性比較研究——以半導體產業為例〉。中山大
　　學大陸研究所碩士論文。

陳修賢（1988）。〈韓國的科技：大膽發展〉。《天下雜誌》87：61-69。

陳家聲、徐基生（2003年1月）。〈科技人才的流動對產業發展的影響〉。宣讀於「工研院
　　第一屆科技聚落的發展——矽谷、新竹、上海研討會」。工業技術研究院等主辦。

陳家聲、蘇建勳、戴芸、羅達賢（2003）。〈國防役人力對我國科技產業發展之影響——以
　　工研院為例〉。《產業論壇》4(2)：1-22。

陳國正（1996）。〈加強技術教育培養高科技人才〉。《技職雙月刊》31：42-45。

陳鉅盛（1999）。〈兩岸半導體產業合作可行性分析〉。交通大學科技管理研究所碩士論
　　文。

陳瑩欣（2002）。〈經營模式與人才需求探究〉。《零組件雜誌》4：34-39。

陳麗瑛（2004）。〈中國大陸科技發展政策及績效初評〉。《經濟前瞻》91：84-88。

陳麗瑛、侯仁義（2004）。〈兩岸回國高科技人才特性之探討及其對我國人才延攬政策之啟
　　示〉。《科技發展政策報導》SR9301：85-102。

傑森・德崔克、肯尼斯・格雷曼，張國鴻、吳明機譯，（2000）。《亞洲電腦爭霸戰》。臺
　　北：時報。

單驥（2001）。〈海外人才對高科技產業發展之影響——以新竹科學園區廠商為例〉。《人
　　力資源與臺灣高科技產業發展》。中壢：中央大學臺灣經濟發展研究中心出版。頁
　　1-19。

彭慧鸞（1993）。〈美日半導體協定——雙邊協定對GATT的衝擊〉。《問題與研究》
　　32(8)：73-83。

曾嬿芬（1997）。〈移民與跨國投資：臺灣商業移民分析〉。發表於國科會研究計畫成果發
　　表會。中央研究院社會學所主辦。

游啓聰（1998）。〈我國半導體產業國際競爭力分析〉。《經濟情勢暨評論》4(2)：38-64。

游煥中（2000）。〈兩岸積體電路產業之比較分析〉。交通大學科技管理研究所碩士論文。

費國禎（2003）。〈臺灣科技人才出現斷層危機〉。《商業周刊》788：122-123。

黃玉蘭（1994）。〈國科會延攬人才工作之革新與展望〉。《科學發展月刊》22(9)：1058-
　　1064。

黃光國（1988）。〈臺灣留學生出國留學及返國服務之動機——附論儒家傳統的影響〉。
　　《中央研究院民族學研究所集刊》66：133-167。

黃智輝（1990）。《高科技時代的挑戰》。臺北：書泉出版社。

黃欽勇（1999）。《電腦王國R.O.C.-Republic of Computers的傳奇》。臺北：天下。

黃詩雯（2002）。〈亞太技術性移民政策之比較研究〉。東吳大學政治學系碩士班碩士論
　　文。

楊艾俐（1983）。〈掀起人才回流浪潮，再創臺灣經濟奇蹟〉。《天下雜誌》。第25期。頁

10-18。

楊雅嵐（2003）。〈全球半導體與封裝市場規模及技術藍圖預估〉。工研院IEK-ITIS計畫。

W. Lawrence Neuman 王佳煌、潘中道等譯（2002）。《當代社會研究方法》。臺北：學富。

經濟建設委員會（2003）。《長期科技人力供需推估及因應措施》。臺北：經濟建設委員會。

經濟部（2002）。《2002產業技術白皮書》。臺北：經濟部。

經濟部（2003）。《2003產業技術白皮書》。臺北：經濟部。

經濟部投資業務處（2003）。《「經濟部協助延攬海外產業科技人才來臺服務作業要點」為民服務白皮書》。臺北：經濟部投資業務處。

經濟部研發會（2003）。《大陸經濟情勢評估(2002)》。臺北：經濟部。

葉珣霏（2003）。《下一個科技盟主》。臺北：經典傳訊。

葉懿倫（2003）。〈掙脫代工的枷鎖。搶攻高質的版圖〉。《臺灣經濟研究月刊》26(3)：106-110。

道格拉斯‧諾斯，劉瑞華譯（1998）。《制度、制度變遷與經濟成就》。臺北：時報。（原著出版年：1994年）。

廖正宏（1985）。《人口遷移》。臺北：三民。

熊瑞梅（1983）。〈從人文區位學觀點來看行業結構和人口遷移的關係：美國南部沿海及內陸地區的比較〉。《東海社會科學學報》1：1-15。

熊瑞梅（1987）。〈人口流動的轉型理論及其適用性之探討──一個發展的觀點〉。《中國社會學刊》11：95-111。

熊瑞梅（1988）。《人口流動──理論、資料測量與政策》。臺北：巨流。

劉大年、顧瑩華、劉孟俊和陳添俊（2000）。《日本及韓國IC工業之發展策略與國際競爭力分析》。臺北：經濟部。

劉玉萍（1996）。〈欣欣向榮的東南亞半導體產業〉。《零組件雜誌》8：84-87。

劉玉蘭（1999）。〈高科技的引進與人才培育〉。發表於1999年北美華人學術研討會。

劉佩真（2003）。〈2003年積體電路設計產業分析〉。臺灣經濟研究院產經資料庫，未出版。

劉佩真（無年代）。〈現階段國內晶圓代工者面臨的挑戰之評析〉。臺灣經濟研究院產經資料庫。

樓玉梅、趙偉慈、范瑟珍（2002）。《我國科技人力供需問研究》。臺北：行政院經濟建設委員會人力規劃處。

蔡青龍、戴伯芬（2001）。〈臺灣人才回流的趨勢與影響──高科技產業為例〉。《人力資源與臺灣高科技產業發展》。中壢：中央大學臺灣經濟發展研究中心出版。頁21-50。

蔡青龍、戴伯芬（2002a）。〈人才回流與就業選擇──臺灣回流高教育人才的調查分析〉。發表於第三屆全國實證經濟學論文研討會。國立暨南國際大學主辦。

蔡青龍、戴伯芬、黃雅瑜、邱厚銘（2002b）。〈人才回流與臺灣經濟結構變遷〉。行政院國家科學委員會補助專題研究計畫成果報告，未出版。

蔡瑞豐（1999）。〈國際貿易問題──從中美雙方互控對方傾銷半導體產品談起〉。《靜宜

大學新聞深度分析簡訊》70。

鄭光凱（2001）。〈半導體工業的競爭要素〉。《電子月刊》7(9)：142-145。

鄭伯泓（1999）。〈國科會延攬科技人才概況及展望〉。《科學發展月刊》28(7)，515-522。

賴志成（2002）。〈多國籍電子零組件企業研發據點配置決策之研究——技術資源與產業分工之整合性觀點〉。朝陽科技大學企業管理系碩士論文。

錢思敏（2002）。〈養成研發科技人才的另一搖籃－探究國防工業訓儲役實施成效〉。《臺灣經濟研究月刊》25(10)：59-63。

戴育毅（2001a）。〈中國大陸半導體產業發展政策分析〉。《共黨問題研究》27(2)：48-66。

戴育毅（2001b）。〈中國大陸半導體產業發展政策分析〉。《兩岸經貿》114：19-21。

戴肇洋、邱秀玲（2005）。〈臺灣產業科技人才供需問題與解決之道〉。《科技發展政策報導》SR9401：17-30。

薛琦（2001）。〈一位完人的身影——「科技之父」對我國經濟發展的貢獻〉。《科技發展政策報導》SR9008。

韓伯鴻（2000）。〈國科會延攬科技人才概況及展望〉。《科學發展月刊》28(7)：515-522。

瞿宛文（2000）。〈全球化與後進國之經濟發展〉。《臺灣社會研究季刊》37：98-101。

薩克瑟尼安（AnnaLee Saxenian），楊友仁譯（1997）。〈跨國企業家與區域工業化：矽谷－新竹的關係〉。《城市與設計學報》2, 3：25-39。

薩克瑟尼安（AnnaLee Saxenian），彭蕙仙、常雲鳳譯（1999）。《區域優勢》。臺北：天下。

藍科正（2000）。〈全球化趨勢下的人力培育觀〉。《亞太經濟管理評論》3(2)：15-29。

羅南建（2000）。〈引進大陸科技人才辦法及大陸最新科技產業發展政〉。《電工資訊》9：58-60。

龔明鑫（2005年1月）。〈建構專技移民及投資移民適當環境之策略〉。發表於廿一世紀臺灣新移民政策研討會。行政院研究發展考核委員會主辦。

龔明鑫、楊家彥（2003）。《提昇臺灣科技產業全球競爭力策略四之一》。臺北：臺灣智庫。

龔湘蘭（1999）。〈高科技產業組織學習模式建構之研究〉。臺灣師範大學工業科技教育學系碩士論文。

## 英文

Aryee, Samuel. (1993). "A path-analytic investigation of the determinants of career withdrawal intentions of engineers: some HRM issues arising in a professional labour market in Singapore". *The International Journal of Human Resource Management* 4(1): 213.

Bodenhamer, David. (2004). "A Spatial Turn? Spatio- Temporal GIS and the Potential for New Scholarship in the Humanities and Social Sciences". 第二屆數位地球國際研討會開幕演講。中央研究院計算中心主辦。

Boekema, Frans, Kevin Morgan, Silvia Bakkers, Roel Rutten, Edward Elgar. (Eds.). (2001). *Knowledge, Innovation and Economic Growth: The Theory and Practice of Learning Regions*. Publishing Limited, UK.

Caves, Richard E. (1971). "International Corporations: The Industrial Economics of Foreign Investment". *Journal of Economics*, February, 1-27.

Chan, K. H. Raymond & Moha Asri Abdullah. (1999). *Foreign Labor in Asia: Issues and Challenges*. Nova Science Publishers, Inc. Commack, New York.

Chiu Chen, Lee-in & Jen-yi Hou. (2007). "Determinants of Highly-Skilled Migration – Taiwan's Experiences". *Workig Paper Series* No. 2007-1. Chung-Hua Institution for Economic Research.

Davis, Warren E. & Daryl G. Hatano. (1985). "The American Semiconductor Industry and the Ascendancy of East Asia". *California Management Review* 27(4): 128-143.

Evans, Peter. (1997). "The Eclipse of the State? Reflections on Stateness in an Era of Globalization". *World Politics* 50: 62-87.

Florida, Richard. (1995). "Toward the Learning Region". *Futures* 27(5): 527-536.

Fröbel, Folker, Jurgen Heinrichs & Otto Kreye. (1980). *The New International Division of Labour*. Cambridge University Press.

Gill, Stephen and David Law. (1988). "Marxism and the World System". In *The Global Political Economy: Perspectives, Problems, and Policies* (pp.54-70), Baltimore: The John Hopkins University Press.

Guo, Yugui. (2000). "Graduate Education Reforms and International Mobility of Scientists and Engineers in Taiwan". In National Science Foundation (Ed), *Graduate Education Reform in Europe, Asia and the Americas* (pp. 87-99), National Science Foundation Press.

Han, Pi-Chung. (2001). *The Mobility of Highly Skilled Human Capital in Taiwan*. Unpublished doctoral dissertation, the Pennsylvania State University, U.S.A.

Hoogvelt, Ankie. (2001). "Globalization". In *Globalization and the Postcolonial World* (2nd ed.) (pp.120-143). Baltimore: The John Hopkins University Press.

Hsu, Jinn-yuh. (2002). "New Firm Formation and Technical Upgrading in Taiwan's High-technology SMEs: The Hsinchu-Silicon Valley Connection". In Smart, Alan and Smart, Josephine (Eds.), *Petty Capitalists: Flexibility in a Global Economy*, New York: State University of New York Press.

Hymer, Stephen. (1972). "The Internationalization of Capital". *Journal of Economic Issues*, Mar, 6: 91-111.

Langlois, Richard N. (2002). "Computers and Semiconductors". In *Technological Innovation and Economic Performance* (pp.265-284). Princeton University Press.

Leng, Tse-Kang. (2002). "Economic Globalization and IT Talent Flows Across the Taiwan Strait". *Asian Survey* 42(2): 230-250.

Manpower Planning Department. (2003). *Manpower Indicators Taiwan, Republic of China*. Manpower

Planning Department Press.

Massey, S. Douglas, Joaquin Arango & Graeme Hugo et al.. (1993). "Theories of International Migration: A Review and Appraisal". *Population and Development Review*, 19(3): 431-466.

Mathews, John A. & Dong-Sung Cho. (2000). *Tiger Technology-The creation of a Semiconductor Industry in East Asia*. Cambridge University Press.

Mittelman, H James. (1995). "Rethinking the International Division of Labour in the Context of Globalisation". *Third World Quarterly* 16(2): 277-278.

Morgan, Kevin. (1997). "The learning region: Institutions, Innovation and Regional Renewal". *Regional Studies* 31(5): 491-503.

National Science Board. (2002). *Science and Engineering Indicators 2002 volume 1, 2*. National Science Foundation Press.

Philip, F. Kelly & Kris Olds. (1999). "Questions in a Crisis: the Contested Meaning of Globalisation in the Asia-Pacific". In Kris Olds, Peter Dicken, Kelly Philip F. et al. (Eds.), *Globalization and the Asia-Pacific* (pp.1-15). New York: Routledge.

Ruther ford, Malcolm. (1994). "Individualism and Holism". In *Institutions in Economics: the Old and the New Institutionalism* (pp.27-50). Cambridge University Press.

Saxenian, Annalee. (2002). "Transnational Communities and the Evolution of Global Production Networks: The Cases of Taiwan, China and India". *Industry and Innovation* 9(3): 183-202.

Scott, J. Alle. (1996). "Regional Motors of the Global Economy". *Future* 28(5): 391-411.

Skocpol, Theda. (1977). "Wallerstein's World Capitalist System: A Theoretical and Historical Critique". *American Journal of Sociology* 82(3): 1075-1090.

Storper, Michael and Allen J Scott. (1995). "The Wealth of Regions". *Futures* 27(5): 505-526.

Tzeng, Rueyling. (2002). "Utilizing Multiethnic Resources in Multinational Corporations: Taiwan-based Firms in Silicon Valley". *Taiwanese Journal of Sociology* 32: 103-147.

Vernon, Raymond. (1966). "International Investment and International Trade in the Product Cycle". *The Quarterly Journal of Economic* 80(2): 190-207.

Wallerstein, Immanuel. (1982). "The Rise and Future Demise of the World Capitalist System: Concept for Comparative Analysis". In Hamza Alavo and Teodor Shanin(Eds). *Introduction to the Sociology of Development Societies* (pp.29-53). New York: Monthly Press.

Wallerstein, Immanuel. (2000). "Globalization or The Age of Transition? A Long-Term View of the Trajectory of the World-System". *Asian Perspective* 24(2) 5-26.

Lewis, Robert. (1998). "Measuring the brain drain". *Maclean's* 111(43): 2.

Drucker, Peter F.. (1969). *The Age of Discontinuity*. pp.1-57. Part One: The Knowledge Technologies.

New Scientist, "Royal Society plumbs the brain drain". (1987, July 2). *New Scientist* pp. 23-24.

Tzeng, Rueyling. (2002, December). "Reverse Brain Drain: Cross-border Talent Searches in Taiwan". 發表於國科會87－89年度社會學門專題補助研究成果發表會。東海大學社會學系主辦。

Zweig, David and Chen Changgui (1995). *Chinese Brain Drain Rate Close to that of U.S.A.* (2002, May 10). Institute of East Asian Studies, University of California, Berkeley.

## 網路

國防部。〈2004訓儲制度研發成果展〉。臺北：國防部。2005/5，取自：http://www.rdshow. org.tw/2004rdshow/activity01/pass02a.htm

產業資訊服務電子報。〈Gartner預測：2004年世界半導體市場將達2170億美元〉（2004/02）。《產業資訊服務電子報》。2004/12，取自：http://cdnet.stic.gov.tw/tech-room/MemberNews/n57.htm

素心學苑（無日期）。〈人力資本論〉。素心學苑（無日期）。2004/3，取自：http://www. cnread.net/cnread1/jjzp/b/bulaoge/jjxf/015.htm。

中央研究院（2003）。〈延聘博士後研究人員作業要點〉。2005/5，取自：http://www.sinica. edu.tw/as/law/as-affair.html。

中央研究院（2004）。〈延聘國外顧問、專家及學者作業注意事項〉。2005/5，取自：http:// www.sinica.edu.tw。

中時電子報。http://news.chinatimes.com/。

王玖文（2005/1/25）。〈臺灣半導體產值去年破兆〉。《工商時報》。2005/1，取自：http:// news.chinatimes.com/。

王惟貞（2001b）。〈從各國科學與工程博士培育看高階科技人才流向〉。2003/4，取自： http://nr.stic.gov.tw/ejournal/SciPolicy/SR9009/SR9009T4.HTM。

臺灣半導體產業協會（2004/03/08）。2003年度我國IC產業營運成果報告出爐了！〔新聞稿〕取自：http://www.tsia.org.tw/news_info.php?ID=72

臺灣半導體產業協會（2005/03/16）。2004年第四季暨全年度我國IC產業營運成果檢視〔新聞稿〕取自：http://www.tsia.org.tw/news_info.php?ID=92

臺灣半導體產業協會（2006/03/20）。2005年第四季暨全年度我國IC產業營運成果總體檢〔新聞稿〕取自：http://www.tsia.org.tw/news_info.php?ID=108

臺灣半導體產業協會（2008/03/12）。2007全年度臺灣IC產業營運成果總體分析〔新聞稿〕取自：www.tsia.org.tw/Uploads/NewsFile/2007%20Q4%E5%8F%8A%E5%85%A8%E5%B9%B4%E5%BA%A6%E5%AD%A3%E5%A0%B1(08.03.12)%E6%96%B0%E8%81%9E%E7%A8%BF.doc

臺灣半導體產業協會（2009/03/31）。2008全年度臺灣IC產業營運成果總體檢〔新聞稿〕取自：www.tsia.org.tw/Uploads/NewsFile/2009331183856.doc

臺灣半導體產業協會（2010/03/16）。09Q4/2009年臺灣IC產業營運成果出爐〔新聞稿〕取自：www.tsia.org.tw/Uploads/NewsFile/2010322142732.doc

臺灣半導體產業協會（2011/03/16）。10Q4/2010年臺灣IC產業營運成果出爐〔新聞稿〕取自：www.tsia.org.tw/Uploads/NewsFile/2011316181951.doc

臺灣半導體產業協會（2012/03/14）。2011Q4/2011全年臺灣IC產業營運成果出爐〔新聞稿〕取自：www.tsia.org.tw/Uploads/2011%20Q4%20TSIA%E6%96%B0%E8%81%9E%E7%A8%BF0314v1.doc

臺灣半導體產業協會（2013/03/15）。2012Q4/2012全年臺灣IC產業營運成果出爐〔新聞稿〕

取自：www.tsia.org.tw/Uploads/2012%20Q4%E6%9A%A8%E5%85%A8%E5%B9%B4%E5%BA%A6%20TSIA%E6%96%B0%E8%81%9E%E7%A8%BF%20v2.doc

臺灣半導體產業協會（2014/03/17）。2013Q4/2013全年臺灣IC產業營運成果出爐〔新聞稿〕取自：www.tsia.org.tw/Uploads/TSIA%202013%20Q4%20&%202013%20%20%E6%96%B0%E8%81%9E%E7%A8%BF.doc

臺灣半導體產業協會（2015/02/05）。2014Q4/2014全年臺灣IC產業營運成果出爐〔新聞稿〕取自：www.tsia.org.tw/Uploads/TSIA%202014%20Q4%20&%202014%20IC%E7%94%A2%E6%A5%AD%E5%8B%95%E6%85%8B%E8%A7%80%E5%AF%9F%20%E6%96%B0%E8%81%9E%E7%A8%BF.doc

臺灣半導體產業協會（2016/02/19）。2015Q4/2015全年臺灣IC產業營運成果出爐〔新聞稿〕取自：www.tsia.org.tw/Uploads/TSIA%20%E6%96%B0%E8%81%9E%E7%A8%BF_2016.02.19.doc

江睿智（2002/6/1）。〈美商會：兩岸不通臺自絕於亞洲〉。《中時電子報》。2005/4，取自：http://www.news.chinatimes.com

行政院（2003）。〈行政院延攬海外科技人才訪問團訂9月啟程赴美國、日本攬才〔新聞稿〕〉。臺北：行政院。2003/8，取自：http://www.mjne.org/2003_docs/human_capital/Sep_tour_chinese_version.doc。

經濟部人才網攬才團專區歷年成果花絮2005-2014。2016/9，取自：http://hirecruit.nat.gov.tw/chinese/html/message_01_01_01.htm。

洛杉磯文化組（2005）。〈行政院青年輔導委員會設置博士後短期研究人員實施要點（無日期）〉。美國：洛杉磯文化組。2005/3，取自：http://www.tw.org/cd/d47.txt。

行政院國家科學委員會（2001d）。〈補助延攬大陸科技人才處理要點〉。2005/3，取自：http://web.nsc.gov.tw/。

行政院國家科學委員會（2003c）。〈補助邀請國際科技人士短期訪問作業要點〉。2005/3，取自：http://web.nsc.gov.tw/。

行政院國家科學委員會。2003d。〈補助延攬研究學者作業要點〉。2005/3，取自：http://web.nsc.gov.tw/。

行政院國家科學委員會。2005。〈補助延攬客座科技人才作業要點〉。2005/3，取自：http://web.nsc.gov.tw/。

行政院經建會（2003）。〈長期科技人力供需推估及因應措施〉。2004/3，取自：http://www.cepd.gov.tw/indexset/。

李宗祐、尤子彥（2005/4/8）。〈三年五萬個缺　科技業挖角戰〉。《中國時報》。2005/4，取自：http://news.chinatimes.com/Chinatimes/newslist/newslist-content/0,3546,110519+112005040800374,00.html。

林安妮（2005/6/1a）。〈美商會2005白皮書促鬆綁大陸人才來臺〉。聯合新聞網。2005/6/2，取自：http://udn.com/NASApp/rightprt/prtnews?newsid=2707501

林安妮（2005/6/1b）。〈陸委會：美商的抱怨需再理解〉。聯合新聞網。2005/6/1，取自：http://udn.com/NASApp/rightprt/prtnews?newsid=2707504

林基興（1995）。〈中與以人才為本〉。2005/4，取自http://sci.edu.tw/index.php?now=comment&page=show.php&article_id=10。

邱曉嘉（2001）。〈建構兩岸互利互補的產業分工體系〉。《國政評論》。財團法人國家政策研究基金會。2004/3，取自：mhtml:file://E:\?業分工\建構兩岸互利互補的產業分工體系.mht

青輔會（無日期）。〈青輔會設置之碩士、博士後短期研究名額已於91年停辦，青輔會執行本項措施績效如何？〔公告〕〉。2005/3，取自：http://web1.nyc.gov.tw/html/no5/b4.asp#01

登龍門人力資源網絡。〈科技人才短缺 歐盟出臺吸引人才機制〉。2004/4，取自：http://www.denglongmen.com/information/article_show.php?ArticleID=3085。

徐進鈺（無日期）。〈臺灣半導體產業技術發展歷程——國家干預、跨國社會網絡與高科技發展〉。2004/12，取自：http://www.geog.ntu.edu.tw/Introduction/member/teacher/jinnyuh/。

秦宗春（1996）。〈韓國與新加坡科技發展策略之比較〉。《經濟情勢暨評論季刊》3(3)。2003/4，取自：http://www.moea.gov.tw/~ecobook/season/saa－8.htm。

袁建中、羅達賢、蔡彥正（2002）。〈兩岸半導體產業與臺灣半導體未來發展策略之研究〉。2005/3，取自：http://www.itis.org.tw/forum/content4/01if48g.htm。

財團法人中衛發展中心。〈中衛體系推動計畫參考手冊〉。2005/5，取自：http://www.csd.org.tw/activity/g0/introduce/%E4%B8%AD%E5%BF%83%E8%A1%9B%E6%98%9F%E5%B7%A5%E5%BB%A0%E5%88%B6%E5%BA%A6%E6%84%8F%E7%BE%A9.doc。

馬財專（2001）。〈論全球及區域化勞力轉移對臺灣勞動政策發展之影響——一個結構性的初探〉。《臺灣社會福利學刊（電子期刊）》2：1-38。2004/4，取自：http://www.sinica.edu.tw/asw/journal/TJSW2_1.pdf

國家科技人力資源庫（2005）。http://hrst.stic.org.tw。

國際自由貿易的迷思（2003/10/14）〈社論〉。《臺灣立報》。2003/12，取自：http://iwebs.url.com.tw/main/html/lipo/1080.shtml。

教育部（1994）。〈教育部擴大延攬旅外學人回國任教處理要點〉。2005/5，取自：http://www.high.edu.tw

盛樂、包迪鴻（2002）。〈人力資本的產權化效應〉。2004/1，取自：http://www.zjss.com.cn/bykw/zjxk/200201_001shkxlc.doc。

陳信宏（2000）。〈從知識的特質論知識經濟之特質與內涵〉。《科技發展政策報導月刊》10。頁1245-1256。2003/11，取自：http://www.stic.gov.tw/policy/sr/sr8910/SR8910T1.HTM#SR8910T01。

陳振昌（無日期）。〈中衛供應鏈合作理念〉。http://www.eb-online.com.tw/m1.htm。

黃玉珍（2005/4/8）。〈科技業人才缺口擴大〉。《經濟日報》。2005/4，取自：http://udn.com/NEWS/FINANCE/FIN4/2606738.shtml。

黃美珠（1995）。〈從國內就業趨勢談個人就業規劃〉。2005/5，取自：http://www.saec.edu.tw/chinese.nyjournal/011/25.txt。

黃毅志（無日期）。〈教育階層、教育擴充與經濟發展〉。2004/2，取自：http://sociology.

nccu.edu.tw/soc_dep/newpage5.htm。

萬其超（2001）。〈我國應用科技研究發展的現況與展望〉。《科技發展政策報導》，8。
2004/2，取自：http://www.stic.gov.tw/policy/sr/sr9008/SR9008T5.HTM

經濟部人才網攬才團專區。2005/3，取自：http://hirecruit.nat.gov.tw/chinese/message_01.asp

經濟部人才網攬才團專區歷年成果花絮2003。2005/03，取自：http://hirecruit.nat.gov.tw/chi-nese/html/message_02_01_01.htm

經濟部人才網攬才團專區歷年成果花絮2004。2005/3，取自：http://hirecruit.nat.gov.tw/chinese/html/message_01_01_01.htm。

經濟部投資審議委員會（2005）。〈民國94年2月核准僑外投資、對外投資、對中國大陸投資統計速報〉。2005/2，取自：http://www.moeaic.gov.tw/。

蔡青龍、陳志杰（2003）。〈人才外流與兩岸國際分工期中進度報告書〉。行政院國家科學委員會獎助專案計畫。2004/1，取自：http://www.grb.gov.tw。

戴肇洋（2005/3/21）。〈臺灣產業科技人才供需問題與解決之道〉。臺灣省商業會。2005/5，取自：http://www.tcoc.com.tw/newslist/009100/9138.htm。

聯合知識庫。http://udndata.com/。

聯合知識庫。http://www.udndata.com/library/。

顏鴻森（2001年1月）。〈加強科技人才之培育。報告於「第六次全國科學技術會議」〉。臺灣教育部主辦。2005/5，取自：http://www.nsc.gov.tw/pla/6thNSC/forum/NewAllSubject.htm。

議宣（無日期）。〈不平等的國際貿易，和不合理的國際分工〉。2004/4，取自：http://www.china-tide.org.tw/time/wto/bupiden.htm

附件1

# 臺灣資訊科技人才延攬政策大事紀

| 日期 | 事件內容 | 主管機關／來源 |
|---|---|---|
| 1963 | 訂定「遴聘國家客座教授處理要點」，以鼓勵海外學人短期回國，協助科技工作。 | 長科會 |
| 1966 | 訂定「遴聘特約講座處理要點」，以延攬高深造詣之高科技人才回國參加科技研究發展。 | 長科會 |
| 1973 | 將「遴聘國家客座教授處理要點」及「遴聘特約講座處理要點」合併為「延攬國外人才回國服務處理要點」。 | 國科會 |
| 1973 | 訂定「補助海外國人回國教學研究處理要點」，主要目的為延攬教學人才回國，後因教學人才日增而於1994年廢止。 | 國科會 |
| 1979/8/3 | 核定「研究所畢業役男自願服務國防工業訓儲預備軍（士）官實施規定」。 | 國防部 |
| 1980 | 訂定「設置博士後副研究員處理要點」，至1990廢止。 | 國科會 |
| 1980/8/28 | 蔣主席昨天在中央常會中聽取行政院國家科學委員會副主任委員張去疑報告「我國科技人才延攬、培育之回顧與展望」後表示，科技人才的延攬培育，關係國家建設的整體發展，十分重要。張去疑指出，68年度「行政院科學技術發展方案」對科技人才的培育與延攬訂定了明確的重點與方向，國科會經過三個階段努力，除了已延聘不少國際間傑出科學家來臺服務外，並已在國內培植了不少的中高級科技人才，分布在各機關各階層及民間企業中擔任著科技的研究發展工作，對建立全國的總體科技力量將大有裨益。以30年來學生出國深造與學人返國服務比率來看，45年度為12:1；55年度為10:1；65年度為5:1；68年度為4:1。 | 聯合報/01版/第一版 |
| 1983/3/1 | 訂定「加強培育及延攬高科技人才方案」，擴大並提升大學及研究機構之研究水準。 | 國科會 |
| 1983/7/14 | 第二次修正「研究所畢業役男自願服務國防工業訓儲預備軍（士）官實施規定」。 | 國防部 |

| 日期 | 事件內容 | 主管機關／來源 |
|---|---|---|
| 1984 | 針對高科技人才訂定「延攬國外人才回國服務處理要點」，包含教學及研究人才，至1993年廢止。原1973年訂定之「延攬國外人才回國服務處理要點」則至1985年廢止。 | 國科會 |
| 1984 | 針對尖端科技之人才延聘而訂定「延聘特約講座處理要點」，至1993年廢止。 | 國科會 |
| 1984/2/27 | 行政院指出，為適應國家建設需要，政府應考慮修訂有關法令，規定一般技術人員仍採考試用人，但尖端科技人才採聘用制，原則上3年一聘。為有效羅致高級科技人才，遠程目標應針對現行「技術人員任用條例」的缺失，重行研擬「科技人員管理條例」，並明確劃分尖端性高級科技人才及一般理工醫農技術人員，分訂不同的管理方式。報告中建議，在管理條例尚未完成立法前，高級科技人才延攬可運用國科會組織條例第二十七條所定聘用員額，凡屬國家需要（重點科技）高級科技人才，由國科會統一遴聘，其待遇、退撫、保險、休假、年資採計等方面，另行單獨規定。 | 聯合報／03版 |
| 1985/9/10 | 已擬定之「行政院科技人員延聘及管理要點」草案，擬設立資格審查會，而由國科會負責延攬8大重點科技人才（係指能源、資訊、材料、生物技術、光電、B型肝炎、食品科技、自動化等八類）。其待遇亦將大幅提高，預定月薪最高給與新臺幣10萬元。此項草案旨在打通科技人才延攬管道，並藉待遇、退休撫卹、輔導其子女就學等權益的提升，吸引優秀人才投入國家建設行列。此外，草案中相當重視海外學人之延攬，如其原在國外公民營機構服務，因受聘返國而未能領得退休金或資遣費時，政府將採計其服務年資以為補償。同時對於其子女，亦將比照華僑子女歸國就學辦法妥善輔導。 | 聯合報／02版 |
| 1991/6/24 | 大陸科技單位最近表明亟盼與臺灣合作的意願，行政院國家科學委員會也正研修法令，希望能促進海峽兩岸的科技及學術交流。國科會在今年2月的第四次全國科技顧問會議之後，為落實會議結論中促進兩岸科技交流的建議，也開始積極研修法令。國科會已將修訂中的「現階段大陸人 | 經濟日報／06版／產業1 |

| 日期 | 事件內容 | 主管機關 / 來源 |
|---|---|---|
|  | 士來臺參觀申請作業要點」納入國家科技發展中程計畫中的「科技人才延攬、培育與運用」方案。另外為配合動員戡亂時期的中止，對於國內科學家前往大陸參加學術會議，只要不違背官方三不原則，國科會也正考慮允許其前往，未來來臺參觀訪問的大陸科學家，不限制共產黨員，也不必只限傑出人士，但需嚴格審查，確屬有貢獻的純粹科學家才可來臺。至於在臺停留期間，國科會初期構想以1年為原則，必要時並可申請續延1年。 |  |
| 1992/3/18 | 經濟部工業局長王覺民昨天表示，全國經濟會議結論，有關建立大陸人才資料庫及兩岸科技交流體系問題，大陸科技只要有利於國內科技發展，而舉行的研討會或科技引進，工業局沒有理由拒絕，未來大陸科技引進「將朝著放寬的方向走」。經濟部因此開始著手研究引進大陸科技及人才的可行性。 | 聯合報/11版/經濟新聞・大家談 |
| 1993/10/1 | 訂定「補助延攬研究人才處理要點」，名稱、名額、待遇方面均作大幅調整，且以研究為主。 | 國科會 |
| 1995/1/17 | 核定「經濟部協助延攬海外產業科技人才來臺服務作業要點」。 | 經濟部 |
| 1995/7/1 | 復推動「加強運用高科技人才方案」，有計畫延攬海外高科技人才回國服務，以增強國內科實力。 | 國科會 |
| 1995/10 | 經濟部、青輔會以及國科會共同組團赴美、加延攬海外人才。 | 經濟部 |
| 1995/11/10 | 第二次修定「經濟部協助延攬海外產業科技人才來臺服務作業要點」。 | 經濟部 |
| 1996/2/28 | 第三次修正「研究所畢業役男自願服務國防工業訓儲預備軍（士）官實施規定」。 | 國防部 |
| 1996/10/24 | 第三次修定「經濟部協助延攬海外產業科技人才來臺服務作業要點」。 | 經濟部 |
| 1996/11/1 | 訂定「補助延攬科技人才處理要點」，以研究為主，並增列教學人才不足之特殊領域。 | 國科會 |
| 1997/4/17 | 為加強兩岸科技人才交流，促進科技合作研究，訂定「補助延攬大陸科技人才處理要點」。 | 國科會 |

| 日期 | 事件內容 | 主管機關／來源 |
|---|---|---|
| 1997/7/28 | 《中華民國科技白皮書1996》中將科技人才延攬列為達成發展科技目標之首要策略，執行「加強運用高級科技人才方案」，延攬國內外科技人才；增加訓儲役科技人員，並擴大其適用範圍。研訂結合學術界與產業界之政策工具及運作機制，包括：人才需求預估、系所調整、人員延聘與交流、就業促進、及技術研發等。 | 行政院 |
| 1997/9/17 | 修正「公民營事業聘僱外國專門性技術性」 | 經濟部 |
| 1997/11/6 | 訂定「補助延攬博士後研究人才處理要點」。 | 國科會 |
| 1997 | 經濟部、青輔會以及國科會共同組團赴美、加延攬海外人才。 | 經濟部 |
| 1998/4/2 | 《科技化國家推動方案》中指出檢討推動「加強運用高級科技人才方案」，繼續延攬國內外高科技人才；善用博士後研究員制度，充實公民營研究機構之高科技研究人才，並於該年6月完成檢討。在推動科技法制化之科技人力部分，則協調考試院研訂科技人員聘任條例，以利科技人才進用及交流。http://www.nsc.gov.tw/pub/techNation/techNationC.htm#ch6 | 行政院 |
| 1998/5/13 | 第四次修定「經濟部協助延攬海外產業科技人才來臺服務作業要點」。 | 經濟部 |
| 1998/7/13 | 為提升我國科技研究水準、促進兩岸科技交流及加強雙邊互信了解，訂定「補助邀請大陸地區重要科技人士來臺短期訪問作業要點」。 | 國科會 |
| 1998/12/1 | 為因應未來高科技產業發展趨勢，以及推動「科技化國家」發展重點產業人力需求，檢討「加強運用高科技人才方案」，修訂為「科技人才培訓及運用方案」，擬以五年為期，加強推動有關政策，以奠立長期高科技人才培訓與運用之良好基礎，厚實未來科技化國家推動更大發展的能量。 | 行政院 |
| 1998 | 經濟部、青輔會以及國科會共同組團赴美、加延攬海外人才。 | 經濟部 |
| 1999/1/1 | 訂定《科學技術基本法》。 | 行政院 |

| 日期 | 事件內容 | 主管機關／來源 |
|---|---|---|
| 1999/2/11 | 訂定「補助客座科技人才作業要點」。第二次修訂「補助延攬博士後研究人才處理要點」及「補助延攬大陸科技人才處理要點」。 | 國科會 |
| 1999/2/25 | 第四次修正「研究所畢業役男自願服務國防工業訓儲預備軍（士）官實施規定」。 | 國防部 |
| 2000/8/16 | 第二次修訂「補助客座科技人才作業要點」。第三次修訂「補助延攬博士後研究人才處理要點」。 | 國科會 |
| 2001/1/10 | 第三次修訂「補助客座科技人才作業要點」。第四次修訂「補助延攬博士後研究人才處理要點」。 | 國科會 |
| 2001/1/15 | 第六次全國科學技術會議今日起舉行4天，這次會議主題為「以科技引領國家邁向知識經濟時代」。有關科技人才培育，原本並未排定為獨立議題，身兼行政院科技顧問的張忠謀，在籌備會議中力主，科技人才培育對國家整體科技產業發展有極大影響，應獨立討論下，才特別排定一天議程。17日由行政院政務委員蔡清彥、國科會主委翁政義及教育部部長曾志朗分別就「加強科技人才之培育」、「擴大科技人才延攬及運用」、「建立彈性科技人事制度」及「提升國民的科技知識水準」等4大子題進行討論。 | 經濟日報/2版/經濟要聞 |
| 2001/2/14 | 第五次修定「經濟部協助延攬海外產業科技人才來臺服務作業要點」。 | 經濟部 |
| 2001/4/1 | 訂定「補助國際合作研究計畫人員出國及來臺作業要點」，以國際合作研究計畫（以下簡稱國合計畫）為限之國內外共同合作之研究人員與學者，且具有發表成果或申請專利潛力之本會專題研究計畫。 | 國科會 |
| 2001/4/18 | 第四次修訂「補助客座科技人才作業要點」。第五次修訂「補助延攬博士後研究人才處理要點」。 | 國科會 |
| 2001/2/1 | 第二次修訂「科技人才培訓及運用方案」。 | 行政院 |
| 2001/5/9 | 《國家科學技術發展計畫》2001-2004明確指出延攬國外科技人才遭遇到有國外年資的採計、待遇無法與國外競爭、外籍人士眷屬就業、子女就學、居住或居留期限、國籍問 | 行政院 |

| 日期 | 事件內容 | 主管機關／來源 |
|---|---|---|
| | 題、及來臺工作之行政程式冗長等問題，以致無法與其他地區如日本、韓國、香港和新加坡等地競爭延聘。且目前大陸科技人才來臺參與研發的停留，時間已從2年延長至3年，但仍為「短期停留」的狀態，雖然優秀的科技人才可申請長期居留，有鑑於兩岸科技發展互動的需求，政府仍應研究合予其較長居留時間，以解決大陸優秀科技人才留用問題。<br>http://www.nsc.gov.tw/policy/doc/mso1B8.pdf | |
| 2001/5/23 | 第三次修訂「補助延攬大陸科技人才處理要點」。 | 國科會 |
| 2001 | 經濟部、青輔會以及國科會共同組團赴美、加延攬海外人才。 | 經濟部 |
| 2002/4/19 | 第六次修訂「補助延攬博士後研究人才處理要點」。 | 國科會 |
| 2002/5/2 | 第五次修訂「補助客座科技人才作業要點」。 | 國科會 |
| 2002/7/26 | 行政院將成立「引進及培育高科技人才會報」，定期開會，檢討高科技人才來臺障礙，讓臺灣成為吸引國際人才的優良環境。游院長指出，人才是國家競爭力的根本，研發與創新是國家經濟與社會往上突破的原動力，運籌通路則是全球接軌的重要管道，生活環境更是國民生活品質提升以及延攬海外專才的關鍵因素。 | 行政院 |
| 2002 | 經濟部、青輔會以及國科會共同組團赴美、加延攬海外人才。 | 經濟部 |
| 2003/3/12 | 訂定「補助延攬研究學者作業要點」，以提升公私立大專院校及學術研究機構之學術研究人力為主。 | 國科會 |
| 2003/4/17 | 第六次修訂「補助客座科技人才作業要點」。 | 國科會 |
| 2003/4/25 | 訂定「補助邀請國際科技人士短期訪問作業要點」，旨在邀請海外學者專家來華演講或指導科學技術，以達引進科學新知，促進國際科技及學術交流之目的。 | 國科會 |
| 2003/5/9 | 第六次修定「經濟部協助延攬海外產業科技人才來臺服務作業要點」。 | 經濟部 |

| 日期 | 事件內容 | 主管機關／來源 |
|---|---|---|
| 2003/5/28 | 修正《科學技術基本法》。第17條為健全科學技術人員之進用管道，得訂定公開、公平之資格審查方式，由政府機關或政府研究機構，依其需要進用，並應制定法律適度放寬公務人員任用之限制。為延攬境外優秀科學技術人才，應採取必要措施，於相當期間內保障其生活與工作條件；其子女就學之要件、權益保障及其他相關事項之辦法，由教育部定之。 | 行政院 |
| 2003/6/27 | 第五次修正「研究所畢業役男自願服務國防工業訓儲預備軍（士）官實施規定」，更名為「國防工業訓儲預備軍官預備士官甄選作業要點」。 | 國防部 |
| 2003/10/30 | 行政院29日召開科技人才會報並決議，為擴大海外產業科技人才延攬，未來申請海外白領階級人士來臺工作，工作證許可審查將採單一視窗。由勞委會於三周內完成單一窗口規劃，最遲在明年元旦推出，初期先以合署辦公方式開辦。另外，為擴大延攬海外產業科技人士來臺，行政院研議放寬碩士級以上的海外科技人士經歷限制，由現行至少有1年經驗放寬至免經驗；具學士級海外科技人士，現行規定至少擁有2年工作經歷，也將針對特定產業科技彈性放寬。擴大人才引進，主要有2部分，一是外籍人士的引進，一是大陸人士的引進。不過，陸委會基於國家安全特別考量，認為大陸科技人士鬆綁，不宜太大，將採漸進，由旅居海外大陸科技人士，再慢慢檢討鬆綁至大陸本地科技人士。至於外籍人士，會中原則決定大幅鬆綁。 | 經濟日報/4版/綜合新聞 |
| 2003/10/30 | 經濟部29日指出，即日起大幅降低企業延攬旅居海外大陸專業科技人士的條件，原先企業實收資本額或營業額須達3,000萬元以上，今後降低為1,000萬元；此外，一併取消企業延攬大陸海外科技人才的總數限制。且即日起廢除「大陸產業科技人士來臺從事科技活動審核要點」，有關大陸產業科技人士來臺申請門檻及審核要點，則併入「大陸地區來臺從事專業活動邀請單位及應備具之申請文件表」。 | 經濟日報/1版/要聞 |
| 2003/11/5 | 第四次修訂「補助延攬大陸科技人才處理要點」。 | 國科會 |

| 日期 | 事件內容 | 主管機關／來源 |
|---|---|---|
| 2003 | 經濟部、青輔會以及國科會共同組團赴美、加延攬海外人才。 | 經濟部 |
| 2004/8/2 | 高科技人才不足的問題已成為製造業轉型及發展研發中心的瓶頸，部分企業甚至連已成立的研發中心最近都出現外移的趨勢。對此經濟部部長何美玥表示，政府將從擴大學校招生名額及擴大國防儲訓役著手，以彌補高科技人才的缺口。 | 工商時報／論壇 |
| 2004/8/12 | 行政院長遊錫堃今天將率團出訪中南美洲，並過境美國，此次出訪主軸定位為「人才共用，經濟共榮」，讓臺灣菁英走出去，把國際人才引進來，將從過去單純以金援國際合作方式鞏固邦誼，改變為以人才交流的新外交關係。人才引進部分，遊揆這次將以提供臺灣獎學金作為新國際合作項目，對中南美洲13邦交國提出整套吸引菁英來臺計畫，帶動臺灣第2波的來臺留學熱潮。此外，如何吸引矽谷高科技人才來臺更是遊揆此行在美國過境期間產業之旅的重點目標，配合臺灣的新科技產業及發展區域金融中心的政策目標，遊揆希望吸引美國更多高科技業來臺投資或設立研發中心，引進高素質的金融服務人才，帶動我產業發展人才質與量的提升。 | 工商時報／焦點新聞 |
| 2004/8/14 | 為增加臺灣競爭力，將推出「菁英留學計畫」，以獎學金鼓勵臺灣優秀學子出國留學。行政院也政策確定，將修法突破限制，讓小留學生的兵役問題鬆綁，考慮採取類似擴大外交替代役方式回臺服務。另一方面，為推動知識外交，行政院今年起提供國外學生「臺灣獎學金」，大學每月新臺幣25,000元、研究所每月3萬元，期望民國97年達到每年吸引1,200百名優秀學生來臺的目標。此外，民國91年來臺自費生1,283人，遊揆希望民國101年來臺留學生增長為10倍，達到12,830人的目標，並決定放寬外籍生在臺工作限制，以補國內人才不足。另將檢討現行兵役制度，予小留學生兵役鬆綁，吸引優秀人才回流。 | 中國時報／社會綜合 |

| 日期 | 事件內容 | 主管機關／來源 |
|---|---|---|
| 2004/8/18 | 我國已開放印度軟體人才整批進來，卻對大陸科技人才嚴格限制，政府如果能開放大陸科技人才進來最好，不然就應透過投資的開放，讓人才進行交流。大陸政策的考量確實很複雜，也非我國政府單方面就能解決，企業界在經營上對此深感無奈，但也只能與政府不斷腦力激盪，尋求問題的解決。 | 工商時報／資訊科技 |
| 2004/8/24 | 教育部昨天開會討論「境外優秀科學技術人才子女就學辦法」草案，考慮開放國外優秀科技人才子女，優惠升學高中職五專、四技二專及大學院校。根據這項草案，境外科技人才子女來臺就學，除研究所及學士後各系招生不予優待外，可向教育行政主管機關提出申請進入大專及高中職就讀。這項草案所稱的「境外」是否包括大陸地區？李然堯說，大陸科技人才在第三地連續居留兩年以上再入境臺灣，其子女來臺就學應適用這項辦法，但是直接由大陸來臺的科技人才子女是否適用這項辦法，昨天的會議尚未達成共識，必須再邀集國科會、農委會等相關部會開會決定。 | 中國時報／社會綜合 |
| 2004/8/31 | 為了吸引外籍金融和科技人才來臺工作，陸委會昨日召開諮詢委員會討論通過內政部所提的修正條文，增訂外國籍金融、科技專業人才的港澳配偶及未成年子女，也可以申請在臺居留、申請臺灣地區居留入出境證，而且居留證效期與其所依親的外僑所持居留證效期相同。 | 工商時報／兩岸大陸 |
| 2004/9/1 | 為彌補國內人力資源不足，開放外籍科技產業人士參與我就業市場，似乎是必須選擇的一條路，但包括海外大陸高科技人才來臺工作，目前都仍需受到5年期滿需離境的規範，更不必說大陸科技人士來臺，也遲遲未見明確的開放政策。經建會副主委葉明峰表示，產業界十分期盼吸引能加速吸引外籍人士來臺就業，特別是對於大陸人才來臺相關規定的鬆綁，這都是未來填補我人才需求缺口的短期政策，但他也坦承，加速引進大陸高科技人才雖已是財經部會的共識，但一切都還必須等陸委會點頭放行。 | 中國時報／焦點新聞 |

| 日期 | 事件內容 | 主管機關／來源 |
|---|---|---|
| 2004/9/4 | 為解決科技人才荒，經建會昨天表示，政府事實上有短、中長期因應方案，最近推出「菁英留學」計畫，將補助重點大學增加碩士教育資源，從94年開始，碩士招生名額將增加1,600名。經建會解釋，這項計畫由教育部、國科會、外交部、經濟部、金管會等單位共同推動辦理，目標是3年後至少達到每年培訓1,050人。同時經濟部將推動「擴大碩士級產業研發人才供給方案」，已在今年度試辦，額外增加國立大學（含高教與技職體系）招生能量200位員額，從94年度開始，未來3年每年再增加招生約1,600位，3年內總計增加5,000位名額，將有效增加碩士級高學歷人才。其次短期方面，行政院已成立人才會報，針對所需人才缺口積極擬訂培育及延攬對策，其中行政院科技顧問組已針對兩兆雙星產業人才供需完成調查，在半導體、影像顯示、通訊及數位內容等4項產業，今年人才缺口總數為6,170人。將由經濟部及勞委會分別培訓4,392人及1,125人，另由經濟部及國科會分別延攬475人及178人，以彌補人才缺口。 | 中國時報／財經產業 |
| 2004/9/8 | 為彌補國內科技產業人才缺口，行政院延攬海外科技人才訪問團，預定在9日啓程到美國和日本「獵人頭」，聯合41家科技廠商，在6大城市舉辦媒合商談會，預估將吸引2,000名以上海外科技人才與會。今年鎖定的延攬對象，除了一般海外科技人才以外，也特別瞄準日本大企業早期退休人才，來臺尋求事業第二春。行政院去年首度赴海外攬才的「績效」相當不錯，在美日兩地共吸引約3000位海外人才與會，直接或間接促成約600位海外人才來臺服務。今年參與攬才團的41家廠商，目前確定的職缺至少有485個，包括半導體、光電、資訊、通訊和電子商務等領域。 | 中國時報／焦點新聞 |
| 2004/9/9 | 經濟部、青輔會以及國科會，聯合43家科技廠商，共同組團赴美、加延攬海外人才。 | 經濟部 |
| 2004/9/21 | 一位原中芯國際的工程師表示，東南亞快速發展的半導體廠已快速在這場人才爭奪戰中取得上風，中芯便被東南亞廠挖走超過200人，聯電新加坡廠也挖走公司四、五十人。此外，新到的臺資晶圓廠像台積電松江廠，也加入搶 | 工商時報／ |

| 日期 | 事件內容 | 主管機關／來源 |
|---|---|---|
|  | 人大戰，以3倍當地薪資挖人。被挖走的主要是有2、3年工作經驗的人，不像過去半導體人才多來自海歸或臺灣，這波人才是大陸本土培養起來的第一批半導體人才，最搶手的人才是擁有8吋廠、年資2至3年經驗者。挖人和頻繁的跳槽，使得大陸晶片產業本就存在的「人才危機」，顯得更加棘手。也因此，不少大廠便想方設法將下游封測廠或研發中心搬到西部去，減少人才被挖困擾，形成一場艱辛卻無奈的「大遷徙」行動。 |  |
| 2004/10/29 | 為擴大引進產業科技人才，內政部修正「大陸地區人民進入臺灣地區許可辦法」相關規定，昨天在部務會報通過放寬來臺工作外籍專業人士的大陸配偶限制，未來可由外籍專業人士任職公司的外籍負責人或主管擔任保證人；另來臺工作外籍專業人士的大陸配偶持大陸地區證照入境，也不再保管其大陸地區證照。 | 工商時報／兩岸財經 |
| 2004/10/30 | 在中研院院士及十餘位美國大學的華裔校長建議下，原以培養產業人才出國留學為主的「菁英留學計畫」將重新把基礎科學並列為重點項目，因此未來菁英留學計畫所擇定的重點領域將分為（一）基礎科學；（二）人文社會；（三）國家重點發展領域三大類。並將於11月中成立選才指導委員會，於年底前展開選才作業，預估公費留學名額將倍增至600餘名。 | 工商時報／焦點新聞 |
| 2004/11/02 | 經濟部11月1日舉辦「全國工業發展會議」，業者多關切如何充實產業人才，建議政府可運用科專計畫，透過財團法人與東歐、印度、俄羅斯及大陸等地專業人員接觸，建立人才延攬平臺，並健全國外科技人才聘雇制度，並建議修改兵役法，增加國防及經濟儲訓人員名額，放寬須具備碩士、博士的資格限制，將門檻降低至大學畢業。此外，業者也建議要政府要強化產學合作，由政府提供獎勵及補助措施，鼓勵企業提供相關的實習機會給大專院校的3、4年級、碩士及博士班優秀學生，以結合學校教育、產業實務經驗。 | 中國時報／財經要聞 |

| 日期 | 事件內容 | 主管機關／來源 |
|---|---|---|
| 2004/11/05 | 經濟部宣布放寬大陸專技人才來臺居留或定居。未來只要在新興產業、關鍵技術、關鍵零組件產品等領域具有專業技能，且屬臺灣短期內不易培訓的大陸人才，將可開放專案申請來臺定居或居留，即使目前在臺灣沒有工作者也可申請來臺後再就業。這項大陸專技人才來臺居留及定居審查制度將會採漸進方式實施，大陸專技人才須來臺居留滿兩年，才可以提出定居的申請。而這類申請案的專業條件雖由經濟部審查，但最後核准權與總量管制仍由內政部會審處理，以避免排擠國內就業人口。 | 工商時報／焦點新聞 |
| 2005/6/28 | 第六次修正「國防工業訓儲預備軍官預備士官甄選作業要點」 | 國防部 |
| 2005 | 經濟部聯合38家廠商，共同組團赴美、日、加延攬海外人才。 | 經濟部 |
| 2005 | 簡化攬才業務：94年1月將「補助延攬客座科技人才作業要點」、「補助研聘博士後研究人才作業要點」及「補助延攬大陸地區科技人士作業要點」合併為「補助延攬客座科技人才作業要點」。 | 國科會 |
| 2006/9/25 | 第七次修正「國防工業訓儲預備軍官預備士官甄選作業要點」 | 國防部 |
| 2006 | 經濟部海外延攬團聯合27家廠商赴美延攬海外人才。 | 經濟部 |
| 2007/1/25 | 第四次修正「替代役實施條例」由研發替代役取代國防工業訓儲預備軍（士）官（國防役） | 國防部 |
| 2007 | 經濟部海外攬才團結合31家廠商至北美洲延攬海外人才。 | 經濟部 |
| 2008 | 經濟部海外攬才團聯合37家廠商至美國吸引人才。 | 經濟部 |
| 2009 | 經濟部海外攬才團集結33家廠商至美國延攬人才。 | 經濟部 |
| 2009 | 檢討並修訂補助「延攬客座科技人才作業要點」及「延攬研究學者暨執行專題研究計畫作業要點」（原名稱為「延攬研究學者作業要點」），包括放寬機票費補助標準等。 | 國科會 |
| 2011 | 經濟部聯合30家廠商至波士頓、矽谷延攬人才。 | 經濟部 |
| 2012/6/11 | 頒布「補助大專校院延攬特殊優秀人才措施」提供大專生競逐延攬優質人才之經費支援，並由大專校院正式將受延 | 國科會 |

| 日期 | 事件內容 | 主管機關 / 來源 |
|---|---|---|
| | 攬之科技人士納入編制內按月支給待遇之專任教學、研究人員，以鼓勵國際菁英科技人士來台服務。 | |
| 2012 | 經濟部海外攬才團聯合32家廠商至矽谷與紐約延攬科技人才。 | 經濟部 |
| 2013 | 經濟部海外攬才團集結16家廠商至洛杉磯、矽谷延攬人才。 | 經濟部 |
| 2014/3/1 | 國家科學委員會升級為科技部。 | 科技部 |
| 2014 | 經濟部海外延攬團聯合19家廠商至洛杉磯和矽谷延攬人才。 | 經濟部 |
| 2015/5/26 | 第五次修正「替代役實施條例」擴大替代役運用範圍至用人單位，增加產業訓儲替代役，將學歷資格下放至副學士即可，並與研發替代役合稱研發及產業訓儲替代役。 | 國防部 |
| 2015/11/23 | 為延攬優秀人才，並提升國際競爭力，國發會研提「全球競才方案ContactTaiwan」，積極協調經濟部修訂相關辦法，提升延攬國際高階研發人才的薪資條件。國發會指出，在「提高競才條件」方面，為使學研機構用人條件與國際市場薪資水準連結，教育部與科技部已達成共識，將公設財團法人科研機構納入彈薪制度適用範圍，修正彈性薪資方案，採「員額外加原則」，使科發基金可用於補助編制外人員。 | 聯合財經網 |
| 2015/12/24 | 為留住好人才，勞動部鬆綁雇主及外國人資格，並參考新加坡、日本、南韓近年規定，改採評點制，多元延攬人才，不再僅以單一月薪條件認定外籍人才，這項外國專門技術人才評點制及僑外生評點制相關法規將於明天進行預告。<br>勞動部在12月3日行政院會中，提出延攬外籍人才工作評點制的整體規劃及法規鬆綁，鎖定「外國專門技術人才」、「僑外生」及「資深外籍技術人員」三類外籍人才，鬆綁雇主及外國人資格，並參考新加坡、日本、南韓近年規定，改採評點制，多元延攬人才，不再僅以單一月薪條件認定外籍人才。 | 聯合財經網 |

附件2
# 半導體成品表

| 半導體 | 分離式元件 | 電晶體 | 場效電晶體、整極電晶體 |
|---|---|---|---|
| | | 二極體 | 整流二極體、蕭基二極體 |
| | 積體電路（IC） | 微元件（Microcomponent） | 微處理器（MPU） |
| | | | 微控制器（MCU） |
| | | | 微處理周邊IC（MPR） |
| | | | 數位訊號處理器（DSP） |
| | | 邏輯元件 | 標準邏輯IC |
| | | | 特殊應用標準IC（ASSP） |
| | | | 特殊應用IC（ASIC） |
| | | 記憶體 | 動態隨機存取記憶體（DRAM） |
| | | | 靜態隨機存取記憶體（SRAM） |
| | | | 唯讀記憶體（ROM） |
| | | | 可抹除可程式化唯讀記憶體（EPROM） |
| | | | 可用電壓抹除可程式化唯讀記憶體（EEPROM） |
| | | | 快閃記憶體（FLASH） |
| | | 類比積體電路 | 一般用途IC（比較器、放大器、穩壓器等） |
| | | | 視聽產品用類比IC |
| | 光電元件 | 影像感測器（DDC） | |
| | | 發光二極體（LED）、雷射二極體 | |
| | | 光感應器 | |

資料來源：張順教。《高科技產業經濟分析》。（臺北：雙葉書廊，2003），頁27。

附件3

# 行政院國家科學委員會延攬人才辦法之沿革

| 機關<br>名稱 | 辦法 | 實施起<br>訖時間 | 延攬名義 | 補助項目 | 名額<br>（每年） | 備註 |
|---|---|---|---|---|---|---|
| 長科會 | 遴聘國家<br>客座教授<br>處理要點 | 1963~<br>1973 | 國家客座教<br>授 | 教學研究費、機<br>票、保險費、房<br>租津貼。 | 50~<br>100名 | 鼓勵海外學人<br>短期回國，協<br>助科技工作。 |
| 同上 | 遴聘特約<br>講座處理<br>要點 | 1966~<br>1973 | 特約講座 | 同上 | 10~<br>20名 | 延攬高深造詣<br>之高科技人才<br>回國參加科技<br>研究發展。 |
| 國科會 | 延攬國外<br>人才回國<br>服務處理<br>要點 | 1973~<br>1993 | 特約講座<br>客座研究正<br>教授<br>客座研究副<br>教授<br>客座專家 | 在臺研究教學<br>費、旅費、保險<br>費、房租津貼。 | 100~<br>150名左<br>右 | 主要係將前二<br>項辦法合併。<br>針對高科技人<br>才而訂定。<br>含教學及研究<br>人才。 |
| 同上 | 補助海外<br>國人回國<br>教學研究<br>處理要點 | 1973~<br>1993 | 係協助各補<br>助機構聘請<br>人才，故未<br>另訂名稱 | 補助教學費用 | 100名左<br>右 | 著重教學人才<br>之延攬回國。<br>後因教學人才<br>日增，而研議<br>廢止。 |
| 同上 | 設置博士<br>後副研究<br>員處理要<br>點 | 1980~<br>1990 | 博士後副研<br>究員 | 工作酬金、保險<br>費 | 50名 | |
| 同上 | 延聘特約<br>講座處理<br>要點 | 1984~<br>1993 | 特約講座 | 同上 | 10~<br>15名 | 針對尖端科技<br>之人才延聘而<br>訂定。 |

| 機關名稱 | 辦法 | 實施起訖時間 | 延攬名義 | 補助項目 | 名額（每年） | 備註 |
|---|---|---|---|---|---|---|
| 同上 | 補助學人新任教學研究處理要點 | 1991~1994 | | 研究費（每月七千元） | | |
| 同上 | 補助延攬研究人才處理要點 | 1993年10月起 | 研究講座特案研究員特案副研究員博士後研究 | 工作酬金、旅費、保險費 | 300~400名 | 名稱、待遇方面均作大幅調整。名額增加。研究為主。 |
| 同上 | 補助延攬科技人才處理要點（1999年更名為補助延攬客座科技人才作業要點） | 1996年11月起~2005年1月 | 研究講座特案研究員特案副研究員博士後研究 | 同上 | 120名左右 | 名稱、待遇調整。研究為主，並增列教學人才不足之特殊領域。 |
| 同上 | 補助延攬博士後研究人才處理要點 | 1996年11月起~2005年1月 | 博士後研究 | 同上 | 650名左右 | 單獨訂定。名額增加。 |
| 同上 | 補助延攬大陸科技人才處理要點 | 1997年4月起 | 大陸地區科技人士，補助類別：研究講座客座人員博士後研究 | 研究教學費用、機票、保險費 | | 加強兩岸科技人才交流，促進科技合作研究。 |
| 同上 | 補助邀請大陸地區重要科技人士來臺短期訪問作業要點 | 1998年7月起 | 1.任職於大陸地區大學校院或研究機構之知名學者專家。 | 工作酬金、保險費 | | 提昇我國科技研究水準、促進兩岸科技交流及加強雙邊互信了解 |

| 機關名稱 | 辦法 | 實施起訖時間 | 延攬名義 | 補助項目 | 名額（每年） | 備註 |
|---|---|---|---|---|---|---|
| | | | 2.大陸地區科技政策或科技組織、學術團體之主要負責人。<br>3.具有特殊專長，對申請機構之學術研究或科學技術發展有助益者。 | | | |
| 同上 | 補助延攬研究學者作業要點 | 2003年3月起 | 延攬對象分為五類：國科會講座、正研究學者、副研究學者、助理研究學者和特約博士後研究學者 | 研究教學費用、機票、保險費 | | 充實公私立大專院校及學術研究機構之學術研究人力，提升學術研究水準。 |

資料來源：韓伯鴻，〈國科會延攬科技人才概況及展望〉。《科學發展月刊》28：7（2000），頁515-522。黃玉蘭，〈國科會延攬人才工作之革新與展望〉。《科學發展月刊》22：9（1994），頁1058-1064。行政院國家科學委員會，〈國科會修訂三項與培育延攬人才有關之辦法〉。《科學發展月刊》13：6（1987b），頁702。

附件4
# 國內除國科會外之現行延攬人才補助辦法簡介

| 機關名稱 | 辦法 | 申請資格 | 延攬對象 | 補助項目 | 備註 |
|---|---|---|---|---|---|
| 經濟部投資業務處 | 協助國內民營企業延攬海外產業專家返國服務暫行作業要點 | 依公司法設立之國內民營企業機構，其政府投資不得超過公實收資本額百分之五十。國內民營企業與受延攬之海外產業專家須共同提出工作計畫。 | 海外產業專家：取得博士學位並具有三年以上工作經驗者。取得碩士學位並具五年以上工作經驗者。取得學士學位並具有七年以上工作經驗者。凡所擬延攬之產業人才有助於提升企業之技術及附加價值者，均將適格申請，惟需經「延聘海外產業專家審查委員會」專案審理。 | 補助經審核准聘用海外產業專家之民營企業任用薪資。為聘用專家之薪資補助。 | 協助國內民營企業延攬海外產業技術人才為主。 |
| 行政院國防部 | 研究所畢業役男志願服務國防工業訓儲為預備軍官實施規定 | 大學、政府各部門之科技研發單位及相關部會署認定之公民營重要科技事業研發部門，皆得應用此一國防訓儲研究人力。 | 國防科技有關研究所獲有碩士以上學位者，均可志願服務國防工業訓儲為預備軍（士）官。 | | 以擴大訓儲員額來源。 |

| 機關名稱 | 辦法 | 申請資格 | 延攬對象 | 補助項目 | 備註 |
|---|---|---|---|---|---|
| 中研院 | 延聘博士後研究人員作業注意事項 | 由中研院各研究處所自行提報 | | 工作報酬 | |
| | 延聘國外顧問、專家及學者作業注意事項 | 由中研院各研究處所自行提報 | | 工作報酬<br>來回機票<br>保險費<br>國內交通費 | |
| 工研院 | 聘用海外國人來院服務補助辦法 | 由工研院視自身需要，自行延攬 | | 回國機票<br>房屋津貼<br>搬家費<br>工作酬金 | |

資料來源：韓伯鴻，〈國科會延攬科技人才概況及展望〉。《科學發展月刊》28：7（2000），頁515-522。蔡青龍、戴伯芬，〈臺灣人才回流的趨勢與影響——高科技產業為例〉。《人力資源與臺灣高科技產業發展》（中壢：中央大學臺灣經濟發展研究中心出版，2001），頁21-50。

# 中英文專有名詞對照表

| | |
|---|---|
| agency | 能動者 |
| aggregation fallacy | 加總的謬誤 |
| Application Specific Integrated Circuit, ASIC | 應用積體電路 |
| Arthur D. Little Incorporated, ADL | 小亞瑟顧問公司 |
| Asain Bussiness League | 矽谷亞洲商業聯盟 |
| Asian American Manufactures Association | 亞美製造協會 |
| aspiration for upper mobility | 向上流動期望 |
| brain drain | 腦力外流 |
| brain gain | 人才流入 |
| Chinese American Institute of Engineers, CIE | 灣區中國工程師學會 |
| Cluster Development Fund, CDF | 群聚發展基金 |
| CPU | 中央處理器 |
| cumulative combination | 積累綜合 |
| division of labor | 分工 |
| DRAM | 動態隨機存取記憶體 |
| DSP | 數位訊號處理器 |
| dual labor theory | 雙元勞動市場論 |
| Economic Development Board, EDB | 新加坡經濟發展局 |
| economic geography | 經濟地理 |
| embodied | 負載 |
| ERSO | 電子工業研究發展中心 |
| evolutionary | 演化觀 |
| evolutionary economic theory | 發展經濟 |
| fables | 無晶圓IC設計公司 |
| Fairchild semiconductor | 快捷半導體 |
| Flash | 快閃記憶體 |
| flexible specialization | 彈性專業化 |
| foundray | 晶圓代工廠 |
| frog leapping | 技術蛙跳 |

| | |
|---|---|
| General Instrument | 通用儀器 |
| historical-structural approach | 歷史結構途徑 |
| human capital theory | 人力資本論 |
| Hynix | 海力士 |
| Hyundai | 現代集團 |
| immigrants | 長期居留移民 |
| information technology industry, IT Industry | 資訊科技產業 |
| innovation theory | 創新理論 |
| institutional thickness | 制度濃度 |
| integrated circuit, IC | 積體電路 |
| Integrated Device Manufacturer, IDM | 整合元件專業製造商 |
| international division of labor | 國際分工 |
| International trade | 國際貿易 |
| interview | 訪談法 |
| IP Provider | IP廠商 |
| know-how | 技術 |
| labor market | 人力市場 |
| learning by doing | 作中學 |
| learning economic | 學習型經濟 |
| learning region theory | 學習型區域理論 |
| LG | 金星集團 |
| literatrure review | 文獻分析法 |
| migratnts | 暫時居留 |
| Monte Jade | 美西玉山科技協會 |
| National Science Foundation, NSF | 國家科學委員會 |
| neoclassic economic theory | 新古典經濟理論 |
| Organization for Economic Co-operation and Development, OECD | 經濟合作暨發展組織 |
| paradigm | 典範 |
| path dependence | 路徑依賴 |
| Philips | 菲利浦 |

| | |
|---|---|
| physical capitial | 物力資本 |
| plannar process | 平面製程 |
| policital economy | 政治經濟 |
| primary labor | 主要部門 |
| production innovation | 研發行動 |
| RCA | 美國無線電公司 |
| real time | 即時 |
| Samsung | 三星集團 |
| Science and Technology Advisory Group, STAG | 科技顧問會議 |
| scientists & engineers | 科學工程人才 |
| secondary labor | 次要部門 |
| Silicon Intellectual Property, SIP | 矽智財權組塊 |
| silicon valley | 矽谷 |
| social capital | 社會資本 |
| social/ process innovation | 社會創新活動 |
| spin-off | 衍生 |
| spuroious effect | 虛擬效果 |
| SRAM | 靜態隨機存取記憶體 |
| synergy | 合成效果 |
| tacit knowledge | 隱形知識 |
| Technical Advisory Committee, TAC | 技術顧問委員會 |
| technological absorptive capacity | 技術吸收能力 |
| Texas Instrument, TI | 德州儀器 |
| the effective labor force | 有效勞動力 |
| the institutional approach | 制度論 |
| the new international division of labor | 新國際分工 |
| trust | 信任關係 |
| VLSI | 超大型積體電路 |
| VLSI計畫 | 超大型積體電路技術發展計畫 |
| working class | 勞工階級 |
| World Semicondutor Trade Statistics, WSTS | 世界半導體貿易統計協會 |
| world system theory | 世界體系論 |

**國家圖書館出版品預行編目資料**

全球思路：臺灣資訊科技人才延攬政策發
展史(1955-2014)／林嘉琪著. -- 初版.
-- 臺北市：五南圖書出版股份有限公司,
2021.03
 面； 公分
ISBN 978-986-522-435-6（平裝）

1.科技業 2.人才 3.產業發展 4.臺灣

484                           110000161

1W1H臺灣史系列

# 全球思路：臺灣資訊科技人才延攬政策發展史（1955-2014）

作　　者 — 林嘉琪

發 行 人 — 楊榮川

總 經 理 — 楊士清

總 編 輯 — 楊秀麗

副總編輯 — 黃惠娟

責任編輯 — 范郡庭

封面設計 — 姚孝慈

校　　對 — 卓芳珣

出 版 者 — 五南圖書出版股份有限公司

地　　址：106台北市大安區和平東路二段339號4樓

電　　話：(02)2705-5066　　傳　　真：(02)2706-6100

網　　址：https://www.wunan.com.tw

電子郵件：wunan@wunan.com.tw

劃撥帳號：01068953

戶　　名：五南圖書出版股份有限公司

法律顧問　林勝安律師事務所　林勝安律師

出版日期　2021年3月初版一刷

定　　價　新臺幣350元

# 經典永恆·名著常在

## 五十週年的獻禮——經典名著文庫

五南，五十年了，半個世紀，人生旅程的一大半，走過來了。
思索著，邁向百年的未來歷程，能為知識界、文化學術界作些什麼？
在速食文化的生態下，有什麼值得讓人雋永品味的？

歷代經典·當今名著，經過時間的洗禮，千錘百鍊，流傳至今，光芒耀人；
不僅使我們能領悟前人的智慧，同時也增深加廣我們思考的深度與視野。
我們決心投入巨資，有計畫的系統梳選，成立「經典名著文庫」，
希望收入古今中外思想性的、充滿睿智與獨見的經典、名著。
這是一項理想性的、永續性的巨大出版工程。
不在意讀者的眾寡，只考慮它的學術價值，力求完整展現先哲思想的軌跡；
為知識界開啟一片智慧之窗，營造一座百花綻放的世界文明公園，
任君遨遊、取菁吸蜜、嘉惠學子！